智能制造人机系统的信息呈现与认知绩效

Information Presentation and Cognitive Performance of Intelligent Manufacturing Human-machine Systems

吴晓莉　著

WUHAN UNIVERSITY PRESS
武汉大学出版社

图书在版编目(CIP)数据

智能制造人机系统的信息呈现与认知绩效/吴晓莉著.—武汉：武汉大学出版社,2023.12(2024.12 重印)
国家社科基金后期资助项目
ISBN 978-7-307-23999-9

Ⅰ.智…　Ⅱ.吴…　Ⅲ.智能制造系统—人-机系统—研究　Ⅳ.TB18

中国国家版本馆 CIP 数据核字(2023)第 176884 号

责任编辑:胡　艳　　责任校对:李孟潇　　版式设计:韩闻锦

出版发行：**武汉大学出版社**　(430072　武昌　珞珈山)
(电子邮箱：cbs22@ whu.edu.cn　网址：www.wdp. com.cn)
印刷:武汉邮科印务有限公司
开本:720×1000　1/16　印张:20.25　字数:366 千字　插页:2
版次:2023 年 12 月第 1 版　2024 年 12 月第 2 次印刷
ISBN 978-7-307-23999-9　定价:98.00 元

国家社科基金后期资助项目(20FGLB046)

国家社科基金后期资助项目
出版说明

后期资助项目是国家社科基金设立的一类重要项目，旨在鼓励广大社科研究者潜心治学，支持基础研究多出优秀成果。它是经过严格评审，从接近完成的科研成果中遴选立项的。为扩大后期资助项目的影响，更好地推动学术发展，促进成果转化，全国哲学社会科学工作办公室按照“统一设计、统一标识、统一版式、形成系列”的总体要求，组织出版国家社科基金后期资助项目成果。

全国哲学社会科学工作办公室

序

几年前，我第一次遇到“跨界”这个词，觉得很新鲜。特别是随着这些年来不断涌现的新专业、新职业，跨界已经成为学科交叉、专业相容的趋势，似乎任何一个科研项目、任何一项产品或者工艺的开发，都需要不同专业背景、不同知识的融合，需要一个多学科团队的合作攻关。

我读了这本《智能制造人机系统的信息呈现与认知绩效》，说句实话，对于一些内容和概念，我也只是囫囵吞枣地看过去了。这部专著融合多个学科知识，涉及智能制造、信息技术、人机交互、认知与绩效，体现了人机系统智能化的发展趋势。

信息技术的发展有力地推动了装备制造业的升级换代，特别是随着机器人技术的应用以及智能制造技术的发展，装备制造业的新一轮革命对企业、对从业者、对高等教育等各领域都提出了新的课题，即：如何能够结合产品开发、工艺开发，从工业信息视觉生理层面深入解析智能制造人机系统的认知绩效？

关于人机交互界面的设计，已有许多相关成果和专著，但能够切实结合工业制造系统论述“信息图符视觉标记”“工业信息特征与视觉生理反应的关联效应”等人机系统多目标、多维度的人机交互界面设计、知识迁移与模型计算等专题内容的著作尚较为稀缺，通过本书的逻辑串联，我们也许可以比较快速地涉足于思维原理、视觉流向、注意资源、生理指标全方位整合人机系统信息的任务时序、功能结构分区、优势资源分配，提升人机交互以及智能制造相关系统开发的水平。

东南大学机械工程学院 教授 博士生导师

2023 年 6 月

前　言

智能制造环境下的生产过程需要更加自动化、透明化和可视化，产品检测、质量检验和分析、生产实时监控需闭环集成，实现信息共享、准时配送、协同作业，这就需要一个人机交互终端——智能制造人机系统，例如“智能制造云平台”“智能物联”的工业集成化平台，通过数据智能驱动车间协作，在实时监控人机交互界面中呈现出全流程透明化的信息贯穿运作，从而使操作员与生产运营层面的车间智能运作充分融合，协助实现生产制造现场的可视化。其系统突出表现为柔性化、智能化和高度集成化，合理的信息呈现能够有效提高人机系统的认知绩效。

一些新兴学科和领域共同关注着智能制造人机系统，例如工业工程、人机交互、工效学等研究领域正在探索系统的高效传输、精准决策方法，以解决智能制造中生产实时调度、全流程实时监控、产品生产检测、实时报警等工业场景人机系统问题。如何分析工业场景人机交互界面信息层级化结构，建立多模块信息和多变量信息单元的时序性结构模型并高效进行信息交互，以及研究智能制造人机系统多目标、多维度的任务信息搜索绩效，是本书的主要内容。

本书包含 9 章。第 1、2 章引出智能制造人机系统的信息呈现问题，从人机系统的复杂性、智能制造人机系统的特征出发，提出需要构建智能制造人机系统的信息呈现规律，从而改善系统中的人获取信息、知识推理、判断决策的认知绩效；第 3 章从人机系统中的信息组织入手，运用熵理论解析信息结构的时效与质效，构建工业制造系统的时序性信息结构；第 4 章聚焦生产实时调度、制造过程全流程实时监控的信息表征，探索构建工业制造系统人机交互界面的信息元引力模型，基于视觉感知强度探索监控任务界面的优化布局方法；第 5 章从任务逻辑-信息结构关联的信息流向以及任务序列-视野位置关联的信息流向两个方面，获得工业信息时序性结构的信息流规律；第 6、7 章首先侧重于研究信息呈现的关键要素“工业信息图符”的认知绩效，然后从工业信息视觉生理层面深入解析智能制造人机系统的认知绩效问题，建立工业信息特征与视觉生理反应的关联效应；第 8、9 章围绕典型生产实时运营案例，展开工业制造人机交互界面设计，将智能制造人机系统的信息呈现与认知绩效研究方法推广应用。

本书是国家社会科学基金后期资助项目“智能制造的人机系统交互与认知绩效”(20FGLB046)的研究成果，同时本书中的研究内容得到国家自然科学基金面上项目“时序性结构信息流与多模态生理认知耦合的工业信息可视化表征机制”(52175469)的持续性支持。本书将对我国制造企业全面升级智能制造系统提供合理的人机系统信息呈现和认知绩效研究方法。

由于水平有限，书中不足之处在所难免，敬请读者指正。

吴晓莉

2023 年春于南京

目　　录

第1章 绪 论

1.1 研究背景

随着物联网、CPS、大数据等"smart"技术的出现和发展，第四次工业革命带来了工业制造的全面智能化转型。新一代工业智能面临的重大难题和严峻挑战是物理世界与信息世界的融合，关键是人、机、物的协同共生。在信息物理系统CPS基础上，日本提出了社会5.0，在IVRA构件中将"人"视为信息和物理世界映射过程中的重要元素，尤其突出执行力和现场人员作用，即人与信息物理系统的实时交互。在工业智能转型中，特别是大型生产实时调度与制造过程全流程监控，如何通过人与信息物理系统的感知融合，改善输入端的表征方式，达成"信息高效传输和人精准决策的协同共生"，这对于维系智能制造的高效性和稳定性有着举足轻重的作用，也是快速推进中国作为第四次工业革命领军者的工业智能转型升级的重要核心问题。

从人机交互层面分析，与系统直接交互的"人"——决策者(操作员、指挥员等具有特殊任务的执行者)，以及拥有"人工智能"的信息系统、物理系统，形成的智能交互模式，其关键在于人与生产制造信息元的交互达成人机物的沟通共享、实时告警、协同作业。可以认为，系统的运作、监管和决策完全取决于信息输入端的表征方式，即操作员执行排查、调度、应急通信等任务时，完全依赖可视化的信息呈现进行感知、分析判断、预测，并做出决策。正如美国IMS中心提出"未来智能工业系统"，通过信息可视化的服务传递，传递达到just-in-time，从而实现near-zero downtime，在完全掌控中将信息反馈到从设计端至产品制造端的全过程中，最终实现信息的闭环。可见，信息可视化表征是工业制造高效运作、精准决策的关键，也是实现"人机协同共生"的关键技术瓶颈之一。

在我国"智能工业物联"的车间协作环境下，突显出典型的人机系统问题。以光伏组件生产线为例，硅片分割、晶硅电池制造、电池组件封装、电池生产EL检测、实时分拣等制造过程全流程实时监控，通过流程看板、多屏显示等各类不同的工业系统，形成与人交互的繁杂信息链。其中，可视化的生产流程参数记录、实时工序生产情况以及紧急情况等信息实时交互突显了任务执行的高难度、环境的复杂性，任务执行者将进入深度态势感知。

如图1-1所示，人机交互过程的信息获取行为表现出任务驱动的多目标认知加工过程，需要执行任务目标搜索、目标信息链提取、过滤干扰信息元、认读并辨别任务目标信息，从而执行决策，完成人机交互。那么，工业制造信息链的可视化表征与人的感知相背离，操作员将面临的是费解的信息图符、繁琐的信息结构、找不到的任务程序、信息间断(阻断)的任务执行、多维度的信息干扰等，极易造成注意捕获中断、感知决策速度下降、工作记忆缺失等严重的感知失误，降低认知绩效指数。由此可见，工业智能转型升级中，特别是对信息可视化的感知融合交互模式，若未考量信息获取的人类认知加工，仅从技术层面升级为智能工业系统，将突显出不可预测性与高危性，微小差错极易导致认知决策任务失败，给未来工业智能带来严重的人机交互隐患。于是，有如下三方面的科学问题亟待解决：

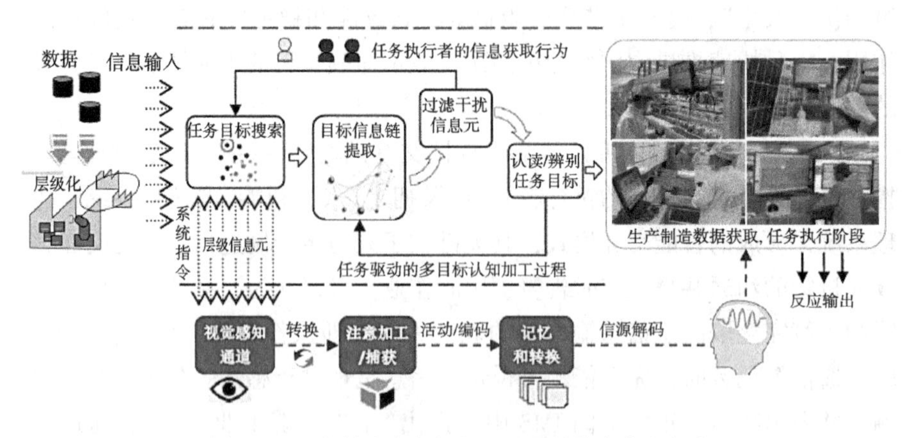

图1-1 工业制造中人机交互过程的信息获取行为

(1)智能制造人机系统中不同层级用户(操作员或指挥员、管理层或决策层)信息获取关联的多模块信息元和多变量信息链，是否符合层级性的时序性呈现结构？

（2）智能制造人机系统中不同视觉阈值的感知强度信息区块所形成任务驱动的视觉流向，与生理反应存在怎样的关联效应？

（3）智能制造实时交互的信息获取过程中，如何揭示任务信息流的信道编码到大脑信源解码过程？

解决以上三个问题，将极大地改善智能制造人机系统中的人（任务执行者）获取信息、知识推理、判断决策的认知绩效，达成实时交互的人机物闭环系统中呈现全流程、全透明的数据信息贯穿运作，实现操作员与生产运营层面的车间智能运作充分感知融合。

1.2 国内外研究现状

1.2.1 智能制造人机系统研究综述

智能制造人机系统是智能制造中的重要组成部分，为人和机器之间的高效交互提供一个友好、高效的媒介。通过人机交互界面，人可以直接与智能制造人机系统进行交互，完成对制造过程的控制、监控和决策。人机交互多从视觉通道入手，以界面为载体，成为智能制造的交互窗口。1960年，Licklider首次提出“人机共生”（man-computer symbiosis），强调人机交互的重要性。20世纪80年代，美国计算机学会（ACM）人机交互专业组织（SIGCHI）提出了人机交互（human-computer interaction，HCI）的概念，指出人机交互是设计、评估和实现供人们使用的交互式计算机系统并研究相关现象的交叉性学科。1999年，美国总统信息技术顾问委员会（PITAC）的《21世纪的信息技术报告》指出，“人机交互和信息处理”是21世纪四项重大信息技术之一。

美国白宫科技政策办公室（OSTP）国家科学技术委员会（NSTC）提出了涵盖人机交互界面、智能决策等技术和认知科学、控制论、系统学等学科的完整智能科学理论体系，该体系中，智能控制、人机界面、认知科学和系统学与智能制造人机系统的信息呈现与认知绩效相关性较大，如图1-2所示。

我国相关学者深入探讨了控制技术的主要类别——学习控制技术、模糊控制技术和神经网络控制技术的原理与发展过程。模糊控制技术发展成为融合模糊逻辑推理和预测控制的模糊预测控制技术，提高了系统控制性

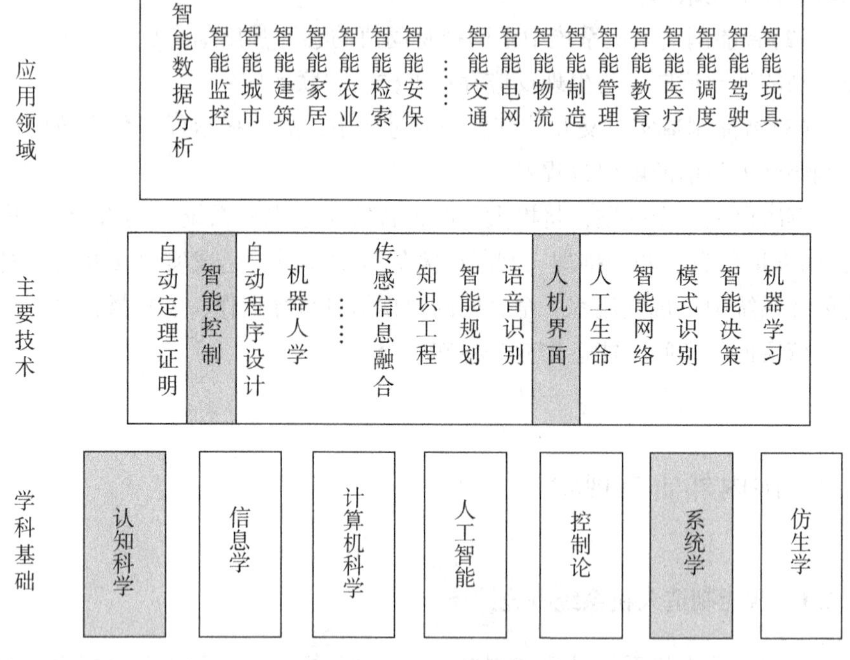

图 1-2 智能科学学科的体系结构(OSTP，2017)

能，适应了智能制造人机系统的信息结构复杂性和不确定性，保证了智能产线的高水平和高效率生产。与传统制造系统相比，智能制造人机系统已经发展为以“人工智能”为学科基础，同时具备感知、存储、处理、学习和决策能力的复杂信息系统，其核心理念也演化为信息系统与物理系统的融合，但智能制造人机系统的本质仍是信息系统。依托物联网、大数据以及云计算等新兴人工智能技术的蓬勃发展，智能制造的范式演变为数字化制造(digital manufacturing)、数字化网络化制造(smart manufacturing)、数字化网络化智能化制造(intelligent manufacturing)(周济，2018)，在数据驱动的推动下，衍生出“关联-预测-调控”的大数据驱动智能制造的科学范式(张洁，2019)。随着信息系统与物理系统的深度融合，促进了智能制造信息化发展，智能制造视角下的信息化已经延伸为计划控制、物流监控、质量监控和设备监控等生产过程(郭炳栋，2019)。新型人工智能技术不断对智能制造人机系统信息化渗透，智能制造系统逐渐取代人力，人的角色逐步向管理层转变，智能制造的管理框架从而演变为智能活动、智能制造能力、知识管理和智能联盟。

综上所述，智能制造人机系统是工业领域的智能系统，发展速度较快，技术水平较高，是结合了认知科学、信息学、计算机科学、人工智能和系统学等学科知识的新兴交叉领域。目前，在智能控制领域中的自动化设计和人工智能等方面的研究较为深入，已有许多成果，这些成果将对本书在智能制造人机系统的信息呈现与认知绩效方面的研究具有指导性作用。

1.2.2 智能制造人机系统的信息认知研究综述

现代认知心理学从20世纪50年代以后逐渐成为心理学研究的重要内容，其研究的最核心部分是对信息加工的研究，已经在20世纪六七十年代成为认知心理学的热点研究对象。信息加工是指人类所看见、听见和感觉到的信息都需要在大脑中经过一系列的加工(感知、辨别、搜索、匹配等)程序。

从用户的角度出发，对人机系统的界面进行深入研究和探索。相关学者以智能时代为背景，深入探讨了人机系统界面、人工智能、用户心理学模型等核心内容。在人工智能技术步入快速发展轨道的背景下，以用户为中心的设计理念愈发得到推崇，Jaydeep 和 Friedhelm(2006)通过进行人机系统界面测试和实验，对人的因素进行分析，他们分别应用启发式方法和工效学准则对人机交互界面进行优化。人机系统界面是信息系统与人直接交互的环节。余志峰等(2004)将用户参与、用户控制、界面设计、信息反馈、系统反应迅速、帮助系统、容错性与安全性以及界面修改等归纳为人机界面设计的准则。胡飞(2010)根据以人为本的设计理念，系统性整理了用户研究方法与经典的应用案例。在工业装备领域，同样强调人在人机交互中起到的作用。在核电工业领域，杨庆彧和张云波(2014)在核电厂数字化控制室人机交互界面的研究中，从“以人为本”的人因工程原则出发，对核电厂数字化控制室人机界面的信息显示内容和显示方式进行了优化；在通用汽车工业领域，马江慧(2018)从用户需求出发，对用户进行行为分析，从而设计了车载系统界面；在航空机载领域，刘捷(2007)通过对人机交互理论的研究，提出机载信息系统的人机系统界面设计原则。

从认知科学角度出发，认知科学贯穿于人机系统的发展中，学者们侧重对设计认知的研究。Kirwan(1997)提出了人工可靠性管理系统(HRMS)和人为误差数据信息(JHEDI)的认知模型。相关学者通过人机界面的可用性研究，得到可用性测试、启发式评估、认知过程浏览和行为分析等设计方法，基于多学科方法融合方面提出并验证了认知的交互设计原则。杨大新(2011)积极探究人的认知规律，从认知科学角度对信息布局进行优化设计。薛澄岐等(2015)在脑电实验的基础上提出了衡量被试态势感知的新范式。吴晓莉(2017)提出了复杂任务界面中由出错-认知导入的认知-分层模型。

随着认知科学的发展，已经形成较成熟的理论模型。早期学者Atkinson和Shiffrin(1968)提出了信息加工模型，Sweller(1988)在信息加工模型基础上提出认知负荷理论，提出当人的信息接收量超过记忆的容量值时，会形成认知负荷。Alan(2007)在前人研究的成果上首先提出认知摩擦理论，他认为人类在认知复杂信息系统规则时会遇到阻力。同时，学者们对视觉信息产生的认知负荷进行多维度的研究。Andreas(2010)讨论了时间缓冲在视觉信息认知过程中的作用。赵静和潘毅(2010)发现人的视觉系统加工信息的容量有限，不能同时感知和加工外界所有的视觉信息。随着人机交互技术的快速发展，学者们尝试从多通道对人在复杂信息系统获取信息的认知过程进行研究。Lu Hong(2020)、Marlen(2018)、Johnson(2018)等从视听整合的人机交互界面，揭示因果推理与特定的大脑区域的映射规律，从无意识知识揭示系统的关系、结构、交互、隐性知识的相关模式，获得任务分析方法，并从神经元的编码强度，探索视觉特征的感知和记忆表征。Yuliang Yun(2021)、Paola(2019)、Minghao Yang(2019)等从人机交互层面，提出了适用于工业制造的新视觉决策系统、执行系统架构模型、多模态感知融合的人机对话框架等。Eirin(2020)、Jie Guo(2019)、Khairi(2019)等从识别、感知与可视化技术角度，提出获得用户友好的可视化方法，从异构网络的多模态数据融合角度，探索时间注意过滤器融合视听特征，并发现了空间频率显著影响颜色编码的有效性和梯度感知对颜色编码标量场的有效性。

综上所述，在数字化、智能化驱动下国内外已有了一定的研究成果，特别是成熟的信息认知模型，能够对进一步研究如何建立智能制造人机系统的信息结构模型、视觉信息流规律起到关键作用。

1.2.3 智能制造人机系统的信息呈现研究综述

在智能制造人机系统领域中，人机交互界面的信息呈现问题尤为重要。随着智能化程度的提高，制造过程中产生的信息愈发复杂，如何将这些信息有效地传递给用户，成为智能制造人机系统设计亟须解决的问题。信息呈现是人机系统的重要组成部分，包括信息结构、信息可视化表征和信息界面布局。

在信息结构设计方面，信息系统结构复杂性对信息系统节点耦合特性具有一定的影响，信息结构设计是信息呈现的内在机理，目前该领域的研究还较欠缺。从设计要素与信息结构两个层面，Habuchi 等(2006)通过将信息界面分成功能区的方式来考察信息的分类、用户经验和功能区三种要素，发现用户习惯偏好和视觉设计因素都会对视线产生影响。Paul 等(2018)基于复杂数字界面中的信息复杂度过载现象，建立了图式决策模式对信息进行编码，分析了信息量与任务执行时间的关系。Cheshire 等(2012)以伦敦公交系统为例，阐述了其对大数据意义的理解，并展示了数据流在不同时间尺度下的描述方法。吴晓莉、薛澄岐等(2014)通过信息表征方法提取人机交互界面的设计因素，从视觉局限实验的信息间距等角度分析了操作员对雷达预警不同布局的错误感知行为。周蕾等(2016)从信息布局和信息结构两个层面，以有序度熵理论算法为基础，定量研究了手机 App 界面的信息结构优劣性。任淑愉(2016)从信息结构角度对界面进行重新解构和重构，提出了使海量信息有序化呈现的最佳方法。庄亚明(2002)基于数字化工厂信息系统的组成，通过对数字化工厂信息结构的演绎，抽取数字化工厂信息系统公共服务。

在信息可视化研究方面，如何将大量信息快速准确地传达给用户一直是很多学者研究的热点，信息可视化就是一种高效的可视化传递模式，在此基础上，许多学者对信息可视化进行了研究。Christopher 等(2007)最早使用图形排序算法对视觉相似性矩阵数据进行可视化分析。Schrammel(2011)从数据挖掘和信息可视化领域寻找处理大量信息的方式，探索信息可视化新出路。Khairi(2019)研究在复合现实环境下如何实现异构数据集的数据可视化。Basole 等(2013)以节点为基础的多种视图方式，期望实现多关联项大数据的可视化。Patterson(2014)介绍了具有 8 个不同维度的可视化建设工具的设计空间，引导用户创造新颖的信息可视化。Mei(2017)将人类认知与信息可视化联系起来，为信息可视化寻找了一个认知框架。黄光龙等(2019)通过对以用户为中心的信息可视化研究，将信息可视化呈现流程分为需求调研、数据分析、规划设计和校验测试 4 个步骤。

在图符可视化表征方面，学者们从不同设计元素对图符可视化设计进行研究，积累了大量图符可视化表征的成果。在图符可视化风格方面，相关学者对图符的识别和混淆方面进行实验，探讨如何选择图符的设计风格；相关学者提出在图符设计时要考虑文化的特征，并且在设计时应补偿这些特征。在图符可视化编码方面，相关学者通过对图符识别率和组织形态的关系实验，发现设计师和用户之间对图符的认知存在差异，并提出图符设计时的建议；相关学者发现用户对图符的理解、设计师打算传达的意义以及图符功能之间的关系，对于确定图符可用性的成功与否至关重要；相关实验发现在头盔瞄准显示系统界面中不同特征的图符对目标搜索和视觉认知都有显著的影响；相关实验发现，线框粗细变化对用户搜索绩效有影响，而对用户的搜索策略没有影响，用户始终依据色彩特征进行信息搜索；相关眼动实验研究表明，增加颜色数量会在一定程度上降低图符的视觉搜索效率；形状相似性引导下的目标搜索效率最高。在图符可视化方法和原则方面，相关学者提出图符的易用性设计思想以及图符的整体设计、色彩设计、隐喻设计、设计流程和评价方法；从不同维度的结构化形成基于符号学的图符设计方法与流程，以及相关数字界面图符优化设计的指导准则。

在信息布局方面，合理的人机交互界面信息布局可以提高用户在任务过程中的搜索效率，学者们已经在该领域提出了一系列设计原则和方法。1956 年，心理学家 Miller 提出人类一次性接受认知的信息数量应在 7±2 比特。这一原理被广泛运用在交互界面设计当中，一般情况界面上图符在 5~9 个(组)比较适宜，呈现太多会让用户在认知上出现负面感受。Dowsland(1992)认为布局问题是指给定一个布局空间和若干待布物体，将待布物体合理地摆放在空间中满足必要约束，并达到某种最优指标。在计算机算法辅助信息布局方面，Chaturvedi 等(2014)利用拓扑集群扩展了基本的元素布局方案，提出网络社区的空间效率可视化方案。Vanderdonckt 等(2016)提出一种基于模式匹配和图形重写的探索性算法，该算法有助于生成多个布局方案并进行比较。在信息布局的策略方面，相关学者提出界面信息按照队列、方向、位置进行布局的设计思路；相关学者发现，在飞机驾驶舱信息显示界面的布局中，以重要度和使用频度进行布局，信息传递更有效。在信息布局的设计要素方面，相关学者通过信息界面的功能区划分，研究发现用户习惯偏好和界面视觉设计因素都会对视线产生影响；还有相关学者研究发现，核电站主控制室的信息交互界面布局不规则与设备之间的不兼容是最典型的错误。

综上所述，学者们已经从多方面对人机系统进行了深入的研究。智能制造人机系统仍面临着信息量大、信息关系复杂、信息结构可视化难度较大等众多问题。需要对人机系统的信息结构、信息可视化表征、信息界面布局等进一步展开研究。

1.2.4 智能制造人机系统的认知绩效研究综述

认知绩效是影响操作水平、情绪及工作状态的重要因素，反映人对信息注意、加工以及决策的能力。将眼动和脑电应用到认知绩效方面，相关领域已取得了一定的研究进展。在眼动追踪领域，Peter 等(2016)通过用户信息搜索的感知质量分析，应用搜索空间质量的眼动追踪效果，得到人的信息感知的行为模式顺序。Tom(2017)建立了视觉信息计算的研究模式，展开了不同移动设备的信息交互界面的搜索行为对比，分析视觉信息搜索过程的瞳孔大小变化，得到了阅读行为的偏好模式及视觉追踪预测偏好。Fabio 等(2013)通过眼动分析如何控制界面中视觉焦点以及如何调整界面元素引起用户的视觉注意。Babu 等(2016)根据眼部参数对飞行员的操作状态进行分析，为飞行员提供适当的警告和警报。Dalmaso(2017)通过对眼动轨迹的记录，发现工作记忆可以对扫视产生影响，主要体现在工作负荷的水平上。Krejtz(2018)使用眼动仪捕获瞳孔直径和扫视视觉生理参数，验证其可以作为评估认知负荷的评测指标。Baig 等(2018)使用 EEG 的 θ 和 α 波段功率来估计多任务环境中的认知工作量，结果显示，当完成子任务的认知资源参与增加时，α 和 β 波段功率增加。Carolina 等(2020)使用 θ 脑电图功率谱的变化评估在轻型多用途车辆动态模拟器中执行战斗和非战斗场景的军队驾驶员的大脑活动的影响，发现在最复杂的情景中，额叶、颞叶和枕部区域的 θ 脑电图功率谱较高。Aricò 等(2016)提出基于脑机接口提出一种自适应方法，可以将任务保持在适当水平以保持人机系统的整体性和安全性。Borghini(2016)通过实验表明在 θ 和 α 频段中，大脑活动的自主神经参数可以用作评估学习进度的指标。

在生理测量工具方面，随着计算机、通信技术和信息化技术的广泛应用，研究学者研发了一系列相关的生理测量工具，例如基于现场可编程门阵列(FPGA)的 EEG/EMG 生理运动数据实时预测系统、智能域的视觉认知集成网络模型、基于射频识别的脑机交互框架，以获得实时识别大脑活动；相关研究表明，注视运动特性与目标视觉认知的难易程度呈线性关系，通过可穿戴生理采集数据工具，可获得瞳孔、陀螺仪等数据流信息；采用眼动数据分析不同交互可视化功能的设计形式，通过瞳孔幅度差异性分析可得到视觉追踪预测偏好；进一步结合多模态的生理测量技术，Christina(2017)、Gibbings(2020)、Benjamin(2017)等学者分析了极简化和抽象化界面注意量大小的视觉生理指标变化，探索了不同的生理状态对脑电信号和认知行为的影响，获得了脑微状态与认知功能的复杂性关联。

综上所述，在眼动、脑波、肌电等生理认知应用到认知绩效的研究，是设计学、心理学和计算机科学交叉的人机交互新兴领域，目前该领域的成果尚不成熟，还需深入探讨智能制造生产实时交互的任务信息获取研究实验手段，建立生理实验范式和视觉信息流的生理反应关联效应。

1.3 智能制造人机系统的研究重点

在国际制造产业竞争加剧、新工业革命正在孕育的复杂背景下，中国工业面临着严峻挑战和重大机遇。工业互联网产业联盟提出构建包括网络、平台、安全三大功能的体系架构，推向工业制造的智能化；周济(2018)提出“面向新一代智能制造的人-信息-物理系统”，认为人机混合的增强智能，使人的智慧与其智能的各自优势得以充分发挥并相互启发地增长；《德国工业4.0报告》强调生产过程中各类人员(参与及其操作员、维护人员、生产计划员或程序员等)的关键角色；并在虚拟化、服务化和数字孪生支持下，可以建立物理世界和社会世界的数字镜像映射，并把感知、分析判断、预测、决策能力纳入其中，完成整个生产过程智能化；相关学者认为智能制造系统将推动务联网和物联网的变革，关键在于基于人机合作原则和柔性生产系统人机协作的解决方案。相关学者提出工业信息物理系统的纵向集成、横向集成以及端到端集成，关键是人机物深度融合的高度柔性生产系统；提出通过智能制造装配系统的NHMI控制，完成人机交互界面在任务执行期间控制，协调与工业协作机器人合作；研究了人机交互的设计方法、工作程序来支持可交互的工业信息系统；研究了实现人与工作空间协作的动态交互，促进人机融合，使用数字孪生的五维DT模型，达成人机交互。综上所述，工业制造系统是智能升级的核心，并强化了人与系统交互的关键角色；现有研究具备了工业物联的核心技术，还缺乏从人机互融角度的信息可视化方法研究。

根据国内外研究现状及发展动态，工业制造已具备了智能化转型的革新技术，还缺少从人类感知行为转入信息表征的可视化实施；已有了人机交互理论基础和技术手段，还缺乏人机互融的信息可视化方法；相关生理测量的技术手段较为成熟，可嫁接移用于工业生产信息获取实验研究。因此，围绕智能制造的人机系统信息呈现与认知绩效核心问题，需要从感知行为的关键切入口来重构系统的脊梁，才能融合转化为工业制造的上层建筑，从而构建智能制造实时监控下人机系统的信息呈现与认知绩效方法。这是目前智能制造、设计学、工效学、信息科学、系统科学等学科和领域共性导向的热点和焦点问题。

本书主要包括以下四部分核心内容：

第一部分，介绍什么是人机系统，并从系统的复杂性特征出发，阐述复杂信息系统、智能化的人机交互界面以及智能制造的人机系统特征。为智能制造人机系统的信息呈现与认知绩效研究拉开序幕(第1、2章)。

第二部分，解析人机系统中的信息组织，提出信息与信息结构的映射关系，从时效和质效角度构建工业制造系统的时序性信息结构(第3章)。从信息的认知加工处理过程，阐述操作员的信息获取行为以及工业数据信息的视觉呈现方式；基于工业制造系统中信息元、信息链，通过引力算法模型获得智能制造人机交互界面的信息元引力分布；同时，根据视觉感知理论建立监控任务界面的功能布局优化方法(第4章)。进一步地，基于第3、4章的研究结果，从工业信息的任务逻辑层面，将任务域和信息元关联建立不同用户的任务模型，构建任务逻辑-信息结构关联的信息流向；从监控任务搜索模型出发，将视觉搜索模型和视野位置的视觉区域建立联系，通过眼动轨迹实验，发现监控任务的视野位置对视觉搜索绩效有很大的影响，并建立任务序列-视野位置关联的视觉流向(第5章)。本部分整体性构建了智能制造系统的时序性结构与信息呈现的视觉信息流规律。

第三部分，从智能制造系统信息呈现的关键要素入手，开展工业信息图符视觉标记的认知绩效实验，建立视觉搜索中不同抑制机制的关联性；并从工业信息图符的语义与实体关联性，探究提高工业信息图符认知绩效的信息呈现方式(第6章)。基于认知绩效水平及视觉生理测量之间的映射关系，构建智能制造工业信息视觉生理测评模型，展开不同认知难度工业数据信息的认知绩效实验，得到工业数据信息认知绩效的视觉生理反应规律，建立工业信息特征与视觉生理反应的关联效应(第7章)。这部分从工业信息视觉生理层面深入解析了智能制造人机系统的认知绩效问题。

第四部分，围绕典型生产实时运营案例，展开工业制造人机交互界面设计，将智能制造人机系统的信息呈现与认知绩效研究方法加以推广应用(第8、9章)。

1.4 研究目的

智能制造大型生产实时调度、制造过程全流程实时监控、产品生产检测、实时报警等智能制造系统的信息呈现问题，已成为智能制造、信息科学、系统科学、工效学、设计学等学科和领域共同关注的问题。如何对实时监控下人机交互界面信息层级化结构分析，建立多模块信息和多变量信息单元的时序性结构模型并高效进行信息交互，如何对智能制造人机系统多目标、多维度的任务信息搜索绩效研究，是本书涉及的主要研究内容。

本书的出版受到 2020 年度国家社会科学基金后期资助(20FGLB046)，并持续性受到 2021 年度国家自然科学基金面上项目(52175469)的支持。研究项目针对多学科领域交叉的共性难题——智能制造人机系统的信息呈现与认知绩效，通过交互设计、工效学、信息系统、生物技术、认知加工等多学科知识在智能制造领域的理论体系迁移和嫁接，探寻制造业多行业多领域运用智能技术来升华与发展的科学渠道，探索人机交互与智能制造的跨界深度融合机制；通过多学科共性导向和交叉融通，促进多学科知识融通发展，创建系统的智能制造人机系统的信息呈现与认知绩效理论体系。

本书对智能制造过程全流程实时监控的信息呈现与认知绩效评估，探寻智能制造系统中人机系统信息呈现的关键问题解决方法。融合熵理论、视觉认知、眼-脑生理反应、信息流到智能制造系统人机交互界面层面，从逻辑原理、视觉流向、注意资源、生理指标全方位整合人机系统信息的任务时序、功能结构分区、优势注意资源分配等，揭示多目标、多维度的视觉信息呈现规律。将人机系统设计方法应用于相关智能制造企业的 MES、ERP、智能制造数据集成系统中，对智能制造过程全流程实时监控进行绩效评估。

本书所用研究方法包括：

(1)交叉学科知识迁移与模型计算。本书运用有序度熵理论算法和信息呈现的信息元表征，对界面信息区块布局进行基础约束分析及其结构约束分析；对信息区块的界面布局可行方案的生成进行计算；通过质效熵和时效熵的数学运算，提高信息结构的有序度，从而揭示功能-任务分区过程界面布局合理化的固定模式，提出任务驱动的时序性信息结构；运用视觉感知强度理论，分析多层级信息任务视野位置与单一任务的关联度，计算不同任务区域网格面积，获得任务区域单元信息的视觉感知强度等级；运用中央窝、副中央窝及边缘视觉区划分，分析任务流向-视野位置的中央-副中央视觉区划分，获得复杂信息视野位置的任务搜索信息流向，如图 1-3 所示 。

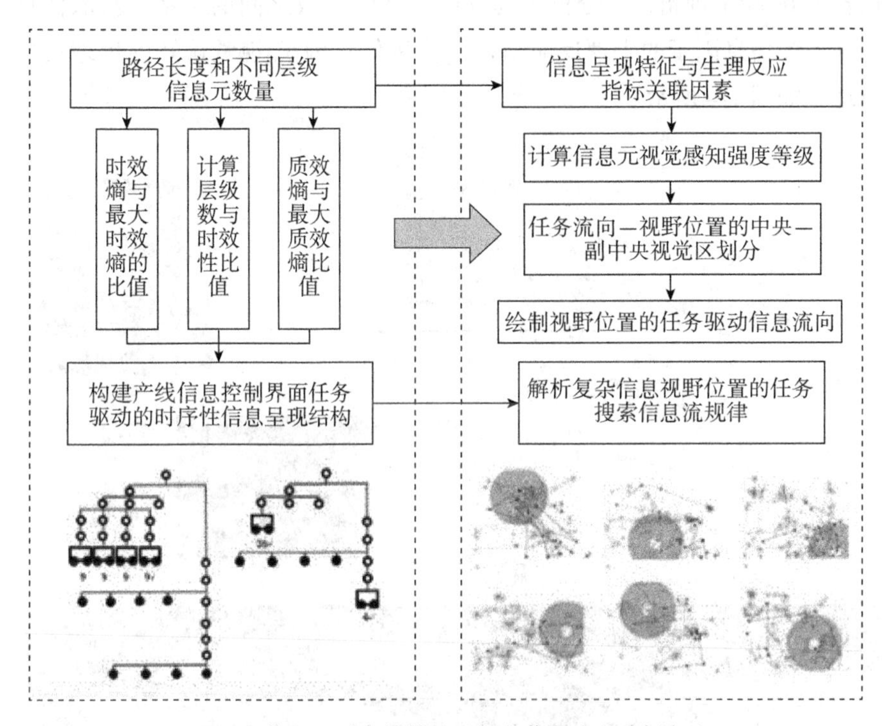

图 1-3　信息的时序性结构及任务信息流向分析方法

(2)生理反应实验方法。本书的研究主要采用的实验方法包括心理学 E-Prime 编程的视觉行为实验、眼动跟踪动态捕捉实验以及 ERP 脑电视觉注意实验，以信息图元为自变量，以信息特征为因变量，综合运用行为和生理数据相结合的实验手段分析任务失败的生理反应实验方法。智能化信息交互界面的用户认知行为包括多个层次和形式的活动，如感觉、知觉、学习、记忆、注意、思维、推理、语言、意识等，同时伴随心理活动、生理活动的相互作用，研究信息界面中用户行为、心理活动和生理活动的关联和统一，需选取 ERP、眼动相结合的生理测量技术，作为生理评价模型的技术支持。其中，眼动指标可对界面视觉信息的获取、理解和搜索策略进行最直接有效的定量表达；ERP 技术的高空间定位性和高锁时性，可以为界面信息可视化认知过程提供脑区时空二维的解读。

根据眼动跟踪设备TobiiX120系统和64导联的NeuroScan事件相关脑电位研究分析系统，结合眼动指标(注视时间、注视点数、任务完成率、目标任务耗时偏差等)和反应时数据，结合不同测量手段的响应数据，分析不同态势环境下设计认知过程中的形象思维的行为反应指标、眼动指标以及ERP脑生理指标，分析生理反应与认知绩效之间的关系，获取信息交互界面信息因子的生理反应指标，分析信息因子-视觉认知的生理反应机理，如图1-4所示。

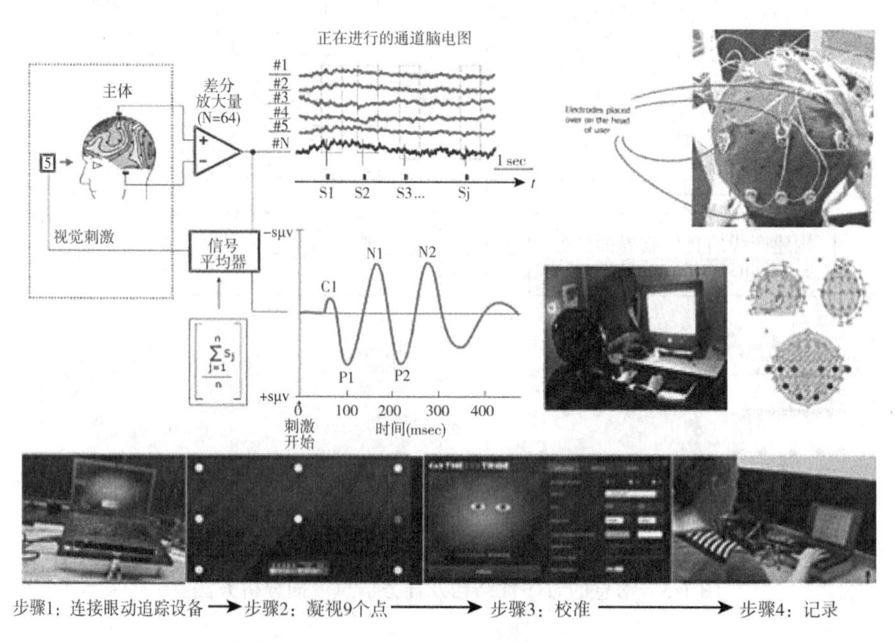

图1-4　信息搜索的生理反应实验方法

(3)操作员任务执行的信息搜索绩效测评方法。基于信息论与系统风险评估理论，运行数学建模手段构建起视觉信息搜索的计算模型。基于某数字化模拟机观察实验，获得操作员监视活动的直观认识与基础资料，结合操作员访谈、量表与监视行为录像分析，对监视活动认知规律进行实验探索；借助眼动跟踪视觉采集设备、自主开发的视觉转移轨迹记录软件与视觉信息搜索绩效测试量表，开展大样本视觉信息搜索绩效测试实验，对视觉信息呈现方式进行验证，获得人员视觉信息获取基础失误概率与反应时等绩效关键数据。

本章小结

本章介绍了智能制造人机系统对工业制造智能化转型的关键作用，从国内外研究现状及问题分析，提出智能制造人机系统的信息呈现与认知绩效的研究内容，总体概括了本书的研究思路。

第2章　人机系统的特征

2.1　人机系统

人机系统的研究可追溯到18世纪60年代的第一次工业革命，这个时期是人机学的萌芽。被称为工业工程之父的泰勒(Taylor F. W.，1856—1915)是最早的人机学研究学者。他通过铁锹作业实验研究劳动时间，该研究称为“工作研究”。后来，吉尔布雷斯夫妇改进了泰勒的劳动工效方法，在1919年合著了《疲劳研究》。吉尔布雷斯夫妇作为人机学的研究先驱，研究了动作作业和车间管理，探索熟练操作与疲劳的关系，该研究称为“运动研究”。吉尔布雷斯夫妇发明了“动素”的概念，把人的所有动作归纳成17个动素，如手腕动称为一个动素，这样，可以把所有的作业分解成一些动素的和。他们对每个动素做了定量研究之后，能够计算出每个作业需要花多少时间。在人机学的萌芽时期，“工作研究”与“运动研究”奠定了人因工程、工效学、人机工程学等领域的科学研究基础。

在现代，对人机系统的研究始于第二次世界大战中的军事装备研究。当设计和使用高度复杂的军事装备时，逐步开始发现必须把人和机器作为一个整体进行研究。在“一战”“二战”尖锐的军械问题中，人机学诞生了(1945年)。英、美等军事专家开始专注于装备设计，分析坦克、飞机舱内仪表、操作键数量剧增等问题，解析事故、伤亡的内在原因。人机学开始研究如何使人在舱内有效地操作和战斗，并尽可能使人长时间地在小空间内减少疲劳，达成人-机-环境的协调关系。这就意味着，在系统设计中必须考虑人的因素，是科学发展的一个高级阶段。由此可知，人机系统是由相互作用、相互依赖的人-机-环境三要素组成的具有特定功能的复杂集合体。

从人-机-环境系统来看，系统和操作员构成了一个闭合的人机系统，系统界面是人与系统交互的人机界面，正如丁玉兰(2004)在《人机工程学》一书阐述的人机系统，如图2-1所示。界面就像整个系统的窗户，把系统内部的运作以信息的形式呈现，与外界达成交互。

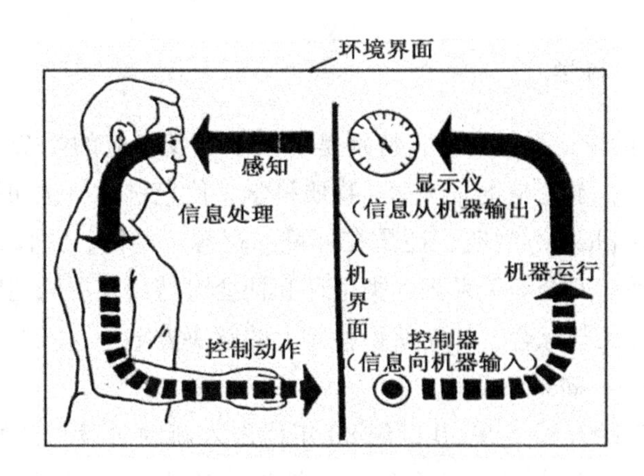

图2-1　人机系统(丁玉兰，2004)

人机系统可以从简单和复杂层面划分，例如木工用锯子锯木头可以看作简单的人机系统，飞机驾驶舱的人机系统则是极其复杂的。复杂的人机系统可以由多个子系统组成。同样以飞机驾驶舱为例，飞行员与仪表显控形成了一个人机系统，飞行员与驾驶座椅也形成了一个人机系统；同时，驾驶舱内的主、副飞行员在飞行过程中由于任务分工不同，形成了人、多个显控界面、舱室环境中的各类设施以及机舱环境的人-机-环境复杂巨大的系统。人机系统设计应采用闭环式，人可以根据机器工作的反馈信息，进一步调节和控制机器的工作，形成人-机闭环的有效性。人机系统还可以分成手工系统、机械系统和自动系统3种类型。手工系统由手工工具和人构成，人是直接劳动者；机械系统由半自动化机器和人组成，人是机器的控制者；自动系统由全自动机器和人组成，机器常带有计算机或智能装置，可自动工作，人是系统的监视者。

随着计算机技术和信息控制理论的快速发展，系统变得更加复杂和智能化。人机系统已经逐渐转变为人机协作、人机协同模式的人-信息-物理系统，形成人与机器决策最优分配的智能人机交互。特别是在工业制造生产、交通枢纽监控、核电控制、环境监测、航空驾驶操纵等重大系统领域，以计算机技术为依托，完全以数字化、智能化的信息系统进行运作、监管和决策。这些人机一体化系统是复杂的。

2.2 从复杂性看人机系统

2.2.1 复杂性科学

进入21世纪，系统问题，特别是复杂系统及相应的复杂性科学问题变得日益突出。不论是生命科学、物质科学、信息科学、认知科学所呈现的复杂性(complexity)问题，还是在环境、资源、经济、人口、健康、灾害，甚至和平与安全等关系到人类生存和社会可持续发展的问题，都需要依靠多学科交叉与综合，从而获得整体上的解决方案，这就形成了复杂性科学(complexity sciences)。

系统科学的发展，在20世纪80年代进入新的阶段，开始对复杂系统进行研究。钱学森(1986)在创建系统控制论中，提出了复杂性科学。他把系统分为简单和复杂两类，认为复杂性实际上是开放的复杂巨系统的动力学。复杂系统的巨大数量和种类形成了相互关联和相互影响的网络，在不同的层次结构中以不同的运行规律进行着信息、物质和能量的交换。总结钱学森的定义，复杂系统具有规模巨大性、组分异质性、等级层次性、非线性、开放性、动态性综合在一起所形成的系统特性，就是复杂性。

2.2.2 系统的复杂性特征

根据钱学森(1986)对复杂性的定义，系统具有以下几个方面的特点：

1. 开放性

系统有种类繁多的子系统，其子系统间需要进行各种方式的通信。因此，系统与环境之间有丰富的物质、能量和信息交换。

2. 层次性

系统内部数目巨大的子系统通常会形成多个层次的子系统，每个层次有其特有的规律。多层次性是复杂的自组织性的体现，层次的数目刻画了系统的复杂性。在可利用的信息上又往往存在不确定性、不完备性和模糊性。

3. 多样性

系统的子系统数量巨大、种类多样，有着不同性质的模型。每个子系统以各种方式获取知识。

4. 复杂性

系统中子系统的结构随着系统的演变会发生变化，其相互作用关系复杂。复杂系统具有不确定性，是一种非平稳随机过程，其模糊、混沌表达出复杂性。

因此，系统的复杂性表现出规模巨大的、组分异质性显著的、按照等级层次组织起来的、具有各种非线性互相作用的、对环境开放的动力学特性。

2.3　复杂信息系统

随着计算机技术和信息控制理论的快速发展，系统变得更加复杂和自动化。特别是工业数据集成监控、核电厂控制、战场指挥、交通枢纽监控、环境监测等重大系统领域，以计算机技术为依托，完全以数字化、智能化的信息系统进行运作、监管和决策。然而，不同于以信息收集、传递、存贮、加工、维护和使用为主体的普通信息系统，这些人机一体化系统是复杂性(complexity)的，可以归纳为复杂信息系统(complex information system)。它们同样具有开放性、层次性、多样性和复杂性的特征，该系统与人的交互过程表现出信息量大、信息结构关系错综复杂，形成动态的数据输出与输入的信息交互系统。

因此，复杂信息系统专指具有来自不同标度层次变量结构的系统，或者指相互之间有差别的单元构成的动态信息系统，主要用于在复杂环境下执行复杂操作任务。该系统由数个子系统构成，多指包含复杂显控的人机系统，且系统内部包含多层次模块、多变量的显示单元。其人机系统以能够基于局部信息做出行动的智能性、自适应性的显示主体为依托，多应用于航空航天、军事、高铁驾控、核电厂控制、车辆导航等关乎国计民生的复杂信息系统。

2.4 复杂信息系统的人机交互界面

人机交互由美国计算机学会(association for computing machinery, ACM)人机交互专业组织(special interest group on computer-human interation, SIGCHI)在20世纪80年代提出，是指关于设计、评估和实现供人们使用的交互式计算机系统，并围绕相关的主要现象进行研究的学科(ACM, 1992)。人机交互研究的是系统与人之间的交互关系，它所指的系统包括各种机器、计算机化的系统和软件(这既可以指小型电子显示的简单系统，如遥控器、对讲机等，也可以指几十种大型显示系统集成的复杂监控中心，如核电站、空间站等)，从而形成了人与系统的信息交换。

复杂信息系统最终以人机交互界面为终端，实现人与系统的信息交互(information interaction)。复杂信息系统的人机交互界面成为人与系统交互的重要载体和媒介，从某种意义上来说，复杂信息系统人机交互界面就是系统的大脑，系统的各方面信息都汇集于此。因此，复杂信息系统人机交互界面已成为系统中的人获取信息、知识推理、判断决策的重要手段和操作依据。

复杂信息系统的人机交互界面多表现为操作员与人机交互界面进行的监视/发觉、状态查询、响应计划和响应执行的操作行为过程。例如，在执行任务过程中，战机需要接受来自GPS、地面地理信息系统、敌我飞机空中姿态、识别、地面指挥、飞机各种状态等大量信息；又如在智能城市系统中，有来自智能交通、警方监控、GPS、地面地理信息系统以及城市的各种信息。这些复杂信息通过计算机分析与处理，最后呈现给使用者，为使用者观察分析、判断态势，决策操作等提供可视化信息来源和依据。

因此，人机交互界面成为复杂信息系统重要的研究对象。如图2-2所示，复杂信息系统内部具有子系统A，子系统B，子系统C，…，以及多层级的子系统A1，A2，…，B1，C1，…，与人之间交互的是监控任务界面，操作者完全通过呈现眼前的界面进行信息交换，即人的信息处理。

可见，人机交互界面肩负着整个复杂信息系统的交互任务，系统略微的变化都要呈现在界面上，并成为人与系统沟通的唯一渠道。可以说，人机交互界面在整个人-机-环境组成的大系统中，具有不可取代的地位。它

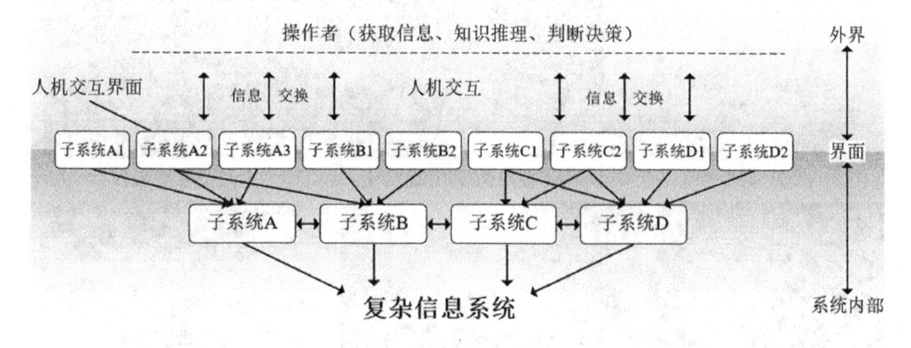

图 2-2　复杂信息系统的人机交互(吴晓莉，2017)

是系统的平台，就像整个系统的窗户，把系统内部的运作以信息的形式加以呈现，与外界达成交互。因此，人机交互界面信息承载量大，信息结构关系错综复杂，并以动态、多变的形式展示给使用的人(操作者)。

2.5　智能化的人机交互界面

2.5.1　传统显控向数字化、智能化信息界面转化

数字化、智能化的人机交互界面已成为复杂系统最重要的媒介之一，在很多复杂大型系统中已经逐步取代传统的显控，已广泛应用于战机船舶驾驶操纵、核电厂控制、战场指挥、汽车驾控等各种复杂的人机系统和环境。传统的模拟控制一般是监视和操作系统，而数字化控制过程中，操作人员的角色从手动控制者转变成监控者和决策者，加大了操作者的视觉认知过程，这需要一系列认知行为来执行任务，如图 2-3 所示。

2.5.2　人机交互界面的特征

复杂信息系统的人机交互界面不同于普通人机界面，体现出以下 3 个方面的特征：

1. 信息结构和单元的复杂性

数字化、智能化的人机交互界面包含多模块信息结构和多变量信息单

图 2-3 多个领域正进入智能转型中的信息可视化模式

元，界面通过导航设计以及信息层次的结构，以字符、文本、图像、图符、图符、色彩、维度等形式表达复杂多变的信息内容。因此，信息结构和单元的复杂性会给操作员带来一定的认知困难，造成信息读取错误、任务执行困难等问题。

2. 实时监控的动态性

数字化、智能化的人机交互界面呈现的信息量大，同时系统的运作会表现出界面的动态性，即多层次的信息内容不断更替。在执行交互任务过程中，需要操作员在同一时间内处理大规模信息，进行实时监控，因此，多变量信息单元的实时监控会增加用户的认知负荷，容易出现信息疏漏、任务执行失败等问题。

3. 不可预测性

人机交互界面的多层级的逻辑层级菜单结构表现出信息呈现的复杂性，也加大了操作员的任务难度。由于复杂信息系统本身所具有的执行任务难度高，执行环境复杂，也给系统带来了不可预测性。由于环境、生理和心理状态等人为因素，以及信息呈现的合理性，造成人机交互具有不可预测性。

根据复杂信息系统人机交互界面的特征表述，从复杂性角度进一步分析信息的复杂性和任务的复杂性，可以为人机交互界面的深入研究寻找突破口。

2.5.3　复杂性分析

人机交互界面的复杂特征是由系统本身所决定的。由于系统的复杂性，也产生了人机交互界面中的信息复杂性。信息复杂性主要包括以下 3 个方面：

1. 信息内容复杂性

信息内容在人机交互界面呈现，其信息种类呈现出复杂的维度关系，将会呈现出一维、二维、三维维度，甚至四维维度——时间维度，五维维度——结构维度等多维信息结构。时间维度表现出的时间流特性，即为动态特征的信息流，它通过实时传递的数据进行信息动态整合，信息集合主动地获取数据，并自主智能地处理感知信息；结构维度是高维信息的另一个关键维，结构维表现出多层的非结构化空间，呈现出多变的形式和类型。这些信息呈现存在不规则和模糊不清的特性，现有的方法很难清晰地设计表达这些特性。

2. 信息呈现复杂性

复杂信息系统人机交互界面的信息呈现具有复杂性，包括信息的维度、结构、运动的复杂性。复杂系统人机交互数字界面通常是由相对简单的一些个体，通过某些因素改变组合方式而形成的新结构。系统的复杂性的关键点与组合结构个体的多少和大小无关，而是体现在新组合的形式上。复杂信息系统人机交互界面由系统各模块所提供的信息单体构建，各模块在整个系统中所占比重可能有差异，但是体现在界面上则以布局、导航、图形符号等新的组合形式呈现，因此界面系统的复杂性特征与新的组合形式密切相关。

3. 信息交互复杂性

复杂信息系统人机交互界面的信息交互具有复杂性，主要是指界面呈现的信息与视觉接收、视觉解码之间的交互复杂性，是一种视觉认知的复杂性。信息的内容复杂性和信息的呈现复杂性之间有表达映射的关系，信息呈现复杂性特征和信息交互复杂性特征之间存在着多维约束的关系。最后，信息内容复杂性又对信息交互复杂性特征有着引导的作用，获知复杂系统人机交互界面的信息复杂性。

复杂信息系统人机交互界面的信息复杂性是针对界面信息表达展现出

来的，同时对于与系统进行交互的人——操作员，也同样具有任务复杂性。复杂信息系统需要执行的任务种类繁多，从总体上，可以分为复杂任务和简单任务；从人的操作行为角度，则需要依据系统中所执行的任务自身特点，从人的认知行为、任务执行困难的程度、操作员的信息处理过程分析任务的复杂性。

任务的复杂性是指在系统运行状态下，操纵员完成任务的困难程度(Boring，Gertaman，2004)。任务的复杂性涉及各个方面，常常指系统操作的认知负荷，然而，任务的模糊性、难理解性，以及自我知识提取难度(记忆)，心理模型与任务的匹配程度等，也是任务复杂性的表现。从操作员的行为角度，复杂的动作模式、动作精度、力量的要求等身体方面的动作负荷也能够表达出任务的复杂性(本书不涉及动作行为方面的研究)。

表 2-1 影响任务复杂性的因素(Gertman 和 Blackman，2005)

序号	影响因素	序号	影响因素
1	多重任务	8	需要进行大量的操作
2	心理计算	9	多个故障
3	多个设备不可用	10	需要高度记忆
4	指示器的缺乏或误导	11	大量的干扰出现
5	多个程序之间的转换	12	一个故障掩盖其他故障
6	任务需要大量的交流	13	系统内部关系没有很好定义
7	低水平的故障容许程度	14	控制室需要与外部进行合作共同完成任务

Gertman 等(2005)总结了影响任务复杂性的多种因素，从表 2-1 可以看出，多重任务、多个程序之间的转换需要进行大量操作等，都说明了系统的多层级交错的复杂关系，而心理计算、需要高度记忆、系统内部关系没有很好定义等方面，则表明任务的复杂性与界面信息的呈现有很大关系，也即是说，人机交互界面的信息表达不好，会加大任务的复杂程度。Gertman 和 Blackman(2005)对任务复杂性影响因素的研究中所提到的“故障”“误导”“干扰”“掩盖”等词汇，都说明了任务复杂性会给系统带来失误，从而造成任务失败。因此，复杂性的系统所带来的数字化、智能化的人机交互界面，也同时带来了任务复杂性，进而也会产生任务的复杂造成

的操作困难、系统故障、任务失败等问题。

复杂是世界的一部分，但它不该令人困惑，困惑就会出错。唐纳德·诺曼在 *Living with Complexity* 一书中提出了如何驯服“复杂”。他的观点是“设计令人愉悦的复杂”，如果复杂是不可避免的，当它反映出系统或者正在执行的任务的复杂状态时，那么它就是可以被容许的，是可以被理解和可以被领会的。然而，当事物令人费解时，当复杂是由于糟糕的设计而造成时，就会使任务变得混乱、困惑，令人沮丧。

因此，系统是复杂的，人机交互界面就不可能简单存在，令人困惑的复杂即存在于界面中，包括费解的信息符号、糟糕的信息结构、找不到的任务程序、信息间断(阻断)的任务执行、大量的信息干扰等，这些都是人机交互界面的信息所呈现的问题。诺曼意指复杂是可以被“驯服”的，通过界面的信息设计与合理呈现，让好的设计去适应复杂。“驯服”复杂，把那些看起来令人困惑的界面信息内容转变为一个可以适应任务的、可以理解的、可用的、令人愉快的交互界面。

数字化、智能化的人机系统需要将系统抽象信息转化为操作者易识别、易理解的信息界面元素。当呈现信息复杂时，需要进行合理的导航设计以及信息层次的结构设计，才能达到信息交互的合理性。然而，对于令人困惑的工业制造系统人机交互界面，并不能按照以往的界面信息设计方式进行设计，由于信息和任务的复杂性，需要从令操作困惑的根源，即造成操作困难、系统故障、任务失败的根本原因入手。

2.6　智能制造的人机系统特征

2.6.1　智能制造系统

智能制造系统是一种由智能机器和人类专家共同组成的人机一体化智能系统，它在制造过程中能以一种高度柔性与集成性不高的方式，借助计算机模拟人类专家的智能活动进行分析、推理、判断、构思和决策等，从而取代或者延伸制造环境中人的部分脑力劳动。同时，收集、存贮、完善、共享、集成和发展人类专家的智能。

一般而言，制造系统在概念上被认为是一个复杂的、相互关联的子系统的整体集成，从制造系统的功能角度，可将智能制造系统细分为设计、计划、生产和系统活动 4 个子系统。在设计子系统中，智能制造突出产品的概念设计过程中消费需求的影响；功能设计关注产品可制造性、可装配性、可维护及保障性。另外，模拟测试也广泛应用智能技术。在计划子系统中，数据库构造将从简单信息型发展到知识密集型。在排序和制造资源计划管理中，模糊推理等多类的专家系统将集成应用；智能制造的生产系统将是自治或半自治系统。在监测生产过程、生产状态获取和故障诊断、检验装配中，将广泛应用智能技术；从系统活动角度，神经网络技术在系统控制中已开始应用，同时应用分布技术和多元代理技术、全能技术，并采用开放式系统结构，使系统活动并行，解决系统集成，因此，智能制造人机系统属于复杂信息系统，具有复杂特征。

2.6.2　智能化时代人机系统呈现的特征

在未来的人机一体化智能系统中，人与不同系统终端的交互更加密切，并通过海量数据信息，实现传播的人工智能。工业制造系统在智能化时代将会呈现出哪些特征呢？首先，它的人机交互界面具有复杂性特征，这包含了信息内容的复杂性、信息呈现的复杂性和信息交互的复杂性。其次，以数字化、网络化、智能化为技术基点，将呈现出互动化传播、沉浸化体验。因此，这个工业制造智能系统具有以下特点：

特点一：智能化系统衍生新的信息呈现形式，更具时空性、网络化。传统的 GUI(graphical user interface)界面已经不再适宜于可视化的大屏展现形式，在类似监控类、地图类等数字媒体可视化表征形式中，GUI 界面几乎消失，衍生出新的信息呈现方式。

特点二：可视化表征的深度挖掘促使更多交互形式出现。智能化呈现的信息价值密度高低和信息量的大小不存在线性关系，信息的价值密度筛选带来更多用户交互的思考，体现在可视化对高频信息的标记，对信息趋势的指示标记的群集化表征，对重点信息或者关键信息的筛选标记可视化等方面。

特点三：5G 数据的高频性促使信息层级增多，表现出信源解码的思维逻辑性。智能化人机系统视觉信息具有高频性，时效性数据类型增多，针对高频性数据进行分析，需要通过时间维度划分数据信息的高频和低频、标记和分类，进行数据的层级归类。

2.6.3　智能化的工业信息系统

时空性、交互性和思维逻辑性的信息呈现将推动工业信息系统成为进一步变革的引擎。工业信息系统与提升国家竞争力和国民幸福指数等关系密切的重大战略息息相关，这包括智能工业装备实时报警与协同作业、智能城市交通媒体交互、移动新闻实时报道、大规模流行病趋势预测与疫情防控信息实时获取、智能物流仓储动态信息平台等重要人机交互移动终端。

对于智能制造已经迈入了承载大数据运行的工业信息系统，应高效地使用信息进行交互与决策，这需要信息交互终端体现出信息相互交流和沟通，彼此间的信息流通、更新和共享。工业信息系统的主体——用户，需要执行观察分析、判断态势、决策操作等认知活动，信息的传输过程由感觉通道，经过注意、感知、记忆，最终进行反馈。

本章小结

本章介绍了什么是人机系统，并从系统的复杂性特征出发，阐述了复杂信息系统、智能化的人机交互界面以及智能制造的人机系统特征。为智能制造人机系统的信息呈现与认知绩效研究拉开了序幕。

第3章　智能制造人机系统的信息结构

3.1　人机系统中的信息组织

3.1.1　信息

1. 信息种类

信息，指的是各种形式的信息集合，包含信息内容本身(文字、图片、声音)，表现和操控信息内容的载体(界面组件)，以及信息流通的方式。从功能层面思考，信息的最小单元是信息元。中间信息元是指间接实现操作员目的的信息元，是操作员找到目标信息元之前必须经历的所有“中间站”。中间信息元不是操作员的操作目的，而是达到操作目的的必经之路，与目标信息元之间存在极强的信息关联。

1)目标信息元

目标信息元是指操作员最终的操作目标，是操作员执行任务的原因。比如MES生产制造系统中，在制品管理模块的最终操作目标是从“首页”进入，找到“在制品管理模块”中“区域编号”“区段编号”“作业站编号”的“生产批信息”，进入该生产批多站点中的“某站点”。“某站点”即目标信息元。“区域编号”“区段编号”“作业站编号”和“生产批信息”等路径节点只是找到目标信息元之前经历的搜索路径。

2)中间信息元

中间信息元是指间接实现操作员目的的信息元，是操作员找到目标信息元之前必须经历的“中间站”，比如MES生产制造系统中在制品管理模块的目标信息元是从“首页”进入，找到“在制品管理模块”中“区域编号”

"区段编号""作业站编号"的"生产批信息"，进入该生产批多站点中的"某站点"。"首页""在制品管理模块""区域编号""区段编号""作业站编号"和"生产批信息"等路径节点即中间信息元。为了到达"某站点"这一目标信息元，操作员必须经过目标信息元之前的所有信息元。如图 3-1 所示。中间信息元不是操作员的操作目的，而是完成操作目的的必经之路，与目标信息元之间存在极强的信息关联。

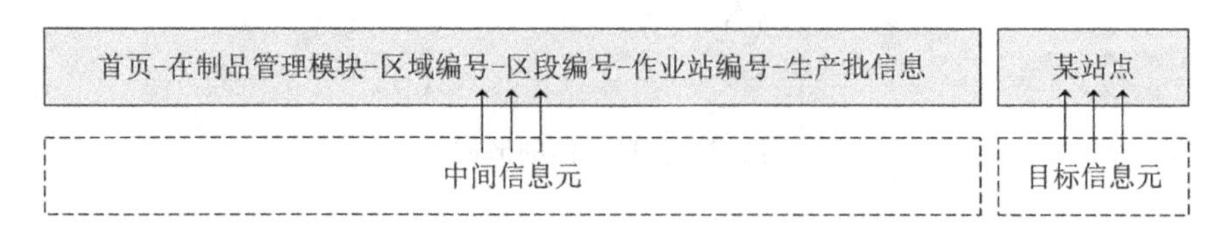

图 3-1 目标信息元与中间信息元

2. 信息表现方式

信息实体、信息关联和信息整体 3 部分形成了信息的表现方式，如图 3-2 所示。信息元本身是一个信息实体。信息元之间的关联属性组成信息关联，如一般人机系统中信息元的时间、空间、形式与功能关联。信息整体可视为一个较大的信息实体。当较小的信息实体越多，信息关联越强烈，信息结构越紧密时，众多信息实体和信息关联构成一个较大的信息节点，即信息整体。信息整体是多个较小的信息实体按照复杂信息结构构成的较大信息实体，信息整体的思想将信息世界成倍放大和缩小，如图 3-3 所示。

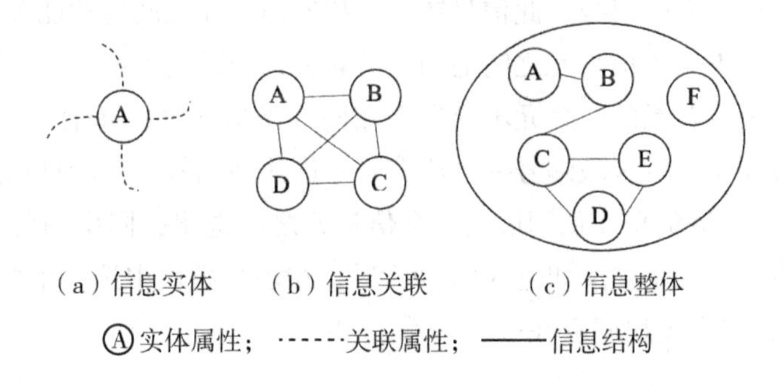

图 3-2 信息的 3 种表现方式

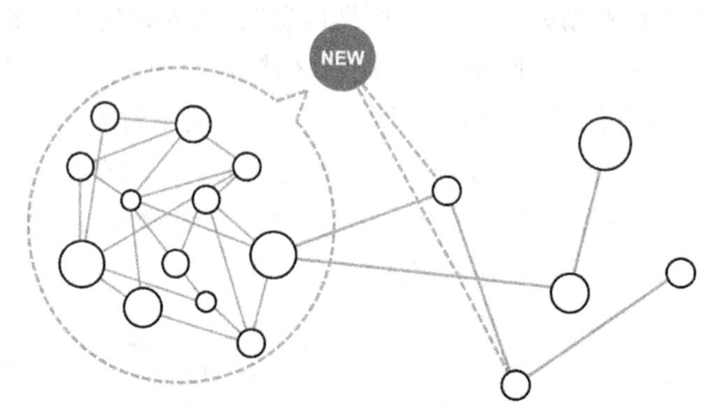

图 3-3 信息整体的形成

3. 信息关联属性的种类与表达形式

信息关联属性是指信息元之间的关系，有时间关联属性、空间关联属性、功能关联属性、形式关联属性。目标信息元与中间信息元构成的搜索路径即信息链，信息链中各信息元属于不同层级。此信息链中，相连信息元之间的功能关联表达为索引关系，不相连信息元之间的功能关联表达为跳转关系。存在平行关系的信息元不会出现在同一条信息链。

如 MES 生产制造系统中，在制品管理模块的目标信息元是从“首页”进入，找到“在制品管理模块”中“区域编号”“区段编号”“作业站编号”的“生产批信息”，进入该生产批多站点中的“某站点”。搜索路径依次是：首页—在制品管理模块—区域编号—区段编号—作业站编号—生产批信息—某站点。“某站点”是目标信息元，目标信息元之前的路径节点是中间信息元，目标信息元与中间信息元构成的搜索路径即信息链，信息链中各信息元属于不同层级。此信息链中，相连信息元之间的功能关联表达为索引关系，不相连信息元之间的功能关联表达为跳转关系。

存在平行关系的信息元不会出现在同一条信息链，如信息链“首页—在制品管理模块—区域编号—区段编号—作业站编号—生产批信息—某站点”中，各层级信息元从同层的多个信息元之间选出，同层的各个信息元之间存在平行关系；又如进入“首页”后，在多个模块中选择了“在制品管理模块”，多个模块间存在平行关系。

4. 信息链的非线性、交互性和动态性

复杂性的人机系统中界面信息量大、结构复杂，信息具有多样性，易变化。系统将信息的生产、组织、传播和利用集于一体，用户从系统接收信息的同时，也为系统生产信息。用户可以创建、组织、整理和传播信息，可以自主选择接收的信息内容，并与其他用户交流。用户具有信息获取者和提供者的双重身份，甚至是组织者。因此，信息的交互性强，且信息需要及时、灵活的组织方法。

5. 信息链的可伸缩性和可替换性

可伸缩性是指信息链可以增加(或减少)若干中间信息元。增加层级使信息链更长，搜索过程更准确，操作员不容易在信息链中迷路。如图3-4所示。1号信息链“首页—在制品管理模块—区域编号—区段编号—包含多个作业站的生产批信息—某站点”伸长为2号信息链“首页—在制品管理模块—区域编号—区段编号—作业站编号—生产批信息—某站点”，层级数由6升至7，信息链加长，时间效率降低，但同级搜索范围缩小，搜索更准确，因此质量效率提高。

可替换性是指可以合理更换信息链中某些信息元。如图3-4所示，2号信息链“首页—在制品管理模块—区域编号—区段编号—作业站编号—生产批信息—某站点”替换为3号信息链“首页—在制品管理模块—搜索—某站点”，2号与3号是相同目标信息元的截然不同的搜索路径。

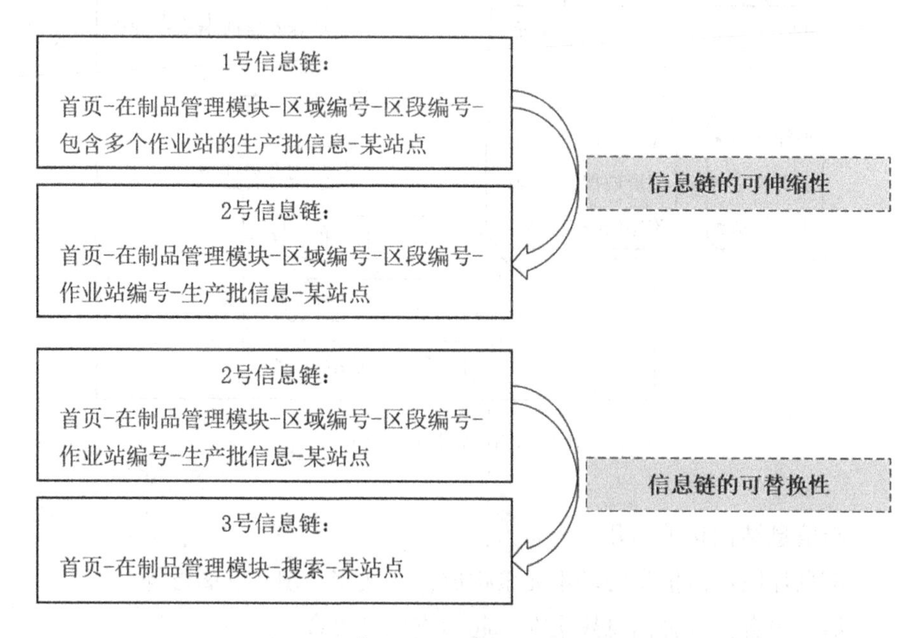

图3-4 信息链的可伸缩性与可替换性

3.1.2 信息结构

信息结构离不开信息的研究，如图 3-5 所示，信息的研究对象是信息元和信息关联属性。信息元和信息关联属性组成信息链。信息链具有可伸缩性和可替换性。信息关联属性分为信息的内在属性(时间属性、空间属性和功能关联属性)和信息的外在属性(形式关联属性，即形式相似的信息元之间具有形式关联，如 MES 产线多站点界面的信息元大多具有相似的形式，这些信息元之间具有形式关联)。信息关联属性有 3 种表达形式，即信息元的平行关系、索引关系和跳转关系，对应于操作员的同层域、逐层域和跨层域搜索行为。

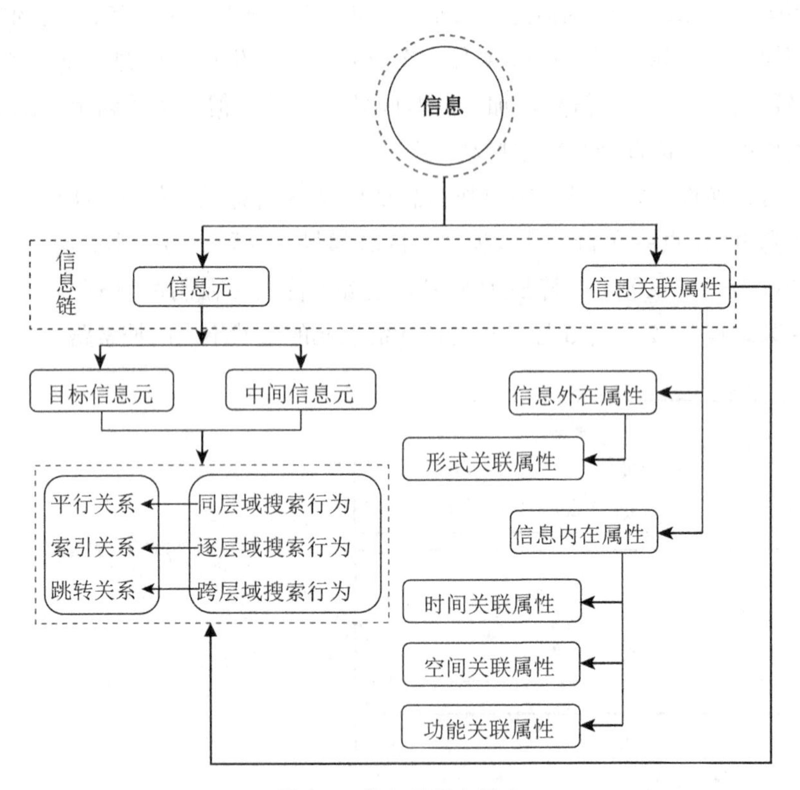

图 3-5 信息的研究层次

与信息结构相关的几个概念为：

信息片段：由信息的基本元素构成，即文字、图片、图形等。

信息集合：各种信息聚集在一起形成信息集合。

信息结构：信息聚集起来的方式称为信息结构。

信息结构多种分类方式的出发点不同，分类情况有部分差异。由此，本书作者总结了人机交互界面的 6 种内在设计的视觉信息结构，如表 3-1 所示。信息结构外在设计是指图符、字符、控件、导航等信息外在属性的设计呈现，包含语义编码、颜色编码、图符编码等内容。

表 3-1　工业制造系统的 6 种视觉信息结构(内在设计)

<table>
<tr><th>结构名称</th><th>结构示意图</th></tr>
<tr><td>列表式结构</td><td><table><tr><td></td><td>A</td><td>B</td><td>C</td><td>D</td></tr><tr><td>1</td><td></td><td></td><td></td><td></td></tr><tr><td>2</td><td></td><td></td><td></td><td></td></tr><tr><td>3</td><td></td><td></td><td></td><td></td></tr></table></td></tr>
<tr><td>坐标式结构</td><td>一维线状结构 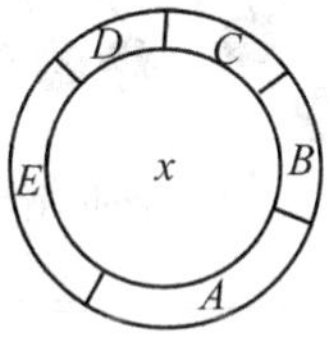
环状结构（一维） 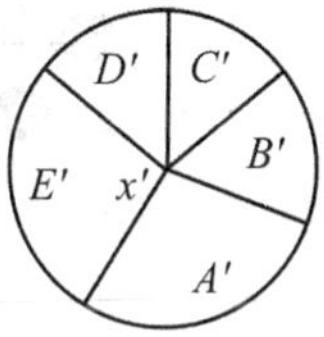　饼状结构（一维） 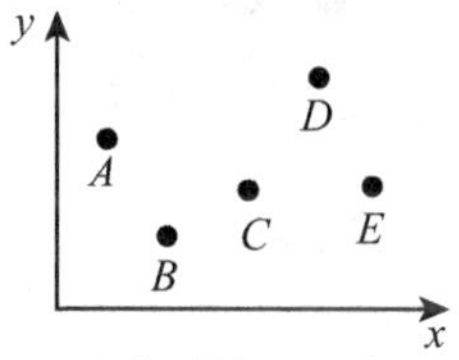
点状结构（二维） 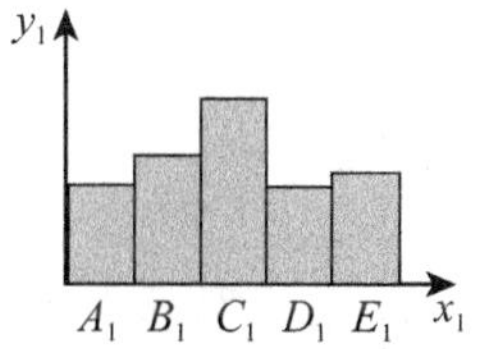　柱状结构（二维） 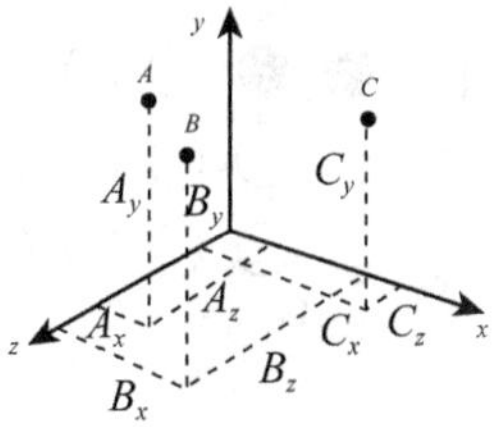
空间结构（三维） 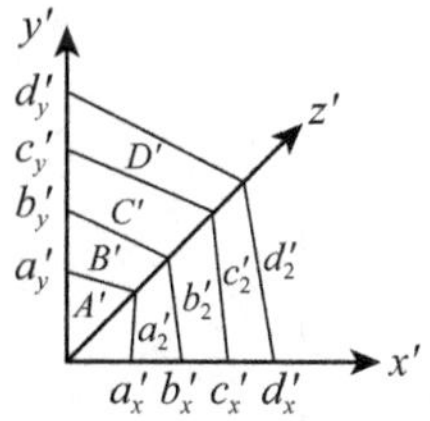　平面结构（三维）</td></tr>
</table>

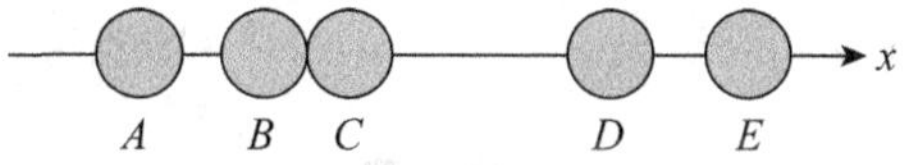

续表

结构名称	结构示意图
坐标式结构	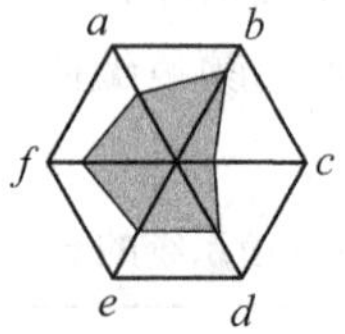 坐标式结构（多维）
树状/网状式结构	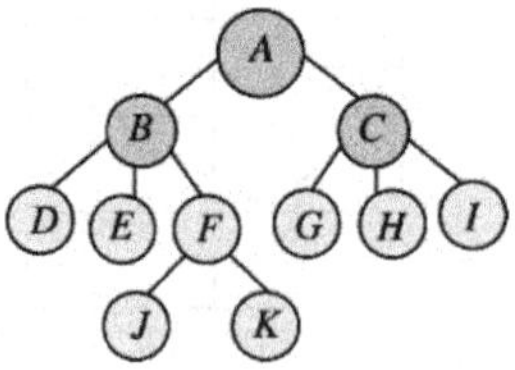 树状结构 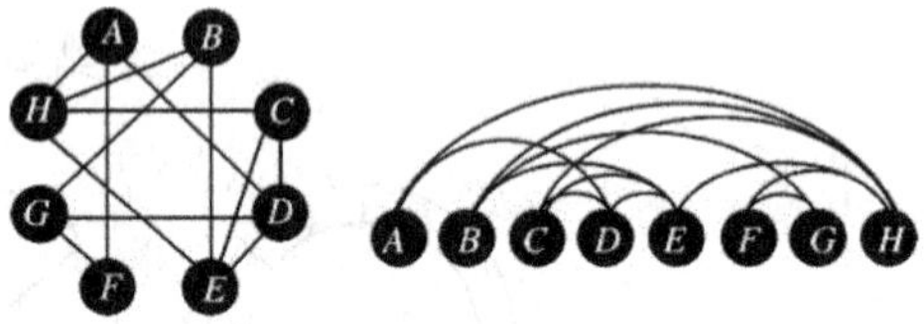 网状结构
分面式结构	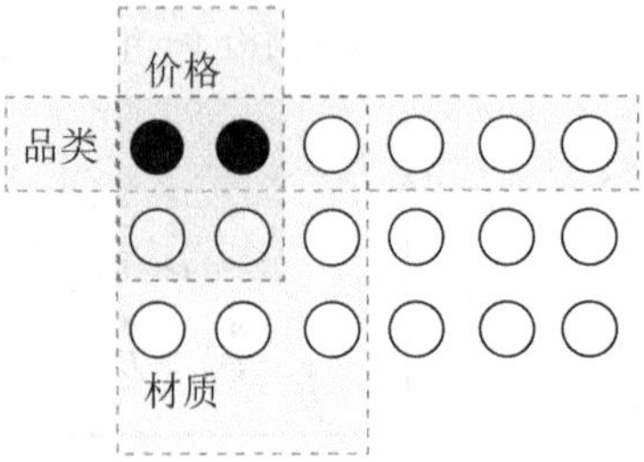 价格 品类 材质
隐藏式导航结构	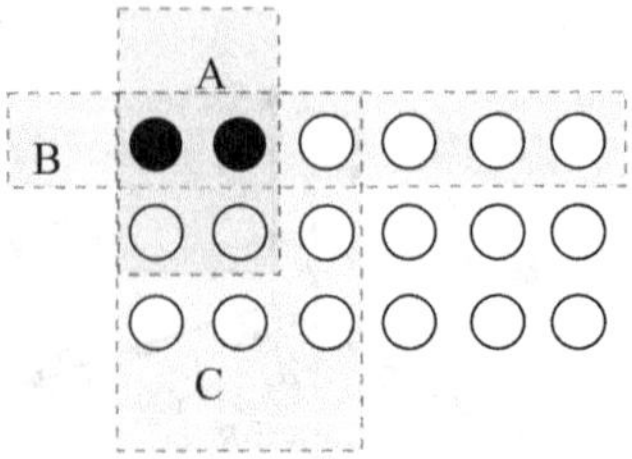 A B C
综合式结构	包含 2 种及以上的信息结构类型的结构

1. 列表式结构

列表式结构将两类信息关联属性作为行名和列名建立了列表式信息结构网，高效准确定位离散信息。

2. 坐标式结构

坐标式结构的每条坐标轴均可代表一类信息关联属性，根据坐标轴数量的不同，坐标式结构可分为一维属性坐标式结构（包括线状结构、环状结构和饼状结构）、二维属性坐标式结构（包括点状结构和柱状结构）、三维属性坐标式结构（包括空间结构和平面结构）和多维属性坐标式结构。

3. 树状或网状式结构

树状式结构相邻层级间的信息元存在索引关系（也称父子关系），对应了操作员的逐层域搜索行为。网状式结构看似混乱无序，其实关联属性清楚，属于树状结构的变形。

4. 分面式结构

唐纳德·诺曼认为层级结构的优化版本是分面式结构。从信息粒度的角度，也可以根据不同属性将信息分层，分层越深入，特征越抽象，信息细节越少，抽象出的特征适用范围越大。某种程度上，分面式结构类似矩阵结构，将巨量信息按不同信息关联属性分类，操作员依据不同关联属性进入不同信息链，信息链终点的目标信息元一致，即操作员以不同关联属性为搜索顺序，从不同信息链到达同一目标信息元，搜索行为殊途同归。如表3-1所示，按"价格—品类—材质""品类—价格—材质"等不同的信息链得到的目标信息元都是黑色圆点。

5. 隐藏式导航结构

导航结构是人机交互界面的窗户，一般锁定于界面最外端，协助操作员在界面上移动，一般优先显示在各界面之上。导航结构类似人机交互界面的导游，导航结构的语义或图标均高度抽象，存在语义偏差的导航会无形增加用户学习负担。不同群体的语义理解习惯不同，导航结构的文字或图标难以满足不同群体的认知习惯。

隐藏式导航结构指针对特定操作员群体认知特征的无导航结构，主张抽象出来的特征无须满足所有认知群体，因此可以极大程度地贴近该特定群体的认知特征，最终使导航设计“隐形”。当抽象出的导航信息极其明显且十分贴近特定操作员群体的认知习惯时，导航信息可以转化为不明显的隐式导航结构。

如表 3-1 中的分面式结构示意图，“价格、品类、材质”便是抽象出的信息元特征，即导航信息。对于熟悉这些信息元的操作员，价格区域、品类区域、材质区域的信息元分区域放在一起时，根据该区域信息元显而易见的共同特征就能明白该区域的导航名称，而不必把“价格、品类、材质”的导航字样写明。如表 3-1 中的隐藏式导航结构所示，将存在“导航字样”的导航信息转化为“区域划分”式的隐形结构，同一个区域的信息元放在一起便能代表该区域的特征。

智能制造系统的操作员群体具有特殊性(一般为工厂专业操作人员)，层内界面布局图将导航信息“隐形”，以空间位置的紧密性体现信息关联性，也是易于被操作员认知的，因此藏隐式导航结构被广泛应用。隐藏式导航结构的形式有很多，如对信息元重新表征后的色彩划分，功能区域划分、任务区域划分等。

某种程度上，分面式结构能够高度抽象出信息元的特征形成导航结构，隐藏式导航结构则是通过隐形的、明显易懂的形式使导航结构消失。作为人机交互的常用结构，导航结构的“隐形”顺应了“没有人机交互界面也能实现高效人机交互是最好的交互”(Norman，2009)这一趋势。

综上所述，信息结构内在设计指信息内在属性的设计呈现，包含层间信息结构和层内界面布局，如图 3-6 所示。一个界面为一个层级，层间信息结构关系指界面数量和各界面之间的关系，层内界面布局指一个层级上的信息布局。层间信息结构和层内界面布局的信息结构种类有列表式结构、坐标式结构等 6 种。

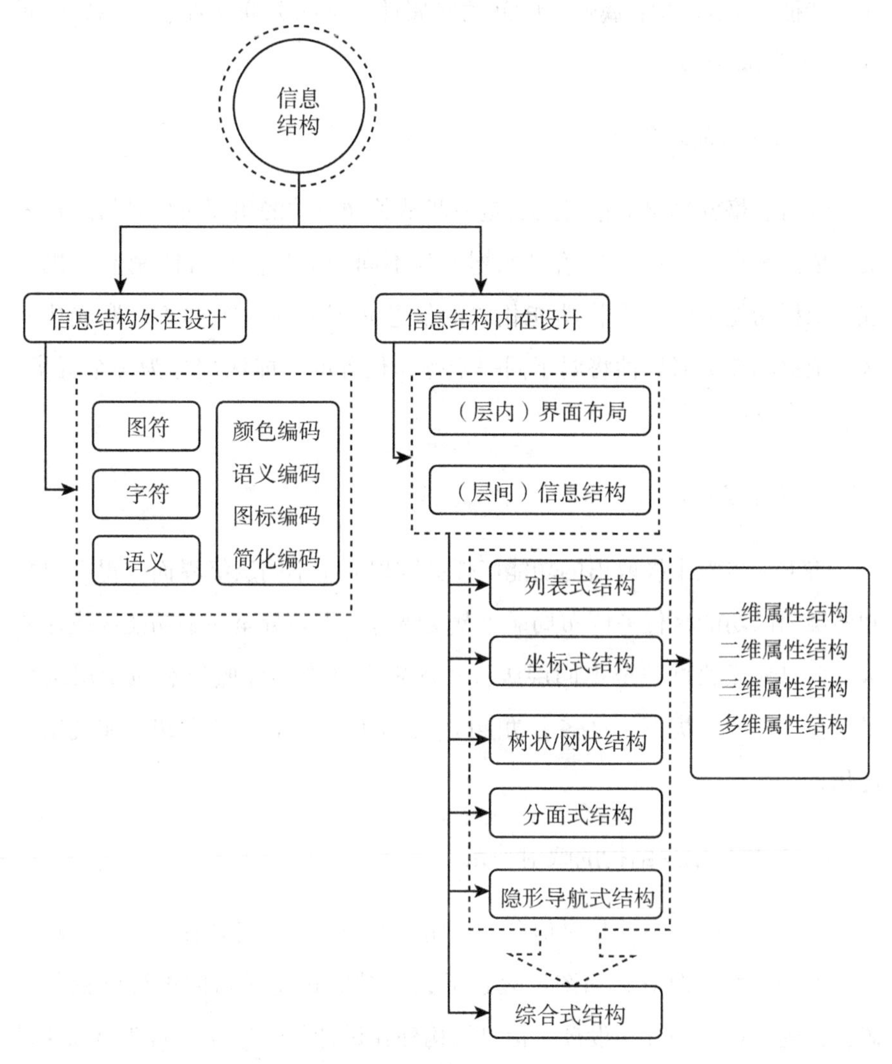

图 3-6　信息结构的研究层次

3.1.3　信息结构的构建

构建信息结构分三步进行，具体步骤如下：

1. 提取信息关联属性

信息关联属性是视觉信息结构的设计因素。充分理解结构设计因素，是优化视觉信息结构的前提。提取所有界面的信息元，记录信息元的关联属性特征(如形式关联属性、时间关联属性、空间关联属性、功能关联属性)，并形成表格。

2. 划分功能区任务区

针对表格罗列出的信息元，进一步从关联属性的角度对信息元进行表征。依据某个关联属性将信息元划分为不同的群集。在智能制造人机系统，依据功能关联属性将功能相关的信息元划分为一个群集，形成功能区。依据功能关联属性将属于同一个操作任务的功能区划分为一个群集，形成任务区。

3. 重整层级

将上一步骤中提取出的功能区任务区划分至不同层级界面，得到层数和各层内的功能区任务区布局。重整层级时，需划分至一个功能区或任务区的信息元无法拆开至不同层级；实现生产管理多屏监控和减少层级数量，在合理的前提下，将多个功能区、任务区显示在一个层级，实现层级优化。

3.1.4 信息与信息结构的映射关系

信息结构外在设计是对信息外在属性的表达。信息外在属性指信息的形式关联属性，即语义和图形表达形式。对形式关联属性进行可视化编码，得到信息结构外在设计。信息结构外在设计与信息外在属性形成映射关系。

信息结构内在设计是对信息内在属性的表达。信息内在属性指时间关联属性、空间关联属性和功能关联属性。具有时间关联属性的信息元构成时间流结构，时间流结构属于坐标式结构的一维属性结构。具有空间关联属性的信息元构成空间(地理)结构，空间(地理)结构属于坐标式结构中的二维点状结构。具有功能关联属性的信息元形成列表式结构、坐标式结构等6种信息结构内在设计。信息结构内在设计与信息内在属性形成映射关系，如图3-7所示。

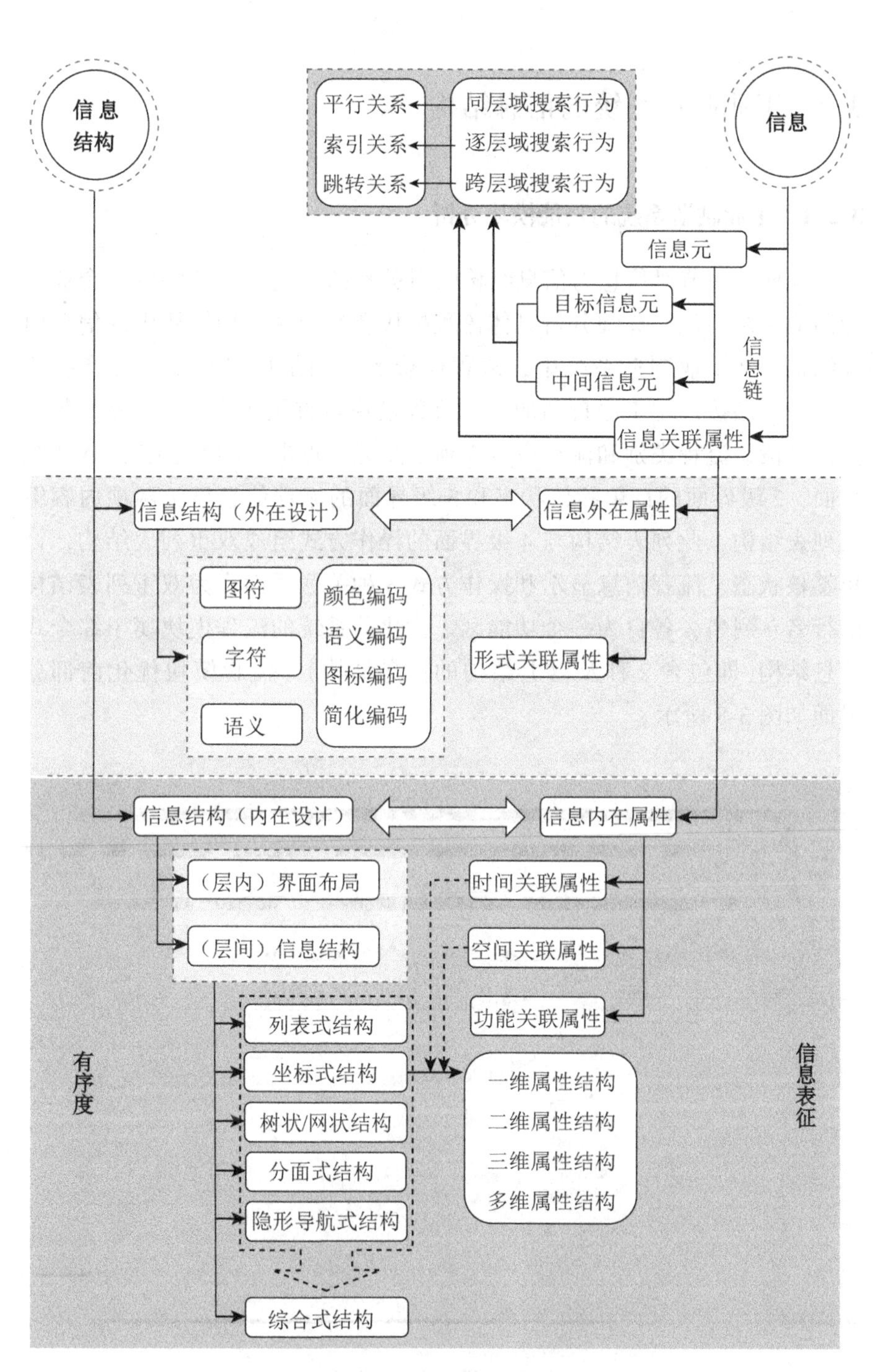

图 3-7　信息与信息结构的映射关系

3.2 工业制造系统的信息结构

3.2.1 工业制造系统的功能模块分析

根据上一节对信息与信息结构映射关系的阐述，本节将以某企业工业制造系统为例，详细分析具体流程模块和在制品管理模块中的信息内在结构。在工业制造系统中，流程模块的作用是可以自主设计产线流程，使产品按设定工序自动加工。流程模块自首页进入，1 级界面包含生产区段、流程类别和流程设定 3 项信息元，点击"流程设定"进入 2 级界面，2 级界面的订单签核状态和 3 级界面的流程信息显示两项内容组成列表结构，此列表结构与 4 级界面的操作方式组成双重列表结构，订单签核状态、流程信息显示和操作方式 3 种关联属性作为双重列表结构的行名、列名，各自为一个功能区。优化前系统的流程模块属于综合式信息结构(即包含 2 种及以上结构的信息结构)。流程模块优化前部分界面如图 3-8 所示。

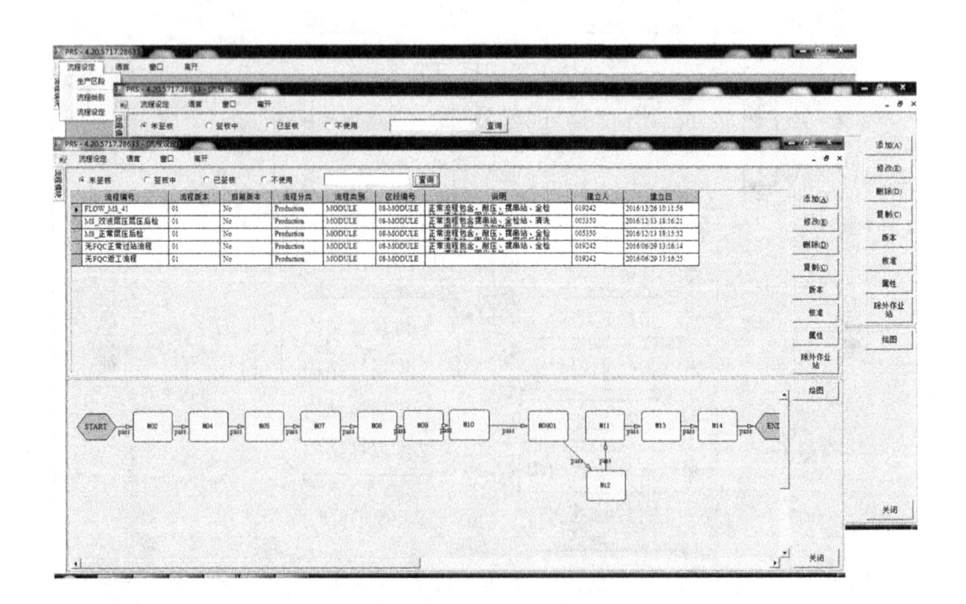

图 3-8 流程模块优化前部分界面

在制品管理模块的作用是及时监控产线上任一在制品的生产状态。在制品管理模块自首页进入，1级界面与上级界面内容重复，应删除，2级界面中包含生码作业、层压件转工单作业、组件序号作废、生码组件标签补印和生产批执行5项信息元，点击“生产批执行”进入3级界面，3级界面中包含内容较多，主要内容是选择区域编号、区段编号、作业站编号，这三种选择过程需要反复进入进出3级界面与相应部分子界面(3个子界面分别对应3、4和5级界面)，三种选择全部确定后进入6级界面显示具体生产批状态信息。各生产批对应4个相应工作站点，工作站点即7级界面。在制品管理模块优化前部分界面如图3-9所示。

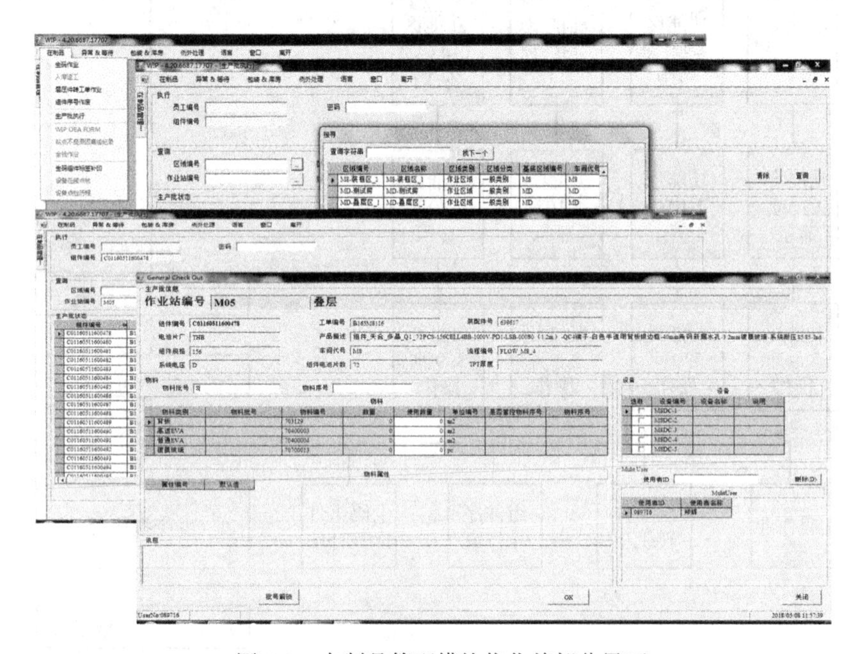

图3-9　在制品管理模块优化前部分界面

该工业制造系统的人机交互界面属于综合式信息结构，通过信息表征被转化为了树状式信息结构，如图3-10所示。

3.2.2　信息结构优化应用

该工业制造系统的流程模块属于综合式结构，包含3层界面层级，内含多个信息元以及多种操作方式。层级冗余，功能混乱，功能相关的信息元散落，信息关联性不强。针对此问题，流程模块的信息结构构建应用如图3-2所示。提取信息关联属性和划分功能区任务区应用于流程模块的表征结果如表3-2所示。

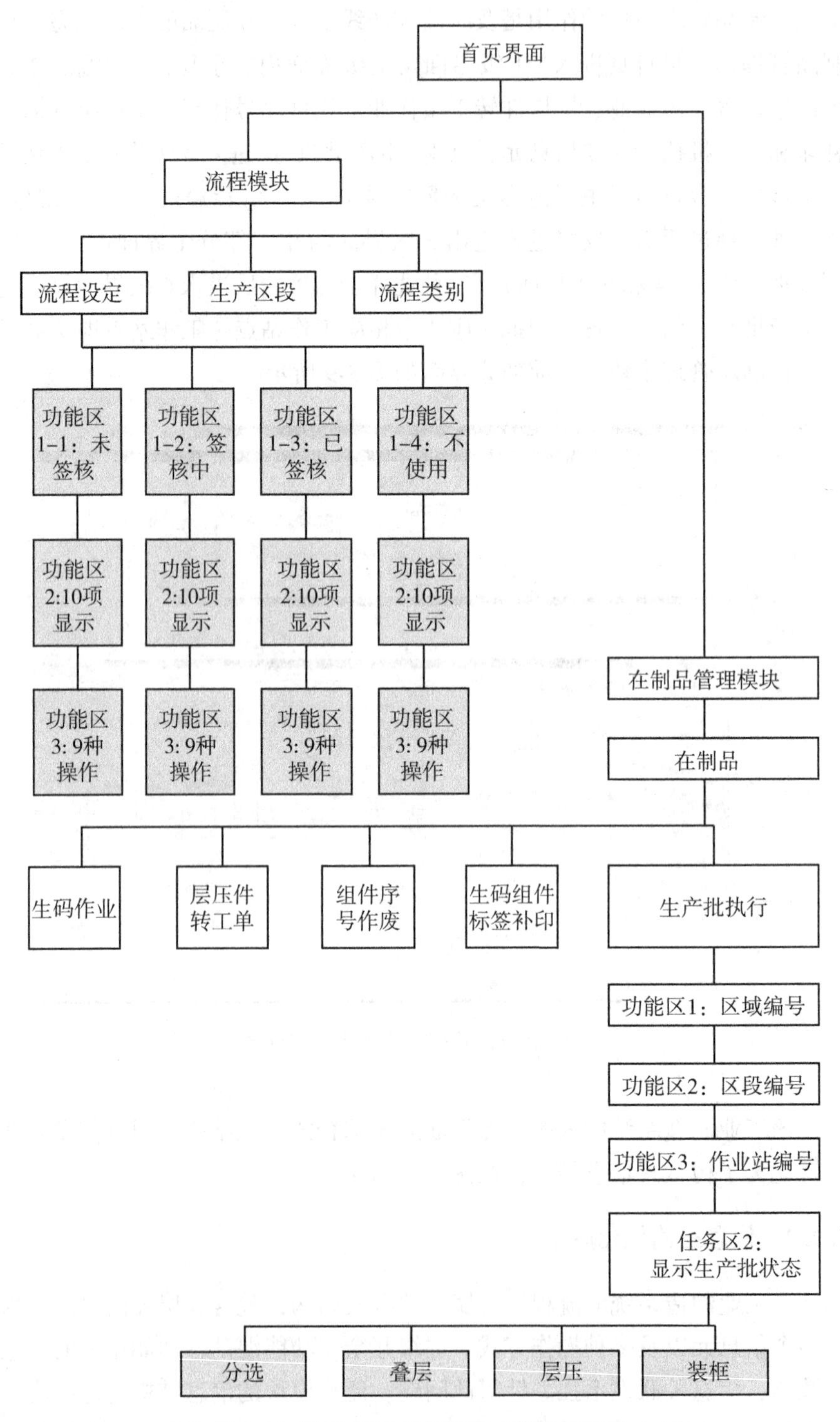

图 3-10 优化前系统的树状式信息结构图

表 3-2　流程模块信息元表征

序号	任务区	功能区	信息元提取	呈现属性
1	—	—	流程设定	静态
2	—	—	生产区段	静态
3	—	—	流程类别	静态
4	任务区 1	功能区 1：4 种签核状态	未签核	静态
5			签核中	静态
6			已签核	静态
7			不使用	静态
8		(信息元)	查询	动态
9		功能区 2：10 项显示内容	流程编号	静态
10			流程版本	静态
11			目前版本	静态
12			流程分类	静态
13			流程类别	静态
14			区段编号	静态
15			说明	静态
16			建立人	静态
17			建立日	静态
18			图形显示区域	静态
19	任务区 2	功能区 3：9 项操作方式	添加	动态
20			修改	动态
21			删除	动态
22			复制	动态
23			版本	动态
24			核准	动态
25			属性	动态
26			除外作业站	动态
27			绘图	动态
28		(信息元)	关闭	动态

将提取出的功能区任务区重整至不同层级界面，得到层数和各层内抽象布局图(以 2 级界面为例)。重整后的信息元、功能区、任务区汇总如下：流程模块待整合的信息元共 28 项。其中信息元 1 至信息元 3 属于 1 级界面，不参与 2 级界面区域整合；信息元 4 至信息元 28 由原来的多个层级被整合至 2 级界面，优化后流程模块界面的 2 级界面布局如图 3-11 所示。从信息关联属性角度显示了 2 级界面信息元构成的区块的详细布局。其中，信息元 4 至信息元 18 构成任务区 1(包含功能区 1、功能区 2、

8 号动态信息元)，信息元 19 至信息元 28 构成任务区 2(包含功能区 3、28 号动态信息元)。整合后的层数由 4 个层级变为 2 个层级，1 级界面包含信息元 1 至信息元 3，2 级界面包含余下的信息元、功能区、任务区。

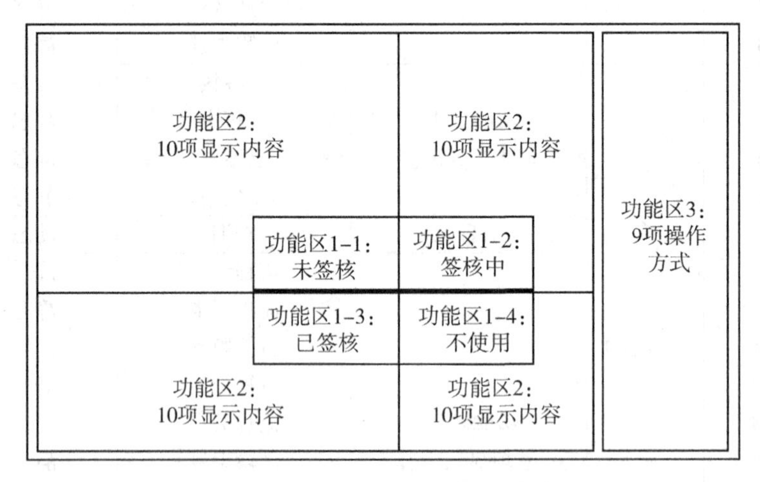

图 3-11 优化后流程模块界面抽象布局

结合流程模块 1 级与 2 级界面抽象布局、制品管理模块 1 级与 2 级界面布局、通用站点界面和多站点监控界面布局，得出优化后工业制造系统的视觉信息结构图，如图 3-12 所示。

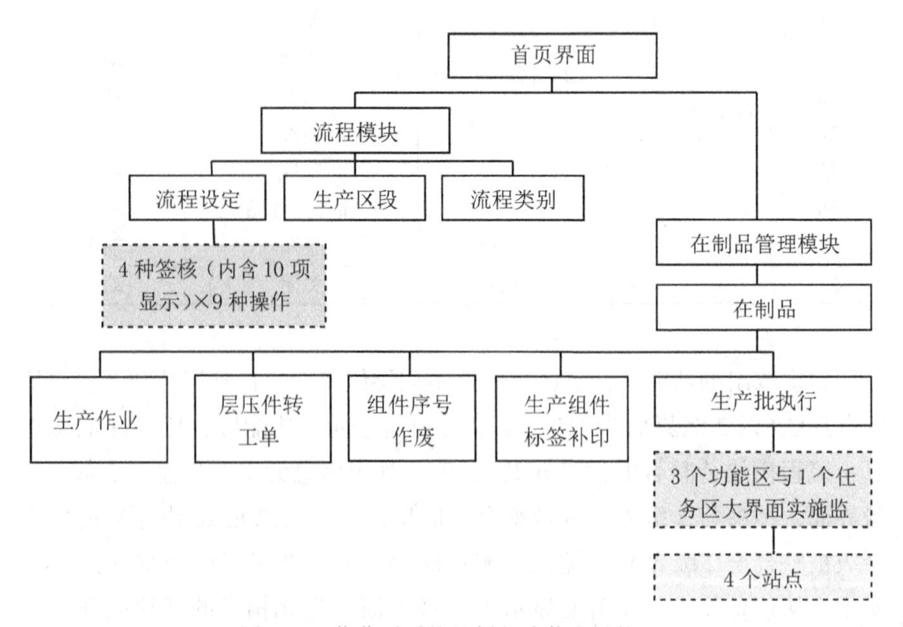

图 3-12 优化后系统的树状式信息结构图

3.3　工业制造系统信息结构的时序性

工业制造系统的层间信息结构具有时效性、质效性等特征。本节将信息技术领域的计算模型引入智能制造系统的信息结构分析，基于3.2节中某企业工业制造系统的视觉信息结构，从信息结构内在设计角度建立有序度熵理论算法模型，实现信息结构定量计算，客观优化人机交互界面的视觉信息结构，从而降低操作员的认知难度。

3.3.1　时效与质效

熵是描述复杂系统结构的一个物理度量，表征系统结构的复杂程度和有序度。系统中的构成元素、构成元素种类、元素之间的关系、系统信息量等与系统的熵值呈正相关。有序度熵理论算法模型是从信息结构内在设计角度，根据对时效熵、质效熵和有序度的计算实现对视觉信息结构中复杂程度的量化。其中，关键的要素包括时效性与时效熵、质效性与质效熵、有序度。

1. 时效性与时效熵

时效性反映了信息的索引关系，影响信息结构时效性的因素是信息链的长度，即获取目标信息元的路径长度。时效性有两个不确定因素，一个是信息链的长度，另一个是索引关系的合理性。时效熵是量化时间效率不确定因素的数值，用 H_T 表示(单位：bit)。H_T^* 表示信息结构的最大时效熵；R_{ij} 表示信息链中节点 i 和节点 j 之间的时效熵；L 表示信息结构中每条信息链的连通总量。时效熵计算公式如下：

$$H_T = \sum_i \sum_j R_{ij} \tag{3.1}$$

$$R_{ij} = - P_{ij} \log P_{ij} \tag{3.2}$$

$$P_{ij} = \frac{L_{ij}}{L} \tag{3.3}$$

$$L = \sum_i \sum_j L_{ij} \tag{3.4}$$

$$H_T^* = \log L \tag{3.5}$$

2. 质效性与质效熵

质效性反映了信息的平行关系，信息结构的质效指是同层域的搜索质量，即获取目标信息元的路径中每一层级上的搜索准确性与难易程度。质效性的不确定因素有两个：一个是信息链中单一层级上的信息元数量的多少；另一个是信息链中单一层级上进行同层域搜索时的信息元合理性。质效熵是量化质量效率不确定因素的数值，用 H_Q 表示(单位：bit)。H_Q^* 表示信息结构的最大质效熵；H_i 表示信息链中单一信息元 i 的质效熵；F_i 表示信息链中单一信息元 i 的实现概率；D_i 表示信息链中单一信息元 i 的连通量。质效熵计算公式如下：

$$H_Q = \sum_i H_i \tag{3.6}$$

$$H_i = - F_i \log F_i \tag{3.7}$$

$$F_i = \frac{D_i}{D} \tag{3.8}$$

$$D = \sum_i D_i \tag{3.9}$$

$$H_Q^* = \log D \tag{3.10}$$

3. 有序度

时效性与质效性此消彼长，因此用“有序度”这一概念表达时效性与质效性的平衡状态。用 R 表示有序度，α 表示信息结构的时效权重系数，β 表示信息结构的质效权重系数；代入时效熵、最大时效熵、质效熵和最大质效熵，得有序度 R 计算公式如下：

$$R = \alpha\left(1 - \frac{H_T}{H_T^*}\right) + \beta\left(1 - \frac{H_Q}{H_Q^*}\right) \tag{3.11}$$

式中：R 值越大时，系统视觉信息结构的有序度越高，人机交互效率越高，信息结构越合理；反之，R 值越小时，系统视觉信息结构的有序度越低，人机交互效率越低，信息结构越不合理。

针对有序度的计算基础必须是树状式信息结构的问题，利用信息结构优化方法解决综合式信息结构与有序度熵理论算法的不适配性，将综合式信息结构转化为树状式信息结构，为有序度提供计算基础。其中，将层间信息结构转化为树状式结构图，得到有序度的第一个计算基础；通过信息表征方法将层内界面布局进行优化，根据优化后层内界面布局和层间信息结构得到新的树状式结构图，构建有序度的第二个计算基础。最终，使有序度熵理论算法应用于智能制造系统。基于信息结构优化方法的有序度熵理论算法模型如图 3-13 所示。

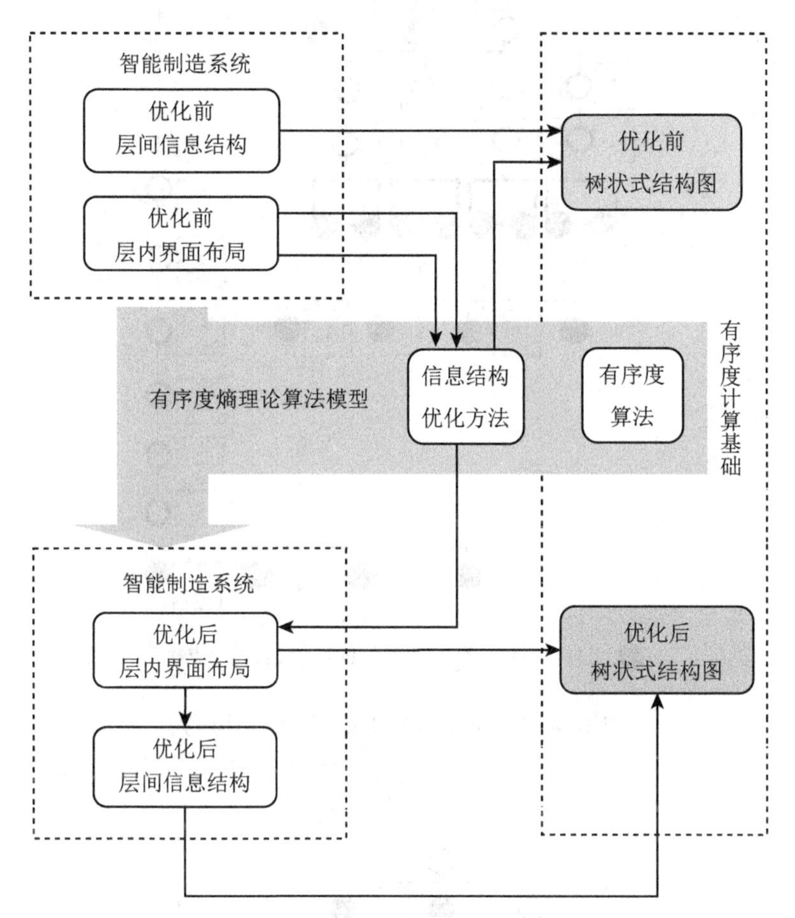

图 3-13　基于信息结构优化方法的有序度熵理论算法模型

3.3.2　抽象信息结构

将图 3-10 和图 3-12 转化为抽象的信息结构图，分别命名为结构 1 和结构 2，如图 3-14 和图 3-15 所示。其中，两结构最底层的黑色点数量一致，代表两种结构的目标信息元的数量与功能一致，不同之处是两种结构中信息链的长度与内容不同，导致信息关联不同，操作员找到目标信息的搜索路径不同。图中虚线方框标记在对应圆点左侧，代表该圆点的次数 k（便于后续计算）。

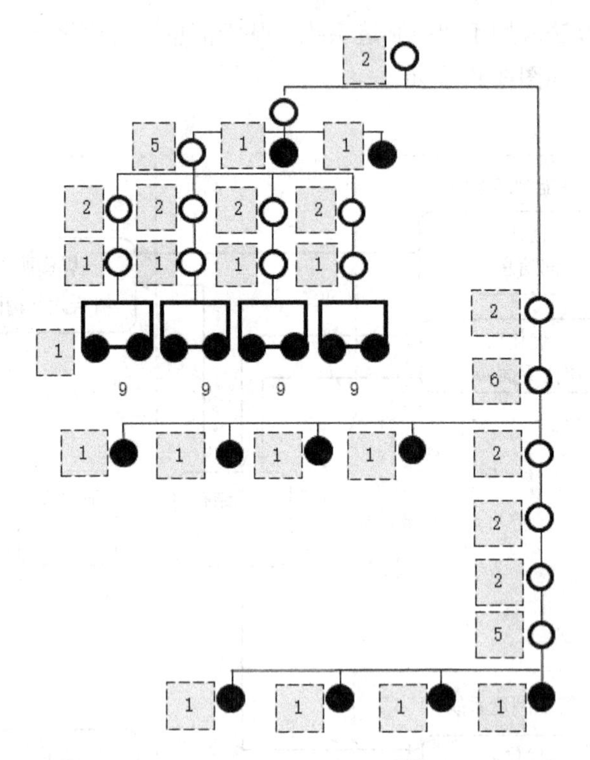

图 3-14 优化前系统的抽象结构图(结构 1)

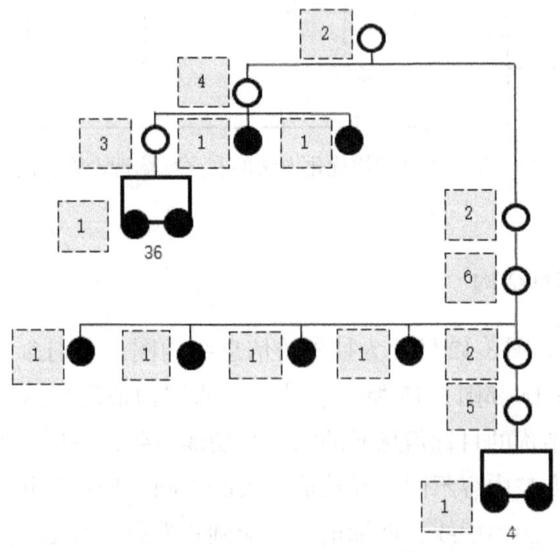

图 3-15 优化后系统的抽象结构图(结构 2)

3.3.3　信息结构的时效与质效

1. 时效性与质效性计算

信息元的索引关系构成了抽象结构图中的相邻圆点的纵向连接，平行关系构成了相邻圆点的横向连接，跳转关系构成了不相邻的圆点的内在连接，丰富了信息结构的层次。假设整个系统的信息元总数不变，层级越多时，信息节点越多，信息链越长，信息搜索的时效性降低。相应的，各层的信息元数量减少，信息的同层域搜索范围减小，使得信息链质效性提高。因此，时效性和质效性相互矛盾、此消彼长。将时效熵、质效熵比值加权相加，用有序度表示时效性和质效性的综合效果。

根据路径长度不同，可以总结出两种信息结构的时效性特点，如表 3-3 所示。根据两种信息结构中信息节点的连通情况，可以总结出不同结构的质效性特点，如表 3-4 所示。结合图 3-14 和图 3-15，虚线方框代表该点的次数 k，如 $k=1$ 时，经计数可得，结构 1 的 N_1 值为 46，即结构 1 中有 46 个 D_1 次点。

表 3-3　2 种信息结构的时效性计算结果

L_{ij} 节路长度 r	结构 1		结构 2	
	S_r	P_r	S_r	P_r
1	63	1/866	52	1/330
2	61	2/866	50	2/330
3	57	3/866	46	3/330
4	48	4/866	5	4/330
5	43	5/866	4	5/330
6	6	6/866	0	0
7	5	7/866	0	0
8	4	8/866	0	0

注：S_r 为 r 节路个数；P_r 为层间路的实现概率。

表 3-4　2 种信息结构的质效性计算结果

D_i次点次数 k	结构 1		结构 2	
	N_k	q_k	N_k	q_k
1	46	1/126	46	1/104
2	10	2/126	3	2/104
4	1	4/126	1	4/104
5	2	5/126	1	5/104
6	1	6/126	1	6/104
10	4	10/126	0	0
37	0	0	1	37/104

注：N_k为 k 次点个数；q_k 为信息元的实现概率。

由表 3-3、表 3-4 可知，结构 1 中存在大量中间层级，“钥匙孔效应”严重，信息搜索过程节路数量大大增加外，结构 1 虽与结构 2 的质效性相差不大，但是结构 1 语义指代不明，需要频繁地进出层级，时效性较差。

2. 有序度计算

首先计算两种信息结构的时效熵与最大时效熵的比值，然后计算两种信息结构的质效熵与最大质效熵的比值，最后选择合适的权重系数 α 和 β，得出两种信息结构的有序度。本研究 log 底数取 10。

1)结构 1 的时效熵与最大时效熵的比值

由表 3-3 可得：

$$L_{结构1} = 63 \times 1 + 61 \times 2 + 57 \times 3 + 48 \times 4 + 43 \times 5 + 6 \times 6 + 5 \times 7 + 4 \times 8 = 866$$

由式(3.1) ~ 式(3.5) 可得：

$$H_{T_1}^* = \lg L_{结构1} = \lg(866) = 2.9735$$

$$\frac{H_{T_1}}{H_{T_1}^*} = \frac{\sum_i \sum_j R_{ij}}{H_{T_1}^*} = \frac{\sum_i \sum_j -P_{ij}\lg(P_{ij})}{H_{T_1}^*}$$

$$= [63 \times 1/866 \times \lg(866/1) + 61 \times 2/866 \times \lg(866/2)$$

$$+ 57 \times 3/866 \times \lg(866/3) + 48 \times 4/866 \times \lg(866/4)$$
$$+ 43 \times 5/866 \times \lg(866/5) + 6 \times 6/866 \times \lg(866/6)$$
$$+ 5 \times 7/866 \times \lg(866/7)$$
$$+ 4 \times 8/866 \times \lg(866/8)]/\lg(866)$$
$$= 0.8150$$

2) 结构 2 的时效熵与最大时效熵的比值

由表 3-3 可得：

$$L_{结构2} = 52 \times 1 + 50 \times 2 + 46 \times 3 + 5 \times 4 + 4 \times 5 + 0 \times 6 + 0 \times 7 + 0 \times 8 = 330$$

由式(3.1) ~ 式(3.5) 可得：

$$H_{T_2}^* = \lg L_{结构2} = \lg(330) = 2.5185$$

$$\frac{H_{T_2}}{H_{T_2}^*} = \frac{\sum_i \sum_j R_{ij}}{H_{T_2}^*} = \frac{\sum_i \sum_j -P_{ij}\lg(P_{ij})}{H_{T_2}^*}$$

$$= [52 \times 1/330 \times \lg(330/1) + 5 \times 2/330 \times \lg(330/2)$$
$$+ 46 \times 3/330 \times \lg(330/3) + 5 \times 4/330 \times \lg(330/4)$$
$$+ 4 \times 5/330 \times \lg(330/5) + 0 + 0 + 0]/\lg(330)$$
$$= 0.8532$$

3) 结构 1 的质效熵与最大质效熵的比值

由表 3-4 可得：

$$D_{结构1} = 46 \times 1 + 10 \times 2 + 1 \times 4 + 2 \times 5 + 1 \times 6 + 4 \times 10 + 0 \times 37 = 126$$

由式(3.6) ~ 式(3.10) 可得：

$$H_{Q_1}^* = \lg D_{结构1} = \lg(126) = 2.1003$$

$$\frac{H_{Q_1}}{H_{Q_1}^*} = \frac{\sum_i -F_i \lg F_i}{H_{Q_1}^*}$$

$$= [46 \times 1/126 \times \lg(126/1) + 10 \times 2/126 \times \lg(126/2)$$
$$+ 1 \times 4/126 \times \lg(126/4) + 2 \times 5/126 \times \lg(126/5)$$
$$+ 1 \times 6/126 \times \lg(126/6) + 4 \times 10/126 \times \lg(126/10)$$
$$+ 0]/\lg(126)$$
$$= 0.7729$$

4) 结构 2 的质效熵与最大质效熵的比值

由表 3-4 可得:

$D_{结构2} = 46 \times 1 + 3 \times 2 + 1 \times 4 + 1 \times 5 + 1 \times 6 + 0 \times 10 + 1 \times 37$
$= 104$

由式(3.6) ~ 式(3.10) 可得:

$$H_{Q_2}^* = \lg D_{结构2} = \lg(104) = 2.0170$$

$$\begin{aligned}\frac{H_{Q_2}}{H_{Q_2}^*} &= \frac{\sum_i - F_i \lg F_i}{H_{Q_2}^*} \\ &= [46 \times 1/104 \times \lg(104/1) + 3 \times 2/104 \times \lg(104/2) \\ &\quad + 1 \times 4/104 \times \lg(104/4) + 1 \times 5/104 \times \lg(104/5) \\ &\quad + 1 \times 6/104 \times \lg(104/6) + 0 + 1 \times 37/104 \times \lg(104/37)]/\lg(104) \\ &= 0.6644\end{aligned}$$

5) 结构 1 与结构 2 的有序度

基于准确、快速的结构设计原则，取权重系数 α 和 β 的值为 0.5，计算过程如下:

$$\Theta R = \alpha\left(1 - \frac{H_T}{H_T^*}\right) + \beta\left(1 - \frac{H_Q}{H_Q^*}\right)$$

取 $\alpha = \beta = \frac{1}{2}$，有:

$$R = 1 - \frac{1}{2}\left(\frac{H_T}{H_T^*} + \frac{H_Q}{H_Q^*}\right)$$

代入前两项计算结果得: $R_1 = 0.2061$，$R_2 = 0.2412$。

由此求得，两种信息结构的有序度分别为 0.2061 和 0.2412。总体来看，结构 2 有序度较高，结构 1 有序度较差，结构 2 优于结构 1。因此，对工业制造系统视觉信息结构的设计是有意义的。

3.4 工业制造系统相关模块的信息结构优化应用

3.4.1 流程模块信息结构的呈现过程

将流程模块优化后系统的 1 级、2 级抽象布局呈现于 MES 生产制造系统，得到流程模块 1 级、2 级信息结构呈现过程，如表 3-5 所示。

表 3-5　流程模块信息结构呈现过程

界面	界面抽象布局	界面呈现
1 级界面	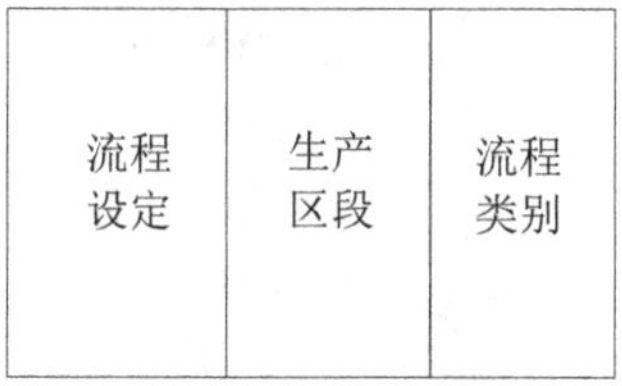 流程设定 生产区段 流程类别	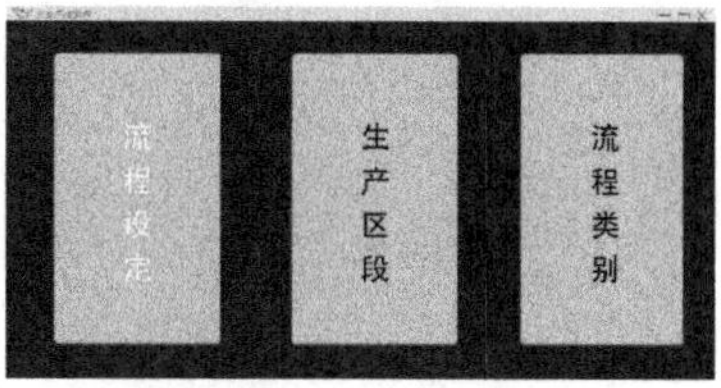 流程设定 生产区段 流程类别
2 级界面	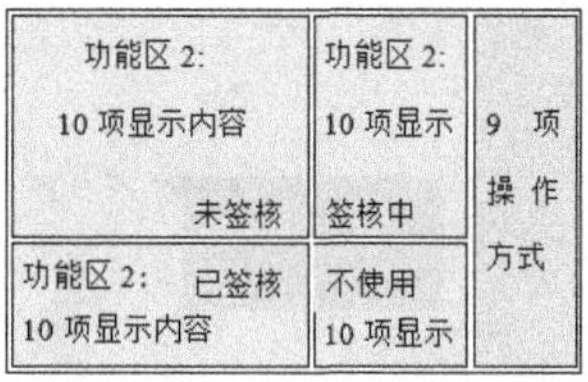 功能区 2: 10 项显示内容 未签核 功能区 2: 10 项显示 签核中 功能区 2: 已签核 10 项显示内容 不使用 10 项显示 9 项操作方式	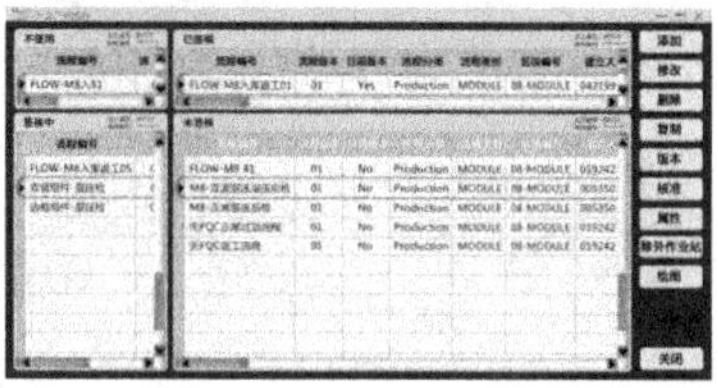
2 级界面	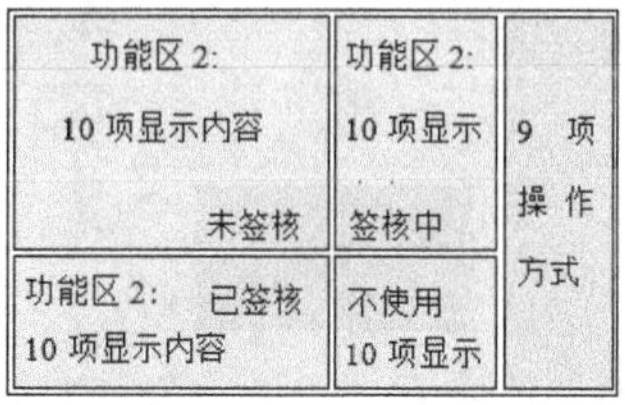 功能区 2: 10 项显示内容 未签核 功能区 2: 10 项显示 签核中 功能区 2: 已签核 10 项显示内容 不使用 10 项显示 9 项操作方式	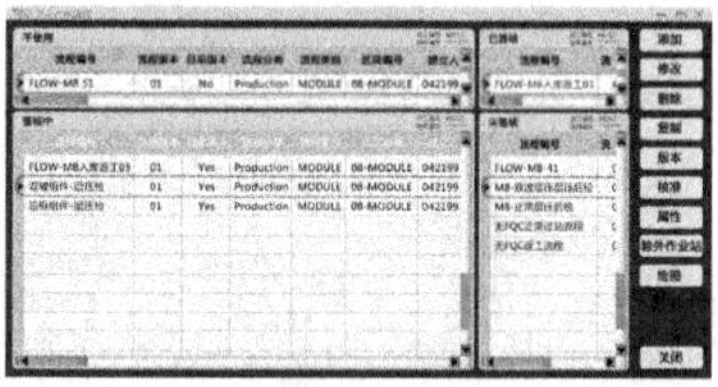 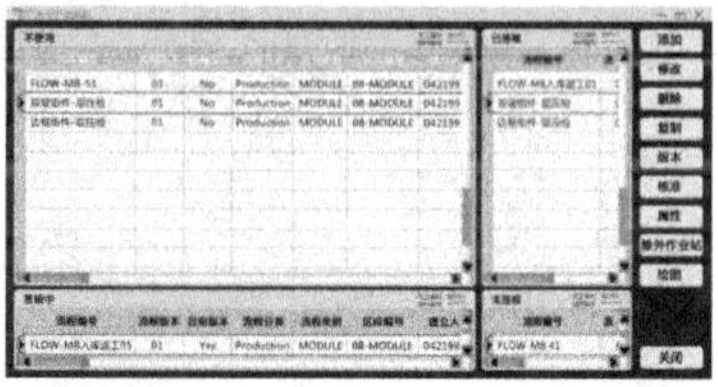 

3.4.2　在制品管理模块多站点监控的信息结构呈现过程

将通用站点抽象布局、多站点监控抽象布局呈现于 MES 生产制造系统，得到通用站点、多站点监控信息结构呈现过程，如表 3-6 所示。

表 3-6 多站点监控信息结构呈现过程

界面	界面抽象布局	界面呈现
通用站点	功能区：作业站编号 功能区：生产批信息 功能区：设备 功能区：讯息 可变功能区（随站点变化而变化）	 作业站编号 M05 叠层 工单编号 电池片厂（商） 组件规格 系统电压 产品描述 车间代号 组件电池片数 组件颜色 装配件号 流程编号 TPT厚度 选取 设备编号 识别类别 使用者ID 使用者名称 物料批号 物料序号 物料类别 物料编号 数量 使用数量 单位编号 是否管控物料序号 属性编号 默认值 作业站编号 M07 层压 工单编号 电池片厂（商） 组件规格 系统电压 产品描述 车间代号 组件电池片数 组件颜色 装配件号 流程编号 TPT厚度 选取 设备编号 识别类别 物料批号 物料序号 物料类别 物料编号 数量 使用数量 单位编号 是否管控物料序号 使用者ID 使用者名称 作业站编号 M08 装框 工单编号 电池片厂（商） 组件规格 系统电压 产品描述 车间代号 组件电池片数 组件颜色 装配件号 流程编号 TPT厚度 选取 设备编号 识别类别 使用者ID 使用者名称

续表

界面	界面抽象布局	界面呈现
多站点监控	 左侧站点在此放大操作（目的：对 4 个站点实时监测） 分选 叠层 层压 装框	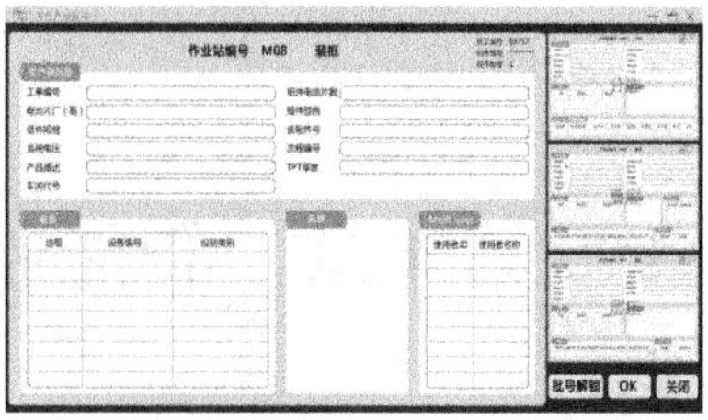 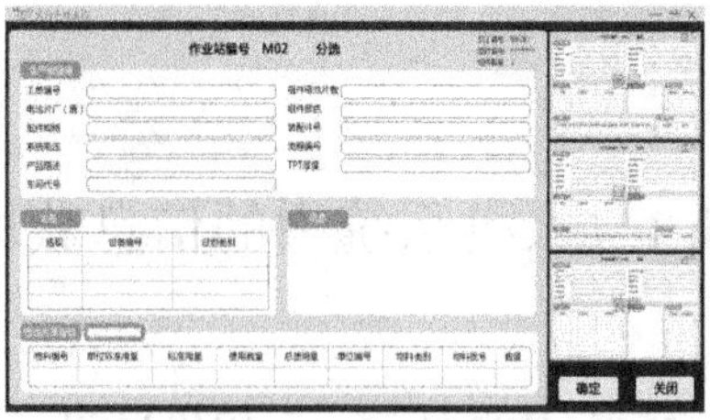 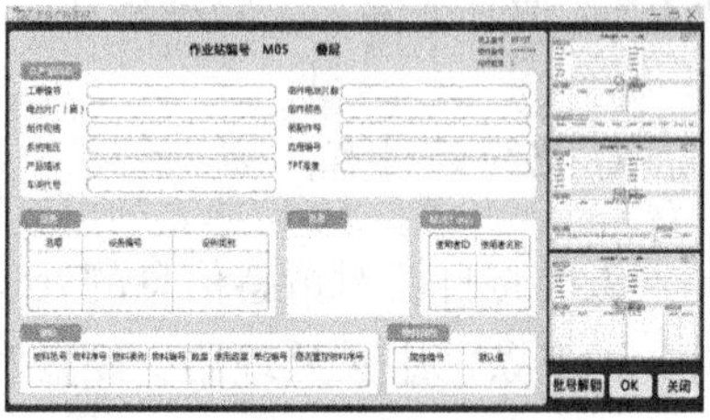 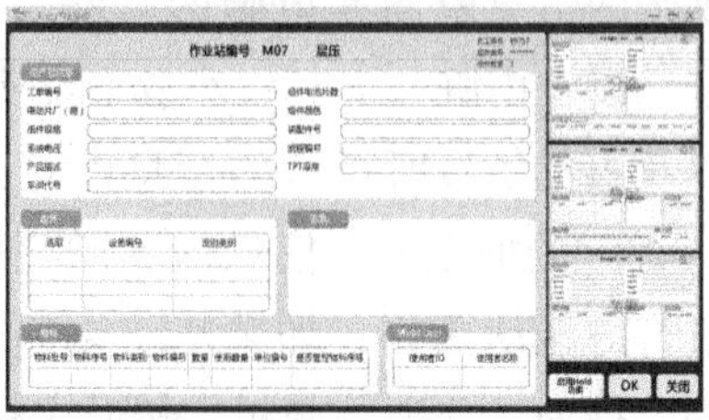

本章小结

本章从人机系统中的信息组织，探讨人机系统的时序性信息结构。信息结构是人机系统内部各个组成部分所构成的框架结构。信息的关联属性可分为信息的内在属性和信息的外在属性。信息的内在属性主要是时间属性、空间属性和功能关联属性；信息的外在属性主要是形式关联属性，即形式相似的信息元之间具有形式关联。以 MES 生产制造系统的信息结构为分析对象，构建了工业制造系统的时序性信息结构模型。

第 4 章　智能制造的工业信息表征

4.1　人机系统中的信息获取

4.1.1　信息处理——思维过程

1. 思维的过程

人类将自己对情感信息的处理过程，称为思维。如同主机、键盘、鼠标、内存条、中央处理器、硬盘和显示器等是电脑的硬件，程序、程式等携带的信息资料是电脑的软件一样，人的眼睛、耳朵、鼻子、舌头、皮肤，以及内脏、大脑、小脑和生殖器官等，是他的"硬件"；外在的信号以及感觉信号所携带的信息内容，则是他的"软件"。人类将自己对自身"软件"的加工——信息内容的处理过程，称为思维。思维是主体对信息进行的能动操作，如采集、传递、存储、提取、删除、对比、筛选、判别、排列、分类、变相、转形、整合、表达等。人的思维过程即是信息内容的处理过程，主要包括对信息的接收、加工、储备与传递的过程。

2. 思维的非理性

在视觉信息界面中，信息的处理过程即为"寻找—发现"的思维过程。用户的心理是复杂的，并不能按照正常的思维进行操作，即思维的非理性。理性思维把人的行动分为动机、计划、实施、评价 4 个阶段，然而人的思维十分复杂，远不止这 4 个阶段。用户的非理性因素包括注意的局限、视觉的局限、视错、遗忘、意志的局限、思维不连续或出错、动作失误等(李乐山，2001)。人的思维方式非常复杂，不存在唯一标准的用户思维方式。因此，没有考虑非理性因素，导致用户不能按照人机界面设计的模型，而常常按照自己的思维模型操作，这样自然产生了频繁的误操作，也加大了操作员对信息交互界面认知的负荷。

3. 非理性思维模型

美国 NASA 建立了一个标准用来测试任务负荷指数(NASA task load index，NASA-TLI)，其包括6个方面的测试内容，对人机界面用户研究的主要指标为：思维要求、时间压力、受挫。测量用户的思维量成为认知负荷的一个重要指标。因此，操作者思维是人机交互界面研究的一个主题。人的思维是非理性的，更表现出复杂性。李乐山(2001)提出的操作员思维模型包括：操作员固有的思维特性，操作员任务执行时的思维方式。具体包括：操作员大脑内表示知识的方法；操作员自然的感知方式；操作员对行动任务的思维方式；操作员的表达、交流、合作思维方式；操作员解决问题的方式；操作员选择和决断方式；操作员的学习过程；操作员对界面各种对象的感知方式、思维方式；操作员关于界面的知识结构和理解方式；把操作员任务行动转换成计算机操作的思维方式；操作员与界面的交流方式；操作员学习计算机操作的过程；出错纠错方式等。

人机交互界面设计中，如想把耗费脑力的认知过程变成简单的直接感知行动，使操作员看一眼就能明白，就必须减轻用户的认知负担。目前，人机界面迫使用户不得不把行动心理过程转换成计算机的行为方式，这是引起认知负荷过程的主要来源，使用户过量地增加记忆负担、思维负荷。因此，人机交互界面的主要设计思想之一是：简化用户输入的转化过程。

4.1.2 人的信息处理过程

人在人机系统中特定操作活动中的作用，可类比为一种信息传递和处理过程，可以把人视为一个单通道的有限容量的信息处理系统，如图4-1所示。系统内部的状态信息，通过人机交互界面传送给人。人依靠视觉感知接受这些信息，感觉子系统将获得的这些信息通过神经信号传送给人脑中枢，在中枢信息处理子系统中，将信息加以识别，做出相应的决策，产生某些高级适应过程并组织到某种时间系列之中。这些功能都需要有贮存子系统中的长时记忆和短时记忆参加。被处理加工后的信息也可以贮存长时和短时记忆中。最后，信息处理系统可以发放输出信息，通过反应子系统中的手脚、姿势控制装置、语言器官等，产生各种运动和语言反应。后者将信息送入机器的信息系统的输入控制界面，改变系统的状态，开始新的信息循环。

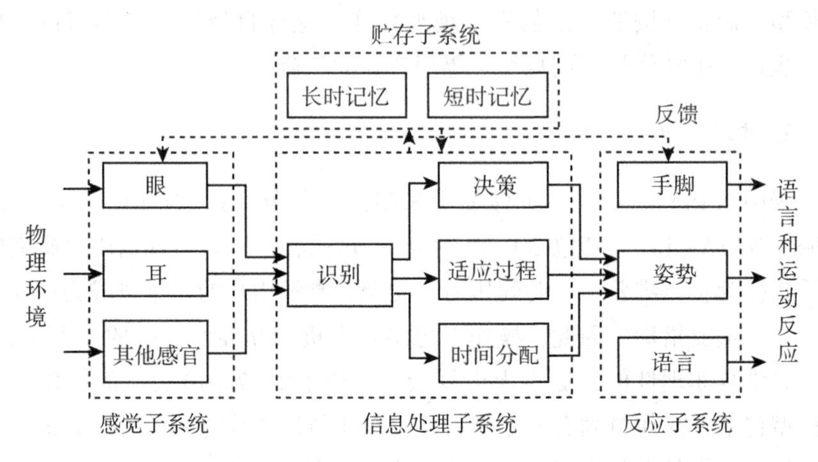

图 4-1 人的信息处理系统(丁玉兰，2004)

依据人的信息处理系统，下面将从信息的定量化和中枢信息处理阐述信息在人和系统之间的传递和交互。

4.1.3 信息的定量化

1. 信息

在人-机-环境系统中，只要操作者知觉到正在变化的信息，或者对已经知觉到的信息进行反应，操作者就要对信息进行编码或转换。信息是客观世界的所有事物通过物质载体所发出的一切传递与交换的知识内容。信息可以严格定量，bit(位)为最小单位，byte(字节)为基本单位。根据信息论的观点，1bit 信息量的定义为：在两个均等的可能事件中需要区别的信息量。

通常，信息被认为不确定性的减少(Shannon & Weaver，1974)。事件发生之前和事件发生之后相比，人们更不能肯定时间的状态(具有更多的不确定性)。除了和期望完全一致外，事件一发生就传递了一定的信息量。信息论对句子、刺激、事件所传递的信息数量进行了量化。这种量化受以下三个因素的影响：

(1)可能发生的事件数目，用 N 表示；

(2)这些事件的概率；

(3)事件的顺序限制或者事件发生时的背景。

按照以上 3 个因素，可对信息量进行如下计算：

若某信号源含有 n 种状态(n 种信息)，每种信息(状态)出现的概率为

P_i，则其中一种信息的信息量为：

$$H_i = \log_2 \frac{1}{p_i} \tag{4.1}$$

概率已知的单个事件所包含的信息量可用式(4.1)表示，针对随着时间出现的一系列不同概率的事件的平均信息量如何度量的问题(如显示仪表界面上的告警灯系列或者一组通信指令)，所传递的平均信息量可用下式表示：

$$H_{\text{ave}} = \sum_{i=1}^{n} p_i \log_2 \frac{1}{p_i} = \sum_{i=1}^{n} p_i H_i \tag{4.2}$$

这个公式中，用事件概率进行了加权，并对所有事件都进行了加权。因此，经常出现的低信息事件会对平均信息量产生重要的影响；相反，偶尔才发生的高信息时间对平均信息量则没有多大影响。

各事件的概率不等时，与概率相同相比，前者的平均信息量要小于后者的平均信息量。例如，监控显示系统的显示仪表界面上有 4 种通信指令检修(A)、加燃料(B)、威胁(C)、发射(D)，概率分别为 0.5、0.25、0.125、0.125。那么，由这样一些指令传递的平均信息量的计算如表 4-1 所示。

表 4-1　指令传递的平均信息量

通讯指令	A	B	C	D
P_i	0.5	0.25	0.125	0.125
$\frac{1}{p_i}$	2	4	8	8
$\log_2 \frac{1}{p_i}$	1	2	3	3

$$\sum p_i \log_2 \frac{1}{p_i} = 0.5+0.5+0.375+0.375 = 1.75(\text{bit})$$

低概率的通信指令因其不经常发生，故拥有的信息量较大。不过，低概率的通信指令不经常发生的事实，使它们的高信息含量在平均值中所占的份额较小。

2. 信息的传输速率

信息的传输需要通过感觉通道进入神经系统。在信息论基础上研究表明，人的反应时间与感觉刺激物的刺激量有关并可用下式进行定量计算：

$$RT = a + bH_T \tag{4.3}$$

式中，H_T为信息量。

人对含有不同信息量的图符的认知速度也服从这一规律。但随着刺激物的信息量增加，反应速度达到一定水平后便不再增加。人们的信息处理系统功能有一定的限度，这些限度主要表现在数量方面，并用感觉通道的信息传输率来描述。信息传输率是指信息通道中单位时间内所能传输的信息量，即

$$C = \frac{H}{T} \tag{4.4}$$

式中，C 为信息传输速率；H 为传输的信息量；T 为传输的时间。

人的感觉通道的信息传输速率，如表 4-2 所示，主要受以下几个因素的影响：信息特征、环境因素、时间分配、信息感知和人的因素。

表 4-2　影响信息传输速率的主要因素

影响因素	具体表现
信息特征	刺激的维数
	刺激的速率与负荷
环境因素	背景噪音
时间分配	分时输入与处理
信息感知	剩余感觉通道的利用
	刺激与响应之间的协调性
	感觉通道的选择
人的因素	操作员的生理和心理状态
	操作员的技术熟练程度

在多维综合情况下，传输速率可以提高，但也都在 10bit/s 以下。超过了人的信息传输速率这个限度，信息就不能完全被接受，如表 4-2 所示。

信息的传输速率受到界面中的图符大小、色彩、位置、连接线符等多种因素的影响，这些因素被称为刺激维度。在人机交互过程中，操作员不存在一个固定不变的信息传输速率，将会随着系统界面中各种不同信息图

符的特征、维数以及执行的不同任务而变化。一般来说，在判断信息界面上，图像信息传输速率为70bit/s，当信息容量大时，速率会降低。影响信息传输速率的主要因素如图4-2所示。

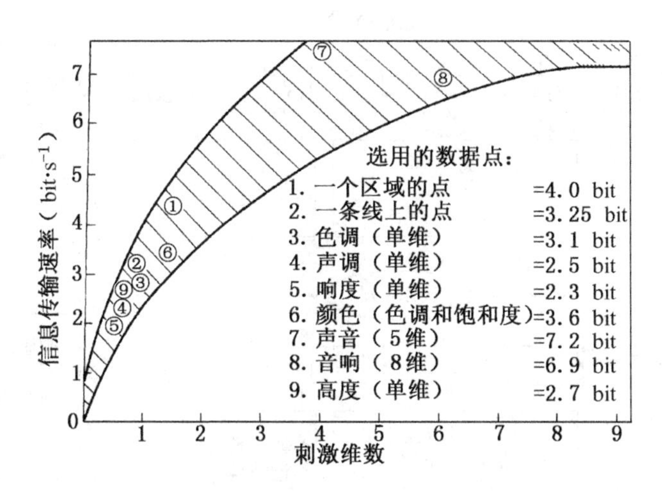

图4-2 影响信息传输速率的主要因素(丁玉兰，2000)

4.1.4 信息的认知加工

从人的感觉通道(人机交互界面主要为视觉通道)传入的大量信息，是在大脑中枢进行复杂的处理。信息处理过程是一个复杂的认知加工过程，涵盖了感觉通道的注意、感知，经过中枢的记忆提取进行决策，并最终通过人体反馈，形成了人-机的交互动作。

李晶、薛澄岐等(2014)在研究信息认知负荷过程中，从认知加工角度分析了信息过载问题，认为人机界面呈现信息繁多时，操作者的感知负荷越来越重。同时，操作员从众多信息中快速而准确地选择目标也非常困难。

例如，在工业制造系统中，人机交互界面会呈现各种各样的信息以保证其全面性。这些信息包括：重要信息、主要信息、次要信息、辅助信息、环境信息和背景信息。这些信息将会从感觉通道，经过注意、感知、记忆、决策，最终进行反馈。这个信息的认知加工过程，由于信息量的大小不同，产生的认知反馈也不同，如图4-3所示为不同信息量大小在认知资源分配中可能出现的认知负荷过低或过载现象。系统界面呈现的信息量不合理，可能出现敏感度降低、准确率降低、反应时间长、人因失误、绩效恶化、信息漏失等问题。它们与工业制造系统人机交互界面设计会面临的问题相关，需要从信息的搜索、认读、辨识、判断选择和决策过程加以分析。

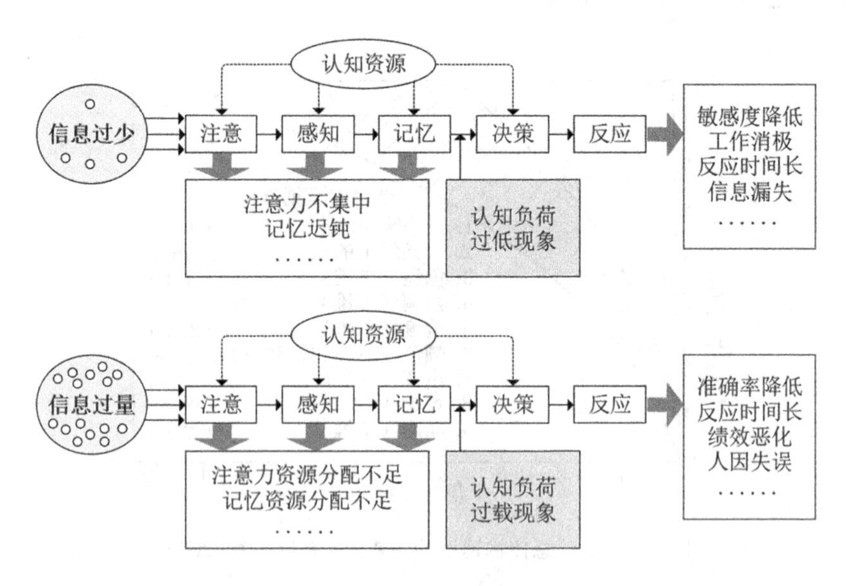

图 4-3 信息的处理过程(李晶，2016)

根据人机交互界面的信息中枢处理，形成了信息输入到信息反馈的认知加工过程，如图 4-4 所示。这个过程需要基于任务的执行，分析操作员的认知行为。信息的搜索、认读、辨识、判断选择和决策的处理过程，正是操作员在任务执行过程对信息的观察、解释、计划和执行的认知行为。因此，本章将继续从操作员的认知行为深入剖析智能制造领域复杂监控任务界面的信息处理过程。

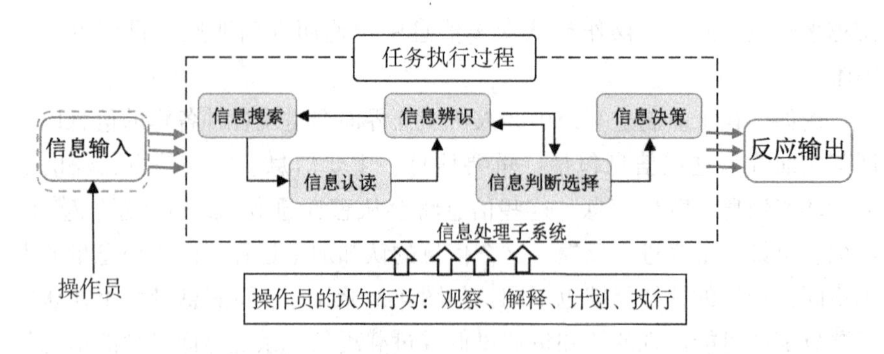

图 4-4 人机交互界面信息的中枢处理(吴晓莉，2015)

4.2 信息获取的认知过程

4.2.1 操作员的信息获取过程

智能制造系统作为一个具有自动反应和决策能力的系统，其界面信息变换速度快、内容多，要求操作员能在系统出现问题时快速正确反应和决策，操作员需要对其具有深入的了解。操作员在信息进行获取时的认知分为以下几个主要过程，如图4-5所示。

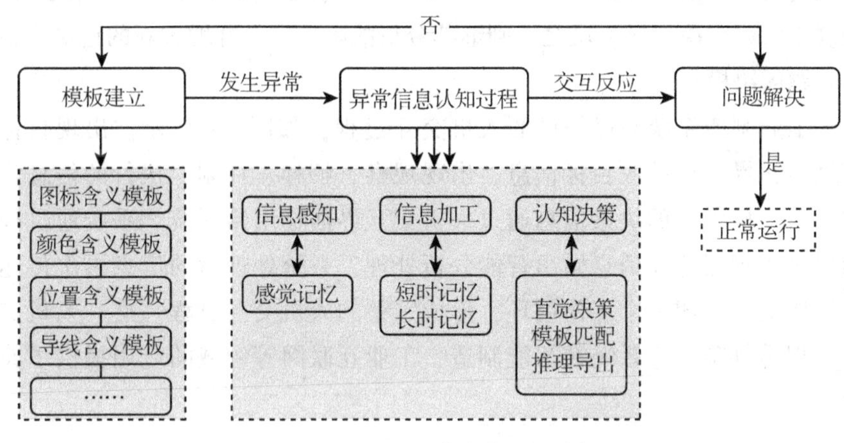

图4-5 人机交互界面信息获取的认知过程

(1)模板建立：智能制造系统人机交互界面容纳的信息繁杂多变，只有充分理解和熟悉界面图符的含义、界面结构的关系、界面布局的方式，以及界面信息块之间的联系等，才能对其信息显示的异常情况做出快速和正确的反应判断。所以，必须加强对界面信息的理解和熟悉，掌握应对各种突发情况的反应模板，以便反应决策时能快速进行模板匹配。这个过程关注的是信息是如何被集中、如何被组织和表征的。

(2)心理认知过程：此部分是操作员的认知过程，包括操作员对工业制造系统信息的接收、感知、记忆、决策和最后的反应操作，它分别对应着信息加工过程中的信息输入、信息的认知加工、认知决策、行为反应。这是一个复杂的信息加工过程，也是操作员决策反应的重要依据，是反应结果正确与否的重要步骤。

(3)反应决策，解决问题：此部分是操作员对信息进行认知分析和决策后的反应输出(交互)过程。若问题解决，任务结束；若问题未解决，则继续进行分析。

以上是操作员对于整个系统界面呈现信息的熟悉和记忆过程。在大脑中建立人机交互界面中各种图符含义对应表，各种颜色的对应含义，信息块的位置含义，界面上各种不同形状指代的不同含义，不同底纹的含义等；当发生故障时，操作员首先感知到故障信息，对感知到的故障信息进行认知加工，即调用之前的记忆模板进行匹配，找出故障原因，匹配到故障原因之后，将信息进一步传送到决策层，进行认知决策；只有正确而充分了解界面上各种复杂信息的含义，才能在遇到异常信息的时候快速而准确地进行认知加工和决策反应，并第一时间将认知决策结果反映给系统，恢复正常则解决问题；反之，则继续分析故障信息，并增添新的记忆模板和问题解决模板。

工业制造系统与操作员的人机交互过程，如图 4-6 所示。出现目标信息后，操作员接收目标信息，出现观察、解释、计划、执行的信息认知行为。操作员的决策信息通过人机交互界面输出给系统，系统通过控制器、传感器等对信息做出智能分析处理，系统处理后的信息再次传达给操作员，完成一个工作循环，形成完整的人机交互过程。这一人机交互过程为复杂信息系统在智能制造、工业互联网等领域的应用提供了典型案例。

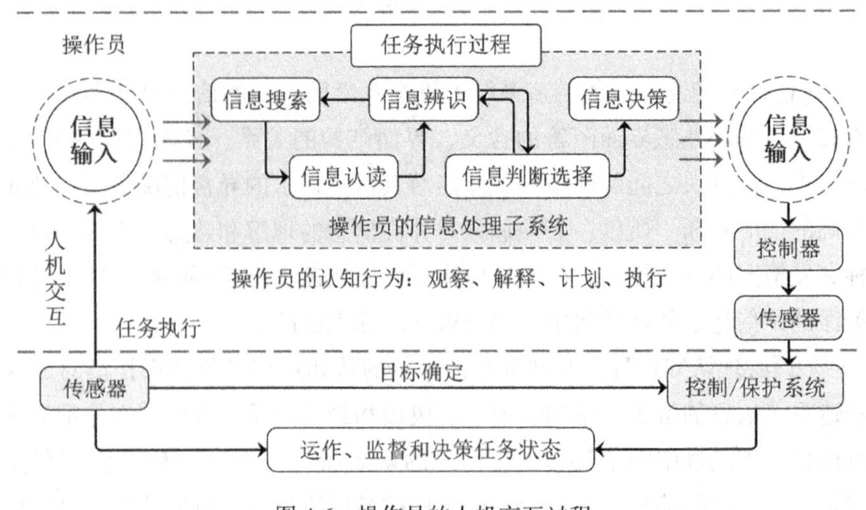

图 4-6　操作员的人机交互过程

4.2.2　基于 CREAM 认知模型的操作员认知行为分析

1. CREAM 的认知模型

CREAM(cognitive reliability and error analysis method)认知可靠性及失误分析方法是由 Hollnagel 提出的，他建立了认知模型、行为/原因分类方法和分析技术。CREAM 是 SHERPA(systematic human error reduction and prediction approach)、SRK(skill，rull and knowledg)和 COCOM(cognitive control model)整合的结果。

CREAM 采用分类方案，对人因事件的前因和后果之间的关系进行了系统化的归类，定义了后果和可能前因之间的联系，具有追溯和预测的双向分析功能，既可以对人因失误事件的根原因追溯，也可以对人因失误概率进行预测分析，是一种十分有效的人因出错分析方法。如图 4-7 所示。

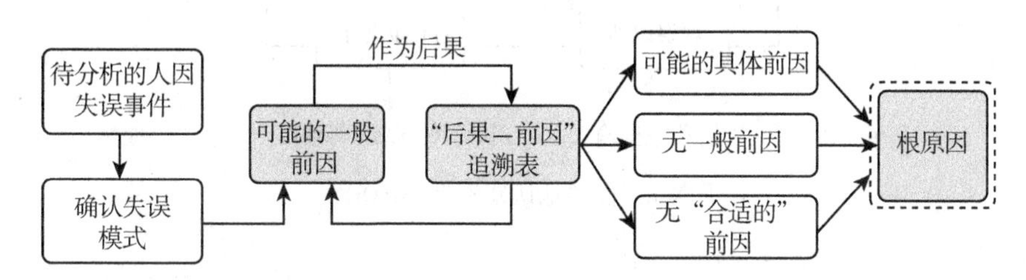

图 4-7　CREAM 追溯分析方法框架

CREAM 是基于认知模型和情景控制模式发展起来的一种 HRA 方法，主要步骤包括：

(1)通过层次任务分析，构建事件序列；

(2)分析情境环境；

(3)确定认知行为；

(4)确定认知功能；

(5)确定认知功能失效模式(对应基本的失误概率)；

(6)考虑情境环境的影响，修正基本的失误概率。

考虑 CREAM 在工程领域作为一种有效的人因出错分析方法，工业制造系统的人机交互界面需要从根原因探讨出错因子的内在机理。因此，本节将按照前因和后果之间的关系进行操作员人机交互的根原因分析，建立 CREAM 扩展的操作员认知行为模型。

2. 操作员的认知行为模型

依据工业制造系统的信息处理过程，结合 CREAM 方法，建立操作员的认知行为模型。Hollnagel 提出的“后果—前因”追溯分析方法，将认知过程分为 4 个模块：观察—解释—计划—执行，如图 4-8 所示。该模型可作为操作员行为认知的过程解释，首先是对外部信息进行解释，然后针对外部信息作用与人，产生不同的响应，这样操作员就会做出计划/选择，从而采取行动。因为人的认知技能有所不同，4 个模块可能会产生交叉，相互影响和转化，并不一定按照认知顺序，最后得到结果。

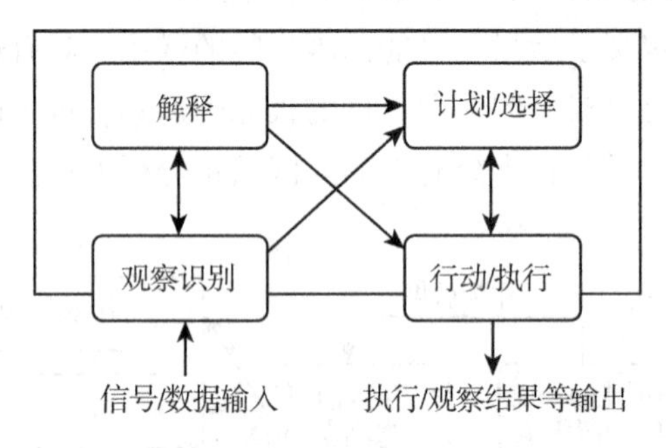

图 4-8　简单地认知模型(MSOC)

根据 CREAM 的认知模型，可以结合界面任务，对操作员的任务执行过程进行分析。工业制造系统可以看作是通过操作员监视和控制的人-机系统，操作员的任务包括视觉认知和行为动作执行，任务执行状态由工业制造系统通过传感器将信息显示在人机交互界面中。操作员的主要交互是与信息显示界面的视觉交互以及控制器的触觉交互。

如图 4-9 所示，操作员的认知行为过程包括：监视/发觉、状态查询、响应计划和响应执行。当系统状态处于异常情况时，系统就会通过报警提示以及通过传感器将异常情况呈现在信息显示界面中。操作员任务执行步骤如下：

(1)操作员可通过信息显示界面进行人-机交互，从而获取系统的状态信息，并以此判断系统当前状态；

(2)依据评估和诊断结果确定异常状态，选择操作程序和路径；

(3)执行控制响应任务；

(4)人-机系统将执行结果以信息形式呈现在界面中，操作员再次进入监视/发觉、状态查询、响应计划、响应执行的任务过程中。

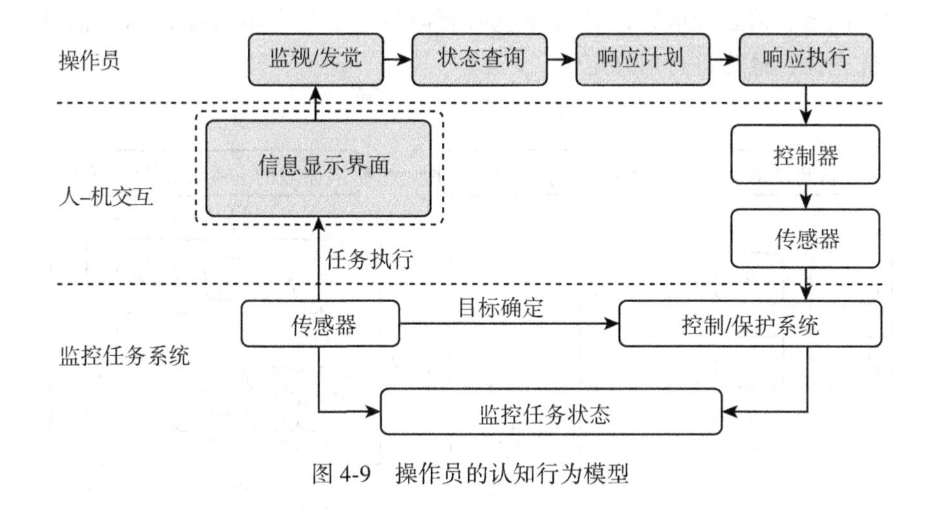

图 4-9　操作员的认知行为模型

3. CREAM 扩展的操作员认知行为模型

为了更好地理解操作员的认知行为，本节将基于 CREAM 认知模型扩展操作员的认知行为模型，逐步分析监视/发觉、状态查询、响应计划和响应执行 4 个不同阶段的行为认知过程，以便为操作员认知失误辨识建立分析模型。

该模型分为两部分，首先，按照 CREAM 方法建立监控任务界面的认知模型，在界面任务分区中，认知模型将内嵌于各阶段认知行为中；然后，根据监视/发觉、状态查询、响应计划和响应执行 4 个不同阶段，分别建立各自的认知分层模式，而每个阶段都会有反馈上一层模式，遵循 CREAM 认知模型的循环原理。下面将分别阐述每个阶段的认知行为模型，如图 4-10 所示。

1）监视/发觉的认知行为模型

监视/发觉的认知行为模型包括监视、发觉和信息整合。操作员在复杂动态的工作环境中获取信息，首先需要通过监视确定系统部分运作正常。监视是以一种主动、积极的方式来获取状态数据，而发觉则是一种被动的方式来获取状态数据。

因此，从发觉行为来说，操作员没有主动寻找明显的指示信号。当操作员已经发觉存在一个异常条件时，那么操作员会以一种更加主动的方式来获取信息，主动找出具体的参数值或指示标识，通过信息整合对任务进行评估。整个任务会以信息的搜索、识别、定位的视觉行为进行，信息搜索过程中需要看/听、认读，从而进行信息识别。信息识别的过程也包括信息检索、信息理解、信息过滤(即内部过滤)、关联和分组，以及信息的优先性，最终进行信息定位。

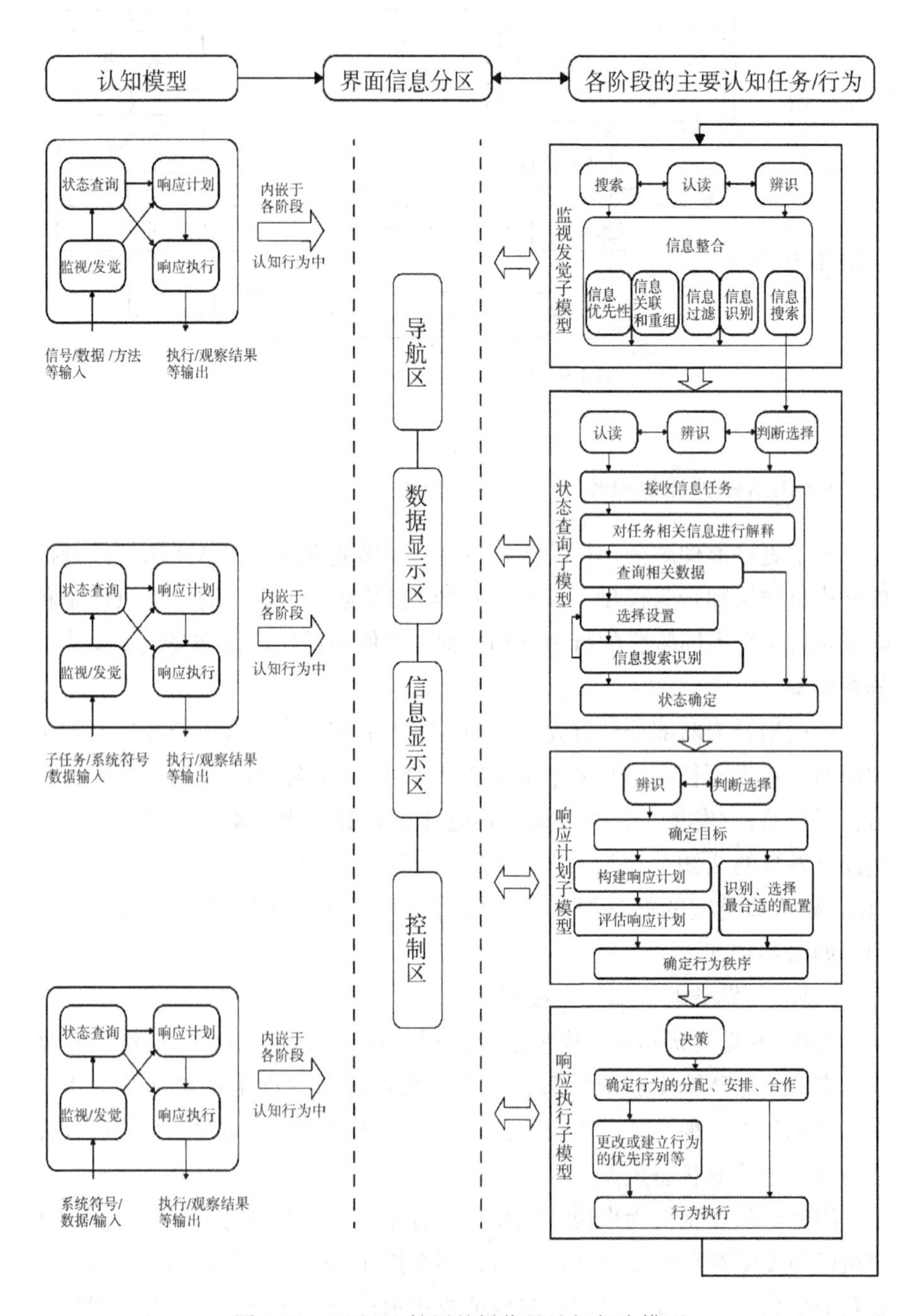

图 4-10　CREAM 扩展的操作员认知行为模型

2）状态查询的认知行为模型

状态查询的认知行为模型包括认读、辨识和判断选择。操作员接受信息任务后，需要对任务相关的信息进行解释；需要对相关信息查询，包括目标的距离、维度等数据信息，接下来需要对接受的任务选择相关配置，在配置过程中还要按照监视发觉认知行为模型进行信息的搜索识别，才能确定目前的状态。

3）响应计划的认知行为模型

响应计划的认知行为模型主要包括辨识和判断选择。完成状态查询之后，应该对即将执行的行动进行计划。操作员为了识别合适的方法来实现目标，应该识别可供选择的备选方法、策略和计划，并对它们进行评估，选择最优的或可行的响应计划。如果没有合适的，则需要重新构建新的响应计划。

4）响应执行的认知行为模型

响应执行的认知行为模型即为决策的过程。就是执行在响应计划中确定的动作或行为序列。这个过程可以非常简单，如操作员按下一个控制按钮或虚拟的图符进行操作，这也是认知行为的最后一个过程。

在扩展的认知模型中会出现不同状态下的反馈，并且在每个子模型中伴随着监视发觉、状态查询、响应计划和响应执行的循环，这即是一个认知行为过程。

4.3　工业制造系统的数据信息表征

4.3.1　工业制造系统的数据信息

在工业制造系统的人机交互界面中，信息呈现是至关重要的。通过数据、图符、字符以及颜色所表达的信息呈现方式，与有效展开复杂信息的监控、操作建立直接的联系。工业制造系统的信息呈现要素与普通的人机交互界面相同，也主要包括图符、控件、导航、色彩、布局和交互6大要素。尤其特别的是，由于工业制造系统具有数据种类多、数据量大的特点，工业制造系统的数据信息（以下简称工业数据信息）的呈现是工业制造系统中具有独特性和强识别性的信息表征方式，并且工业数据信息的可视化是对多种界面设计要素的综合体现。本节从工业制造系统出发，探讨数据信息呈现的类别，并从视觉认知和视觉编码角度分析数据信息呈现的方式。

4.3.2 工业数据的类别

工业数据的分类和信息与知识的分类相关。不同的需求有着不同的数据分类方法。陈为(2013)提出按照测量标度分类有序型、数值型、类别型数据。从关系模型角度，数据可被分为实体和关系两部分。实体是被可视化的对象，关系则定义了实体与其他实体之间关系的结构和模式。关系可被显式地定义，也可在可视化过程中逐步挖掘。数据属性可分为离散属性和连续属性。列举常见的数据分类依据以及对应的数据类型，如表4-3所示。

表4-3 数据类型

分类依据	数据的类型
关系模型	实体数据、关系数据
数据属性	离散数据、连续数据
数据结构	结构型数据、非结构型数据
性质特征	定位数据、定性数据、定量数据、定时数据
信息元数	一元数据、二元数据、多元数据
信息维度	一维数据、二维数据、多维数据
测量标度	有序型数据、数值型数据、类别型数据
数据模型	浮点数、整数、字符
概念模型	汽车、摩托车、自行车

4.3.3 工业数据信息呈现与视觉编码

工业数据信息包含数据属性和数据值，视觉编码通过常用的一些视觉元素，如色彩、平面位置、尺寸、线型、角度等，给工业数据的属性和数据值编码。在视觉编码方向，数据信息呈现方式的研究已有一定成果，Posne(1980)分析了人对不同视觉元素编码信息的反应时变化；Van(2001，2002)在信息呈现方式设计中提出了一套关于颜色视觉分层的方法，通过颜色编码视觉线索加强了视觉显示分割；评估了数字控制界面颜色编码的视觉分层方法，发现基于视觉特性的可视化图层编码更优于其他编码方式。

在数据呈现方式设计原则的研究中，Chabris 和 Koslyn(2005)提出了一个类似的图表设计原则：代表性对应原则，并证明了最好的图表应该像内部心理表征一样表达信息。Mackinlay(1986)和 Tversky(2002)分别提出了进行视觉编码时的设计原则，Mackinlay(1986)强调表达性和有效性，Tversky(2002)强调一致性和理解性。对数据信息呈现方式进行设计可以看作是选取合适的视觉元素来编码数据的信息和值，基于视觉认知理论下进行视觉编码设计得到的数据呈现结果将更符合用户的认知习惯。

视觉编码将数据转换为可视化的图形以一种直观、易于理解和操作的方式呈现给用户，视觉编码是展示数据向用户发送信息，而同一数据集可以对应于多种视觉表示形式。工业数据呈现方式的核心内容是从巨大的呈现多样性空间中选择最合适的编码形式，其中图表、表格等为最常见的数据呈现方式。决定视觉编码是否适合于人的感知，与认知特性、数据本身的特性以及它所针对的任务有关。工业数据呈现方式可以映射为不同的视觉元素，其中可以分为形式、色彩、运动和空间位置 4 大类。形状包括直线方向、直线长度、直线宽度、直线一致性、尺寸、曲率、空间分组、模糊、附加标记；颜色包括色调、强度和与背景颜色的对比度；运动包括闪烁和运动方向；空间位置包括明暗、二维位置、三维深度等。工业数据呈现方式包含数值、文字、坐标轴 3 大要素，而平面位置、颜色、形状、面积、线型等称为辅助元素，对以上辅助视觉元素进行编码设计，有助于得到合理的工业数据呈现方式。工业数据呈现方式中常见的基本图表类型如图 4-11 所示。

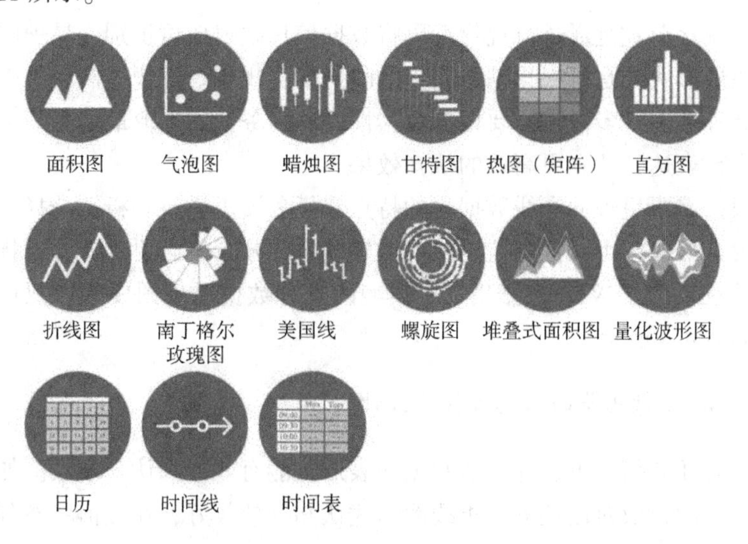

图 4-11　常见基本工业数据类型

4.3.4 工业数据的信息可视化

工业制造系统是一种包含多类生产数据的信息化管理系统，包括制造数据、计划排产数据、生产调度数据、库存数据、人力数据、设备数据、成本数据、生产过程数据、底层数据等。系统具有强大的数据采集和管理能力，通过整合数据采集的各种渠道，以数据报表、可视化图形、文字信息等方式呈现在信息交互界面。在传统的制造系统数据呈现中，大量的数据信息以数据报表的形式呈现，在面对海量繁杂的各类数据，需要及时准确地找到目标信息或对生产状态进行判断时，认知效率不佳。目前，越来越多的企业在其产线信息管理系统中采用数据可视化的手段，将产线信息系统中的各类数据信息，以更加直观的形式，聚合显示在信息交互监控界面，实现对产线制造过程中数据实时、准确、全面的展示。下面以生产数据常用的 WTG(where time go)数据集为分析对象，阐述工业数据的信息呈现。

1. WTG 数据集

WTG 数据集包括人员效率、异常损失时间、日常损失时间、出勤数据等数据，是产线生产效率管控中关注最多的数据集。各个部门通过系统采集原始数据和处理加工后的数据形成 WTG 数据集和相关图表信息，观察数据变化，分析产线时间去向和利用率。

2. 数据集的图符可视化

可视化形式是通过可视化编码将数据信息映射成可识别、易理解和记忆的图形形式，是可视化编码其中的映射逻辑规则。产线控制系统中包含的数据种类多种多样，需要根据数据性质、任务目的选取最适合的可视化形式进行表达，达到更高效的认知效果。

根据需要呈现的产线数据集的特点和任务要求进行分析，选择最佳数据可视化形式，可以提高监测员的认知绩效，减少不必要的认知干扰。

针对某企业 WTG 数据集其中典型的几种数据呈现图表的可视化形式分析如表 4-4 所示。

3. WTG 数据集的信息可视化设计

不同任务情景下选择合适数据图表形式能有效提高认知绩效。如在时间序列下的数值对比任务，折线图形式认知绩效较好；在数值状态判断任务下，子弹图形式更具优势。并且，数值对比任务下基于数值大小的顺序呈现相较于时间顺序呈现更优，而目标数据搜索任务下基于时间顺序呈现较数值大小顺序更好。

表 4-4 WTG 数据集典型数据图表可视化形式分析

数据信息图表种类	存在问题
效率数据	包含 4 组数据：实际效率、效率目标值、产出工时/实际效率-出勤时间、加班时间占总出勤比率，均为比较类数据。其中，实际效率与效率目标值均采用折线图可视化形式表达，由于两组数据较为接近，不能有效地进行实际效率与目标效率的对比
异常损失统计数据	包含 3 组数据：异常损失时间总和、异常损失时间占比、未记录时间占比，为比较类数据，分别采用柱状图、折线图、折线图可视化形式表达。由于数据值接近，不同组数据存在重叠现象，认读效果较差
异常损失时间分布数据	包含 8 组数据：安全问题、质量问题、人员问题、设备问题等，为比较类数据，采用三维气泡图可视化形式表达。气泡大小作为其中一维数据定量表现的形式，在对比不同组该维度数值大小时，容易错读，且不同组数据相互遮挡现象较明显，影响认读效果
异常损失时间占比数据	包含 8 组数据：人员、设备、物料、质量等，为占比类数据，采用饼图可视化形式表达。其中，系统、其他、工程类数据由于占比较小、扇形图面积太小，导致数据呈现的占比结果不够直观明显

1) 异常损失统计数据呈现设计优化

WTG 数据集中的异常损失统计数据原始图表，如图 4-12 所示。在可视化形式设计中，保留原有形式，其中异常损失时间总和与异常损失时间占比保留柱状和折线形式，使两组数据同时呈现时，在可视化形式上得以区分辨别，同时通过调整度量坐标轴数值范围，使两组数据在空间上分离，不再相互干扰。

在颜色设计方面，为使折线显示明显，采用较深的蓝、橙、绿分别表示 3 组数据，对关键数据采用亮度较高的绿色、灰色背景色方块强调。根据实验结论对异常损失时间总和与异常损失时间占比数据组分别对应的图形颜色和数值标签颜色在视觉上进行对应，使同一组数据的设计元素保持一致性。优化设计配色方案如表 4-5 所示。

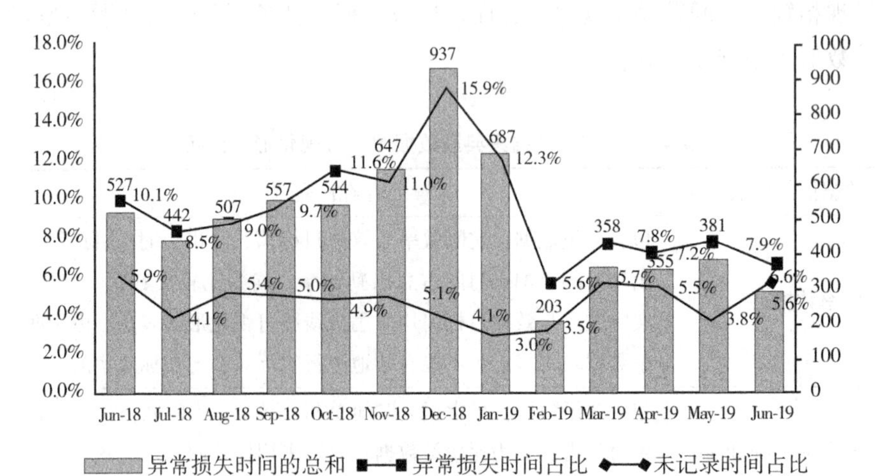

图 4-12　异常损失统计数据原始图表

表 4-5　异常损失统计数据可视化呈现优化设计思路(见彩图)

	数据组	形式	图形样式
数据形式	异常损失时间总和	柱状	9. 3mm 宽
	异常损失时间占比	折线+圆点	1. 5pt 粗
	未记录时间占比	折线+圆点	

	数据组	数据图形颜色	数值标签颜色	强调色
颜色	异常损失时间总和	R:61 G:84 B:157	R:49 G:49 B:77	R:201 G:234 B:63 R:192 G:188 B:183
	异常损失时间占比	R:234 G:91 B:31	R:167 G:71 B:6	
	未记录时间占比	R:67 G:98 B:24	R:41 G:33 B:38	

	数据组	字体	字号
字符	异常损失时间总和	Calibri(英) 微软雅黑(汉)	9pt
	异常损失时间占比		
	未记录时间占比		

续表

	数据组	布局情况
布局	异常损失时间总和	与异常损失时间占比同一坐标轴呈现
	异常损失时间占比	与异常损失时间总和同一坐标轴呈现
	未记录时间占比	单独坐标轴呈现

根据以上思路，进行优化设计之后的异常损失时间统计数据如图 4-13 所示。

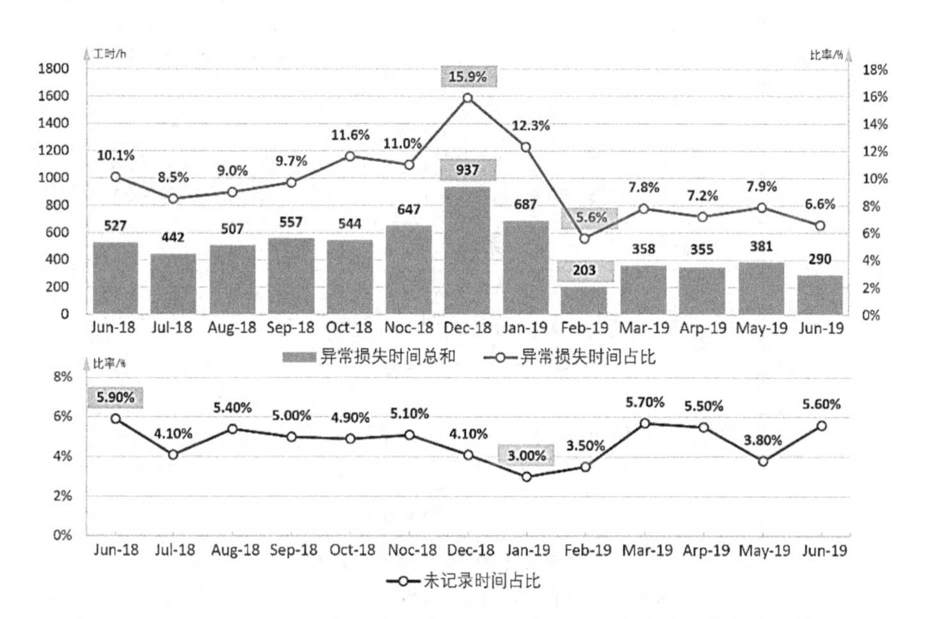

图 4-13　异常损失统计数据优化图表

2) 异常损失时间分布数据呈现设计优化

WTG 数据集中的异常损失时间分布数据原始图表包含安全、质量、人员、设备、物料、工程、系统、其他这 8 类问题的异常损失时间数据。其中，每类问题中均包含多组小类事件，采用编号表示。图中纵坐标表示小类事件异常损失时间占比，气泡大小表示小类事件异常损失时间工时。

原始呈现图表中，数据标签密集，不同气泡之间布局混乱，遮挡现象严重。根据实验结论，对表示 8 组大类问题的气泡进行归类分组，并对表示小类事件数据组的气泡基于时间占比大小进行排序，解决数据相互遮挡问题，降低数据对比与搜索难度。异常损失时间分布数据中主要关注的是占比较大、损失时间较长的问题是哪些，在原始呈现方式中，对于占比靠后、时间较短的问题事件均进行了标注，导致数值标签呈现混乱、不易识别。因此，在优化设计中，只对占比较大、损失事件较多的事件进行标注，对影响不大的问题事件不采用数值标签，去掉不必要的信息，减少呈现的信息量。数据图形颜色方面，采用纯度相对较低的颜色，以免对图形上面的数值标签形成干扰。优化设计配色方案如表4-6所示。

根据以上思路，进行优化设计之后的异常损失时间统计数据如图 4-14 所示。

表 4-6　异常损失时间分布数据可视化呈现优化设计思路(见彩图)

	形式		图形样式	
数据形式	气泡		气泡面积取决于数值大小	
颜色	设备	物料	人员	质量
	R:142 G:163 B:185	R:217 G:167 B:165	R:202 G:218 B:170	R:243 G:200 B:167
	其他	系统	工程	安全
	R:183 G:218 B:233	R:203 G:190 B:215	R:164 G:189 B:214	R:221 G:139 B:146
	字体		字号	
字符	Calibri(英) 微软雅黑(汉)		9pt	
	布局情况			
布局	不同大类数据组按数值大小进行水平分区排序 不同大类中的小类数据组按数值大小进行水平位置排序			

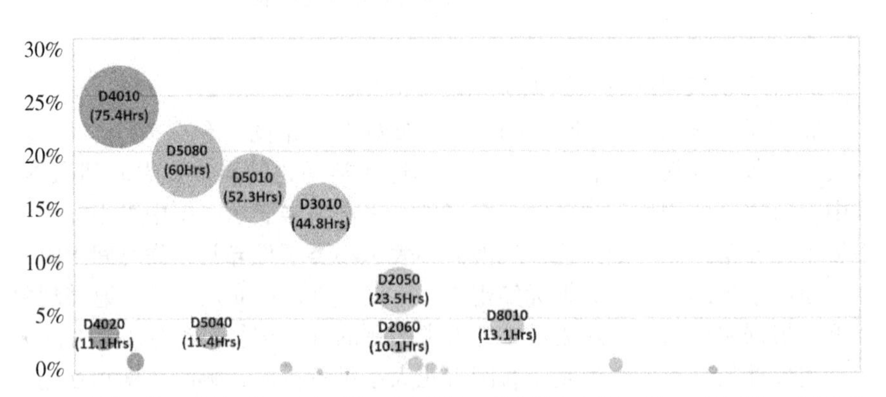

图 4-14　异常损失时间分布数据优化图表

4.4　工业制造系统的信息元引力

根据操作员的认知行为模型以及工业制造系统的信息呈现特点，可以看出，工业制造系统中的人机交互将面临错综复杂的多屏显示操控以及信息认知需求，并且随着工业智能的转型升级，工业制造系统的功能日益完善，信息元的数量也随之增加，操作员需要在大数据环境下寻找目标信息。为了在有限的视觉空间中更有效地进行信息呈现，我们引入了一种信息元引力算法，并基于该算法探究工业制造系统人机交互过程中多类型用户的信息元呈现方式。

4.4.1　引力算法

引力模型起源于 1687 年牛顿提出的万有引力定律，即任意两个质点之间的引力与空间距离的大小成反比，与质量大小成正比。20 世纪 60 年代，学者 Tinbergen 和 Pobyhobnen 将万有引力应用到经济领域，提出了引力模型。该模型认为两个经济体之间的吸引力与它们之间各自的地区生产总值(GDP)成正比，与它们之间的距离成反比。而随着大量学者对该模型的改进修正，引力模型作为经典模型的通用规律，广泛应用于分析和预测两个物体之间的相互作用，已经在空间转移、贸易流通、人文地理、场站选址等方面取得了较为成熟的应用。

本节将引力模型运用到工业制造系统，采用引力模型系数转换方法，对信息元进行系数转换，通过引力模型的计算得到信息元之间的关系，促进工业制造系统信息结构的有效构建。信息元引力模型揭示各对象之间的联系状况，主要功能是区分各对象之间的引力大小，一般引力模型如下：

$$T_{ij} = K\frac{P_i P_j}{d_{ij}^b} \tag{4.5}$$

式中，T_{ij} 为信息元 i 和 j 之间的引力($i \neq j$；$i = 1, 2, \cdots, n$；$j = 1, 2, \cdots, m$)；K 为引力常数，取 $K = 1$；P_i 和 P_j 分别为信息元 i 和 j 的起始重要度；d_{ij}^b 为信息元 i 和 j 之间的距离，上标 b 为在原有模型中控制引力作用的大小，在信息系统界面中的引力计算可以忽略不计。

通过计算得到各信息元之间的引力值 T_{ij}，获得信息元之间的引力分布图，依据信息元间引力值的大小得到工业制造系统的信息元分布。

4.4.2　信息元和信息链

1. 提取信息元

以某企业工业制造系统的信息为样本，对某产线信息进行分析，依据引力模型算法理论，进行不同用户层级的信息呈现。该系统由大量的信息元构成，具有关联属性的信息元以不同的形式、结构形成一条信息链。因此，可以按照任务完成的过程分为间接信息元和目标信息元，分析信息链的可扩展性和可变化性，通过信息元引力分布构建信息链。

提取系统中的信息元，并从 4 种用户分类(经理、主管、工程师以及一线员工)角度，分别建立信息链，如图 4-15 所示。图中，会议展板 T1 展示员工绩效得分，会议展板 T2 展示假期、产出工时、异常损失时间总和等信息，会议展板 T3 展示按灯响应时间、实际生产效率、未准时完成订单等信息；WTG 表示工时去向；KPSI 表示安全、交货率、完成率等；ANDON 表示按灯响应时间。

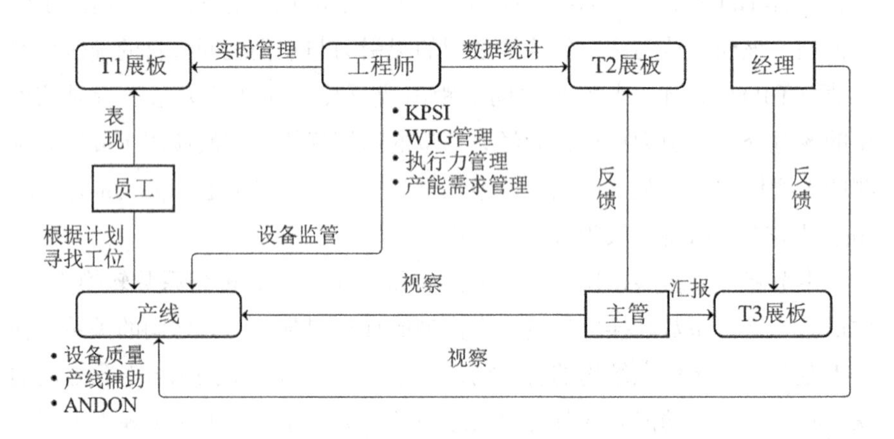

图 4-15　基于用户的信息链

2. 建立信息链

由于效率和成本是企业生产的重要指标，在用户信息链基础上，分别建立基于效率和成本的信息链，并以工时为统计单位，提取相关基于工时的信息元。基于企业效率建立信息链时，针对员工提取假期等信息元，针对工程师提取异常损失时间等信息元，针对主管提取损失占比等信息元，针对经理提取效率等信息元，如图 4-16 所示。基于企业成本建立信息链时，针对员工提取上班工时等信息元，针对工程师提取产线安排等信息元，针对主管和经理分别提取工时统计等信息元，如图 4-17 所示。

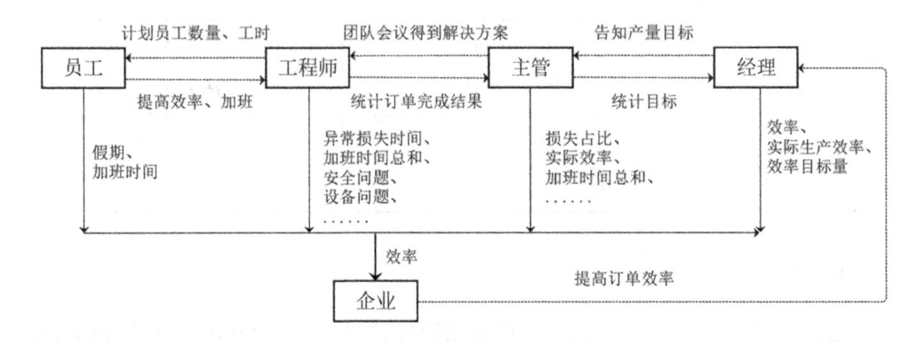

图 4-16　基于企业效率的信息链建立

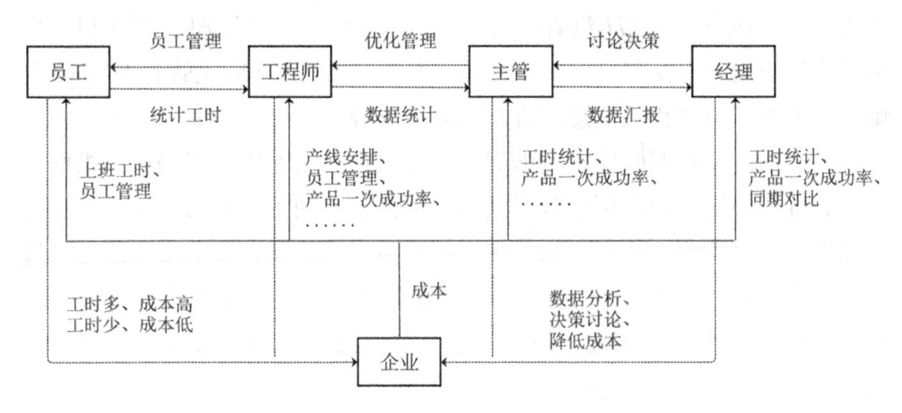

图 4-17　基于企业成本的信息链建立

3. 信息元间距离

对信息链进行节点划分，如表 4-7 所示。以用户 P_1(一线员工)、P_2(工程师)、P_3(主管) 和 P_4(经理) 为一级节点，二级节点以 T_1 ~ T_3 报表展板为节点来对相同层级的信息元进行编码，位于三级节点的信息元以 A_1，A_2，…，对该层级进行编码，P_1 和 P_2 之间相距一个单元距离，设定位于 2 个层级的信息元距离为 1。例如，信息元 $P_1T_1A_1$ 与信息元 P_3T_2 的节点个数为 4，则信息元 $P_1T_1A_1$ 与信息元 P_3T_2 的距离为 4。

表 4-7 基于信息链的各信息元节点个数划分

一级节点	二级节点	三级节点
P_1	P_1T_1	$P_1T_1A_1$
P_2	P_2T_1	$P_2T_1A_1$
	P_2T_2	$P_2T_2A_2$
P_3	P_3T_2	$P_3T_2A_1$
	P_3T_3	
P_4	P_4T_3	

4. 信息元起始重要度

通过专家打分法获取信息元的起始重要度 P。内容包含与工时相关的信息元，以及生产一次通过率、按灯响应时间、及时交货率和未准时完成订单数量等与工时相关的指标信息元。专家来自该公司，由于一线员工主要面向任务执行的看板(没有信息输出)，因此只针对经理、主管和工程师三类用户展开专家打分。专家用户包括 1 名经理、4 名主管和 12 名工程师。专家对工时的相关信息元进行重要度评分(1 ~ 5 个等级)。为了便于计算，将信息元按照顺序进行编码，一级信息元用 Y 进行编码，二级信息元用 E 进行编码，依次用序数对其进行标注，得到各信息元起始重要度的专家用户打分均值。结果可知，生产一次通过率的起始重要度均值达到最高。其中，P_4、P_3 和 P_2 的生产一次通过率 Y_{33} 的起始重要度均值分别为 5.00、4.75 和 4.60。因此，应将生产一次通过率 Y_{33} 作为引力分布图的中心信息元。

4.4.3 信息元间的引力

将需要计算的信息元 i 和 j 进行罗列，信息元 i 设定为生产一次通过率，信息元 j 为除生产一次通过率外的其他信息元，设定起始重要度 P_i 为中心信息元的起始重要度 5.00，起始重要度 P_i 分别设为各信息元在专家打分中的起始重要度均值，信息元间距离 d_{ij}^b 由信息元 i 和 j 在信息链以及 LMES 系统的节点确定，将信息元 i 和 j 的起始重要度 P_i 和 P_j 以及信息元间的距离 d_{ij}^b 代入引力模型公式(4.5)，通过计算可以得到信息元 i 和 j 之间的引力值 T_{ij}。

根据建立的信息链，一线员工所要关注的信息主要为订单信息以及产品组装，在此不再研究基于用户 P_1(一线员工) 的引力计算，分别对用户

P_4(经理)、P_3(主管)和 P_2(工程师)进行信息元的引力计算。

1. 基于用户 P_4(经理)的引力计算

根据用户 P_4 所获得的信息元 i 和 j 的起始重要度以及信息元 i 和 j 之间的距离 d_{ij}^b，将相关数值代入引力模型公式(4.5)，计算得到用户 P_4 的信息元间引力值 T_{ij}，如表4-5所示。首先，从基于用户 P_4 的信息元间引力值 T_{ij} 分析，一级信息元 Y_{34}、Y_{35} 以及 Y_{36} 的引力值 T_{ij} 最高，均为25.00；其次是一级信息元 Y_5 和 Y_7，均为6.67；在一级信息元中，引力值 T_{ij} 最低为5.00。二级信息元中，信息元 E_8、E_9、E_{10}、E_{11}、E_{19} 和 E_{26} 的引力值 T_{ij} 最高，为6.25；在二级信息元中，引力值 T_{ij} 最低为3.75。根据信息元的编码可以得到，在一级信息元中，及时交货率、按灯响应时间以及未准时完成订单数量的引力值 T_{ij} 最大，其次是假期和出勤数据；在二级信息元中，引力值 T_{ij} 最高的信息元有效率目标值、实际效率、实际生产效率、产出工时、异常损失时间总和，以及产出工时/实际效率－出勤时间。

2. 基于用户 P_3(主管)的引力计算

根据用户 P_3 信息元 i 和 j 的起始重要度以及信息元 i 和 j 之间的距离 d_{ij}^b，将相关数值代入引力模型公式(4.5)，计算得到用户 P_3 的信息元间引力值 T_{ij}，如表4-5所示。根据信息元的编码可以得到，在一级信息元中，信息元 Y_{34} 及时交货率的引力值 T_{ij} 最大，为23.75，其次为 Y_{35} 按灯响应时间和 Y_{36} 未准时完成订单数量，再次为人员效率；在二级信息元中，引力值 T_{ij} 最大的信息元为安全和质量，其次为实际效率和借出工时，再次为实际生产效率、产出工时、设备、物料和系统。

3. 基于用户 P_2(工程师)的引力计算

根据用户 P_2 信息元 i 和 j 的起始重要度以及信息元 i 和 j 之间的距离 d_{ij}^b，将相关数值代入引力模型公式(4.5)，计算得到用户 P_2 的信息元间引力值 T_{ij}，如表4-8所示。根据信息元的编码可以得到，在一级信息元中，信息元 Y_{36} 未准时完成订单数量的引力值 T_{ij} 最大，为11.25，其次为 Y_{34} 及时交货率和 Y_{35} 按灯响应时间，再次为异常损失时间；在二级信息元中，引力值 T_{ij} 最大的为出勤数据，其次为安全，再次为实际效率。

表 4-8 用户信息元间引力值

i	j	P_i	P_4			P_3			P_2		
			P_j	d_{ij}^b	T_{ij}	P_j	d_{ij}^b	T_{ij}	P_j	d_{ij}^b	T_{ij}
Y_{33}	Y_1	5.00	3.00	3.00	5.00	4.50	2.00	11.25	4.30	3.00	7.12
Y_{33}	Y_2	5.00	3.00	3.00	5.00	3.75	2.00	9.38	4.50	3.00	7.50
Y_{33}	Y_3	5.00	3.00	3.00	5.00	3.50	2.00	8.75	3.70	3.00	6.12
Y_{33}	Y_4	5.00	3.00	3.00	5.00	4.00	2.00	10.00	3.80	3.00	6.33
Y_{33}	Y_5	5.00	4.00	3.00	6.67	2.25	2.00	5.63	2.80	3.00	4.67
Y_{33}	Y_6	5.00	3.00	3.00	5.00	3.25	2.00	8.13	3.60	3.00	6.00
Y_{33}	Y_7	5.00	4.00	3.00	6.67	3.75	2.00	9.38	4.00	3.00	6.67
Y_{33}	E_8	5.00	5.00	4.00	6.25	3.75	3.00	6.25	4.10	4.00	5.13
Y_{33}	E_9	5.00	5.00	4.00	6.25	4.50	3.00	7.50	4.40	4.00	5.50
Y_{33}	E_{10}	5.00	5.00	4.00	6.25	4.25	3.00	7.08	4.20	4.00	5.25
Y_{33}	E_{11}	5.00	5.00	4.00	6.25	4.25	3.00	7.08	4.30	4.00	5.38
Y_{33}	E_{12}	5.00	4.00	4.00	5.00	4.75	3.00	7.92	4.70	4.00	5.88
Y_{33}	E_{13}	5.00	4.00	4.00	5.00	4.75	3.00	7.92	4.60	4.00	5.75
Y_{33}	E_{14}	5.00	4.00	4.00	5.00	4.00	3.00	6.67	4.10	4.00	5.13
Y_{33}	E_{15}	5.00	4.00	4.00	5.00	4.25	3.00	7.08	4.00	4.00	5.00
Y_{33}	E_{16}	5.00	4.00	4.00	5.00	4.25	3.00	7.08	4.00	4.00	5.00
Y_{33}	E_{17}	5.00	4.00	4.00	5.00	4.00	3.00	6.67	3.90	4.00	4.88
Y_{33}	E_{18}	5.00	4.00	4.00	5.00	4.25	3.00	7.08	4.00	4.00	5.00
Y_{33}	E_{19}	5.00	5.00	4.00	6.25	4.00	3.00	6.67	4.20	4.00	5.25
Y_{33}	E_{20}	5.00	4.00	4.00	5.00	4.00	3.00	6.67	4.00	4.00	5.00
Y_{33}	E_{21}	5.00	3.00	4.00	3.75	3.50	3.00	5.83	3.10	4.00	3.88
Y_{33}	E_{22}	5.00	3.00	4.00	3.75	3.25	3.00	5.42	3.10	4.00	3.88
Y_{33}	E_{23}	5.00	3.00	4.00	3.75	3.25	3.00	5.42	3.90	4.00	4.88
Y_{33}	E_{24}	5.00	3.00	4.00	3.75	3.75	3.00	6.25	3.90	4.00	4.88
Y_{33}	E_{25}	5.00	4.00	4.00	5.00	3.50	3.00	5.83	3.80	4.00	4.75
Y_{33}	E_{26}	5.00	5.00	4.00	6.25	3.50	3.00	5.83	4.10	4.00	5.13

续表

i	j	P_i	P_4			P_3			P_2		
			P_j	d_{ij}^b	T_{ij}	P_j	d_{ij}^b	T_{ij}	P_j	d_{ij}^b	T_{ij}
Y_{33}	E_{27}	5.00	3.00	4.00	3.75	3.25	3.00	5.42	4.30	4.00	5.38
Y_{33}	E_{28}	5.00	3.00	4.00	3.75	3.25	3.00	5.42	3.90	4.00	4.88
Y_{33}	E_{29}	5.00	3.00	4.00	3.75	3.50	3.00	5.83	3.80	4.00	4.75
Y_{33}	E_{30}	5.00	3.00	4.00	3.75	2.50	3.00	4.17	3.80	4.00	4.75
Y_{33}	E_{31}	5.00	3.00	4.00	3.75	2.50	3.00	4.17	3.50	4.00	4.38
Y_{33}	Y_{32}	5.00	3.00	4.00	3.75	4.50	3.00	7.50	3.50	4.00	4.38
Y_{33}	Y_{34}	5.00	5.00	1.00	25.00	4.75	1.00	23.75	4.30	2.00	10.75
Y_{33}	Y_{35}	5.00	5.00	1.00	25.00	4.50	1.00	22.50	4.30	2.00	10.75
Y_{33}	Y_{36}	5.00	5.00	1.00	25.00	4.50	1.00	22.50	4.50	2.00	11.25

4.4.4 信息呈现

根据信息元间引力计算，可以得到用户 P_4、P_3 和 P_2 的信息呈现引力分布图。引力分布图按3类用户呈现，每类用户的信息呈现分为2级。依据各信息元间引力大小确定各信息元之间的距离，从而使得引力值大的信息元能够及时被用户捕捉。由于信息元数量多，信息呈现的载体具有一定的局限性。因此，引力分布图的构建过程中将对引力值较大的信息元进行呈现，如图4-18所示。工业制造系统的构建应按照一级、二级信息元分布开展信息可视化设计，可有效提高用户的认知绩效。

基于 P_4 经理用户引力值，按照各信息元的引力值进行依次排布，引力值越大的信息元位置越居中，信息元也越能够吸引用户，整体排布方式为放射状，依次为生产一次通过率、及时交货率、ANDON 响应时间以及完成订单数量等信息元。二级信息元中效率目标、实际效率、实际生产效率、产出工时、异常时间总和以及产出工时/实际效率-出勤时间等信息元引力值较大，均为6.25，其次是引力值为5.00的信息元。

基于 P_3 主管用户引力值，按照一级信息元进行呈现，即信息元的引力值越大，越接近视觉的中心，反之则越远离视觉中心，位于视觉中心位置的是生产一次通过率，其次是及时交货率，然后是 ANDON 响应时间和未完成订单数量信息元，其他信息元依据引力值大小逐次排布。二级信息

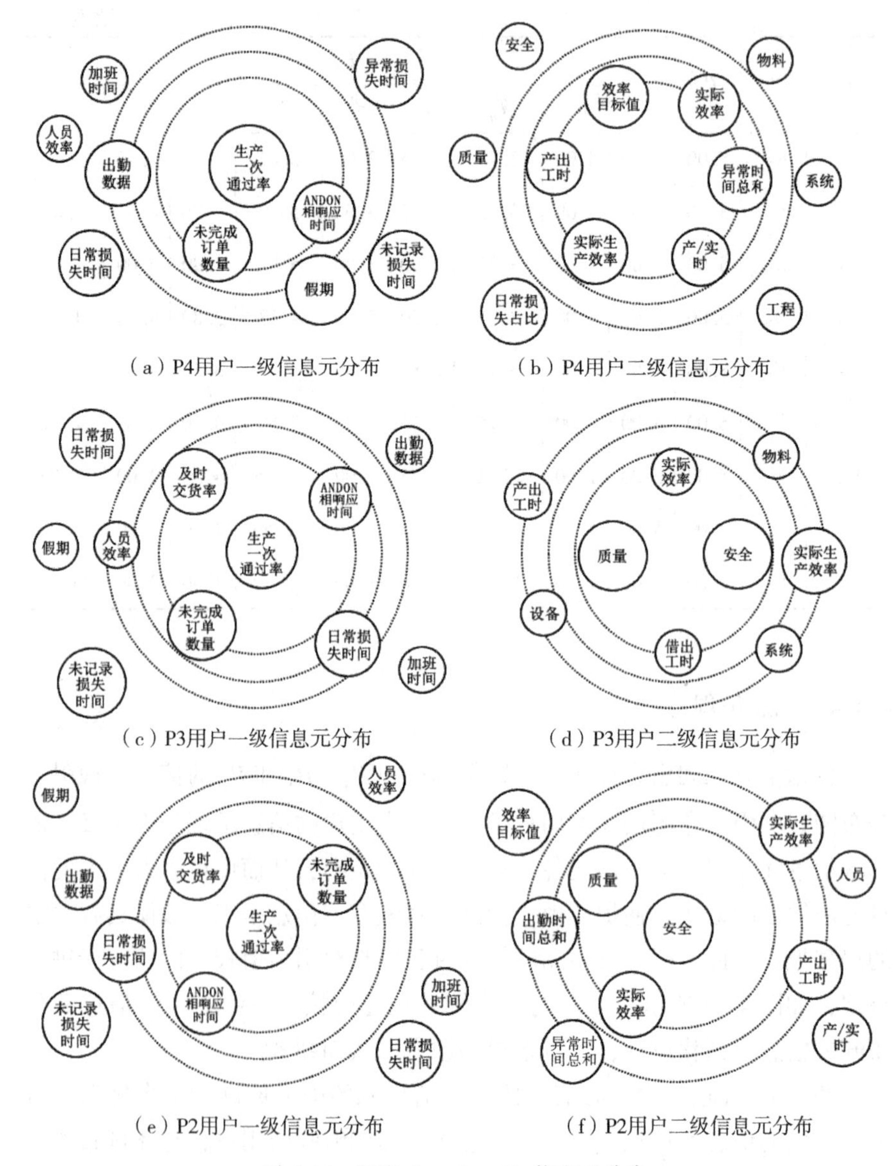

（a）P4用户一级信息元分布　（b）P4用户二级信息元分布

（c）P3用户一级信息元分布　（d）P3用户二级信息元分布

（e）P2用户一级信息元分布　（f）P2用户二级信息元分布

图 4-18　用户 P_4、P_3、P_2 信息元分布

元中安全和质量信息元引力值较大，均为 7.92，然后是引力值为 7.50 的信息元，其次是引力值为 7.08 的信息元。

基于 P_2 工程师用户引力值，整个引力分布图以信息元生产一次通过率为中心呈放射状，然后是未准时完成订单数量、及时交货率和 ANDON 响应时间。二级信息元中安全信息元引力值较大，均为 5.88，其次是引力值为 5.75 的质量信息元，再次是引力值为 5.50 的信息元。

本章小节

本章从信息的认知加工处理过程阐述操作员的信息获取行为；从工业制造系统的信息表征角度探讨数据信息的视觉呈现方式；基于工业制造系统中信息元之间的连接关系，构建引力算法模型，优化人机交互界面中多类型用户的信息呈现。

第5章　工业信息任务时序的信息流规律

5.1　任务域-信息结构关联的信息流向

5.1.1　任务域模型

任务模型的构建是指从用户历史行为的研究中获取用户完成目标任务的操作行为流程，为更好地描述用户与系统的交互过程提供指引。任务域模型是一种基于抽象层级理论的任务信息结构分析模型，帮助设计师进行以目标为导向、与任务相关联的信息解构，从理论上有效解决任务-信息的关联分析问题。

抽象层级理论是生态界面设计的重要组成部分，有别于传统的自底向上的表示法体系，抽象层级将某一个或一类复杂的任务环境定义为一种多层级的组织，自顶向下地解释人类与界面信息的交互行为。抽象层级的分析是对任务环境的分析，而非具体任务的分析，即它分析整个控制系统，这可以使人们不局限于某一具体情形或事件，因此具有更好的适应性。基于该理论的任务域分析则是对任务进行逐级细分，拆解成一个个具有特定含义的子任务，如图5-1所示，从顶至下展开信息分析，从而判断层级的哪些部分与当前目标有关，并解决相应的信息呈现问题。

任务域模型中不仅将任务进行划分，同时通过构建"任务-信息"的关联映射有助于梳理相应人机交互界面的信息元呈现需求。任务域中"任务-信息"关联映射具有以下特征：

(1)在任务域分析的过程中，任务域(work domain)中一般包含多个子任务(task)。务的完成具有明显的时间效应，可以依据任务的开始时间TB、终止时间TE将该任务定位在用户的工作时间轴 t 上。

(2)每个任务(task)都与某个或某些特定的界面视觉元素(info)有关，

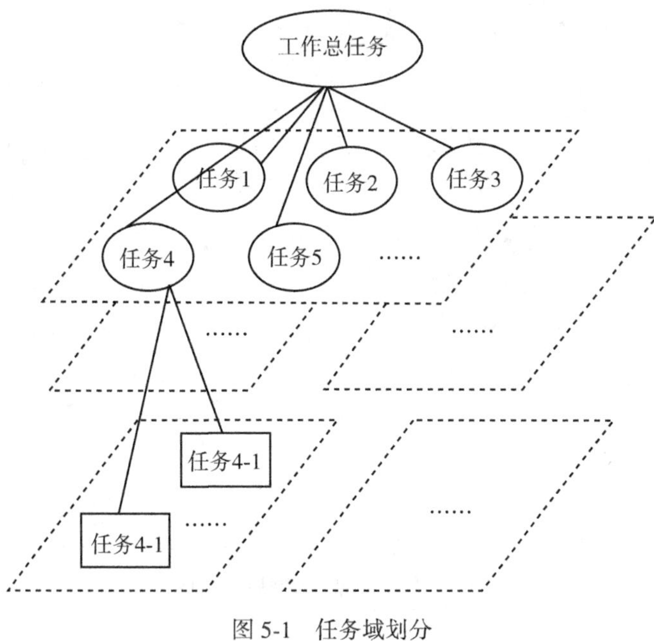

图 5-1 任务域划分

人类的主动搜索行为将围绕这些界面视觉元素展开。

(3)任务域与任务、任务与界面视觉元素之间均为一对多的映射关系，即在一条任务时间轴上可能存在多个重复的任务，一个特定的任务往往由多个界面视觉元素共同构成。

5.1.2 工业信息的任务域

在人机交互界面中，可以通过任务域与任务，任务与界面视觉元素之间构建一对多的“任务-信息”映射关系，建立任务模型。如图 5-2 所示，由映射关系可以看出，每一个基本任务的完成时长都不相同；且每一个基本任务都会映射出多个视觉信息元素；不同的基本任务存在相同的信息元素。

本节以某工业制造的管理系统为例，分析工业制造系统中多个人机交互界面的任务逻辑。由于子任务与某些特定的界面视觉元素相关，存在一对多的映射关系，需要分析任务过程中信息的视觉流向性、功能区的组间关系以及信息元素的重要度对用户的影响。应用任务域模型展开“任务-信息”的关联映射，如图 5-3 所示。通过该任务域模型可知该工业制造系统的整体信息架构，并基于多用户以及多任务的信息关联，构建任务与信息之间的逻辑关系，优化系统信息的逻辑结构、布局方式以及视觉呈现。

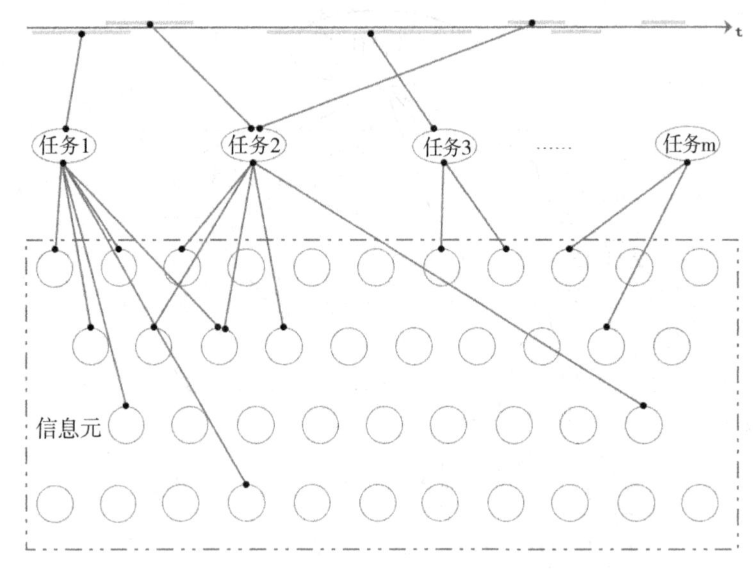

图 5-2　任务模型(薛澄岐，2015)

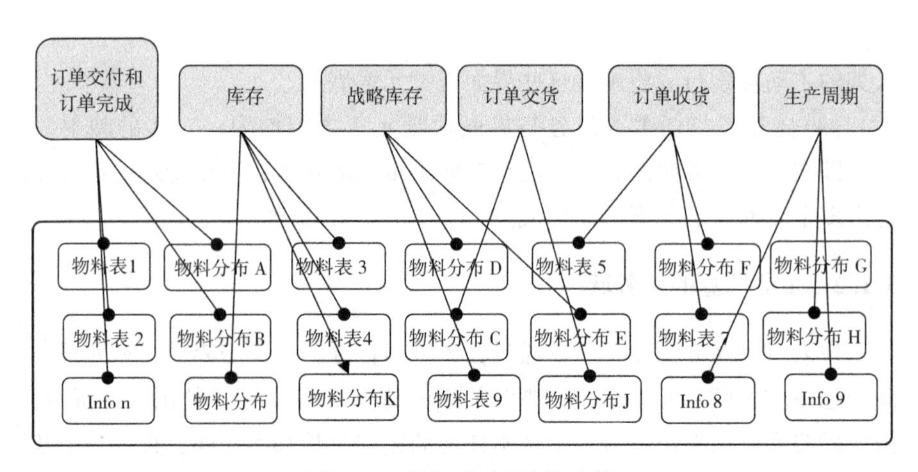

图 5-3　“任务-信息”关联映射

根据任务域理论，构建工业制造系统的任务信息框架，由图 5-4 所示。主要分为以下步骤：

(1)确定工业制造系统所涉及的用户对象；

(2)根据用户的工作职责以及任务分析确定其子任务；

(3)针对所要完成的子任务在人机交互界面上进行信息筛选，以快速获取用户所需的信息元素，如根据自己的实际需求对日期、物料种类等信息进行快速筛选；

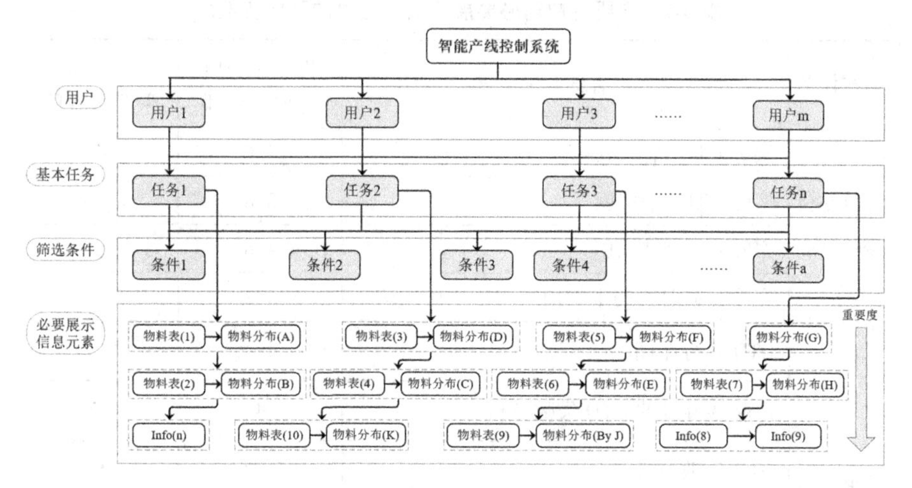

图 5-4　工业制造系统的任务信息架构模型

(4)通过用户访谈以及问卷调研，梳理不同用户的信息需求，并且结合任务分析相关联的信息元组合成信息块。然后通过信息元重要度需求调研进行人机交互界面的信息元的合理布局，一般采用信息块重要度较高的位于界面左上方，重要度较低的位于右下方的方法。

5.1.3　信息元关联性分析

1. 子任务信息元的重要度

为了获取人机交互界面信息元素较优的布局方式，对不同用户开展子任务信息元重要度调研。通过 5 阶李克特量表测量采购工程师、计划工程师、制造工程师以及质量工程师的任务信息的重要度需求。针对采购工程师以及计划工程师设计了 6 大类，共 48 项指标评价，包括订单交付和订单完成(OTD&OFT)、库存(inventory)、战略库存(inventory-DDMRP)、订单交货(LT-PDT)、订单收货(LT-GR)、生产周期(LT-PLT)6 类任务中的所有信息。针对制造工程师设计了 1 大类，共 4 项指标评价，包括生产周期(LT-PLT)任务中的所有信息。针对质量工程师设计了 1 大类，共 8 项指标评价，包括订单收货(LT-GR)任务中的所有信息。问卷调查共发放 37 份问卷，发放对象为某企业部门不同职位的 37 名工程师，均为专家用户，最终回收有效问卷 37 份。经过调研获得各信息元素的重要度均值如表 5-1~表 5-3 所示。

表 5-1 主要用户对必要展示信息元素的重要度汇总

基本任务	信息元素	重要度均值 计划工程师	重要度均值 采购工程师
订单交付和完成	实际 OTDr 平均值	4. 6	4
	实际 OTDc 平均值	3. 8	3. 5
	实际 OFT 平均值	4. 8	3
	实际完成时间的平均值	4. 2	3
订单交付和完成	OTD 月分布图	4. 4	4. 25
	产品族维度的 OTD 失败分析	4	3. 25
	OTD 失败改进表	4. 8	5
	OFT 机会改进表	4. 8	3
	OFT 分布图	4. 4	—
	OFT 风险调节表	4. 6	—
库存	库存	—	3. 75
	总库存	—	3. 5
	成品库存	—	3. 75
	原材料库存	—	2. 75
	成品库存机会改进	4. 8	4. 5
	成品月分布图	4. 8	—
	原材料月分布图	4. 6	3. 75
	ABC/XYZ 维度的原材料分布图	—	2. 75
	采购员维度的原材料分布图	4. 2	4
	原材料库存机会改进表	4. 8	4. 5
战略库存	库存机会改进	4. 6	4
	总量	4. 4	3. 5
	总的种类	3. 6	4
	库存风险调节	4. 6	4. 5
	12 个月实际最小批量值和推荐值之间的对比	4	2. 75
	3 个月实际最小批量值和推荐值之间的对比	4	4

续表

基本任务	信息元素	重要度均值 计划工程师	重要度均值 采购工程师
战略库存	MOQ 机会改进	4.6	4.75
	MOQ 风险调节	4.6	5
订单交货	PDT 月分布图	3.8	4.25
	ABC/XYZ 维度的 PDT 分布图	4.4	3.25
	PDT 机会改进	4.4	5
	PDT 分布图	3.8	3.75
	PDT 风险调节	4.6	4
	前 15 的可改进供应商	4.4	5
	前 15 的可改进物料类别	—	3.75
订单收货	GR 月分布图	4	3.75
	IQC 检验失效分析	—	—
	检验失败可供改进的物料	4.6	4
	GR 机会改进	4.4	4
	GR 分布图	3.8	2.5
	GR 风险调节	4.4	3.25
	前 15 的可改进供应商	4.6	4.75
	前 15 的可改进物料类别	—	3.5
生产周期	总的产能基准数据	3.8	2.25
	PLT 月分布图	4	3.25
	PLT 物料使用量改进	4.4	2.5
	从订单创建到释放原材料阶段的物料分布图	3.8	3
	从释放原材料到开始组装的物料分布图	4	3
	从开始组装到完成组装阶段的物料分布图	4.2	3
	从订单创建到释放原材料的物料机会改进	3.8	4
	从释放原材料到开始组装的物料机会改进	4	4
	从开始组装到完成组装的物料机会改进	4.6	4

表 5-2 质量工程师对必要展示信息元素的重要度汇总

基本任务	信息元素	重要度均值
订单收货	GR 月分布图	4.11
	IQC 检验失效分析	3.89
	检验失败可供改进的物料	2.89
	GR 机会改进	3.56
	GR 分布图	2.89
	GR 风险调节表	4.44
	前 15 的可改进供应商	3.22
	前 15 的可改进物料类别	3.11

表 5-3 制造工程师对必要展示信息元素的重要度汇总

基本任务	信息元素	重要度均值
生产周期	从释放原材料到开始组装的物料分布图	2.7
	从开始组装到完成组装的物料分布图	4.8
	从释放原材料到开始组装的物料机会改进	2.7
	从开始组装到完成组装的物料机会改进	4.2

2. 信息元关联性分析

信息元不仅是信息结构的功能单位，也是构成信息结构的基础。由于工业制造系统的信息量大，任务流程复杂，需要进一步组合信息块，将任务相关的信息元进行整合，从而便于用户对大量信息的搜索认知。

在计划工程师以及采购工程师的订单交付和订单完成(OTD & OFT)任务中，实际 OTDr 平均值(Actual Ave. OTDr)、实际 OTDc 平均值(Actual Ave. OTDc)、实际 OFT 平均值(Actual Ave. OTF)和实际完成时间的平均值(Actual Ave. Fill Time)这 4 个信息元素同属于数据文本信息。在任务过程中，计划工程师需要将这 4 个数据进行相互比较，从而展开管理工作。因此，需要组合这些信息元，整合为物料总产能信息块，便于相关用户对该类信息的查看。

在计划工程师以及采购工程师的订单交付和订单完成任务中，当工程师对 OFT 机会改进表中的物料进行针对性改进，需要先从物料表单中根据改进值的大小找出具体需要改进的物料编号，然后在 OFT 分布图中查看该物料号各阶段的组装情况，并且在计划工程师以及采购工程师的订货收货(LT-GR)任务中，工程师需要先查看 GR 机会改进，再查看 GR 分布图，完成涉及失败物料的任务。由此可见，机会改进表、风险分布图在不同阶段中总是属于同一个任务信息流。因此，可将机会改进表、风险调节表整合为信息块。

在计划工程师以及采购工程师的“战略库存”任务中，由于该阶段不存在具体物料的分布图，工程师需要先查看 MOQ 机会改进和风险调节相关物料后，再将该物料编号的实际最小批量值与推荐值进行对比。此外，用户需要先查看 DDMRP 机会改进和风险调节相关物料后，再查看该物料的库存数量以及所属的物料种类是否充足。所以，将这 2 个任务流所涉及的信息元素分别组合成信息块。

通过对其他信息元的梳理以及任务分析，最终组合成的信息块如表 5-4~表 5-9 所示。

表 5-4　主要用户关于“OTD & OFT”的信息块

主要用户	信息块
计划工程师	OFT 机会改进、OFT 分布图
	OTD 失败改进、产品族维度的 OTDr 失败分析
	OFT 风险调节、OFT 分布图
	实际 OTDr 平均值、实际 OTDc 平均值、实际 OFT 平均值、实际完成时间的平均值
采购工程师	OTD 失败改进、产品族维度的 OTDr 失败分析
	实际 OTDr 平均值、实际 OTDc 平均值、实际 OFT 平均值、实际完成时间的平均值

表 5-5　主要用户关于“库存”的信息块

主要用户	信息块
计划工程师	成品库存机会改进、成品数量月分布图
	原材料库存机会改进、采购员维度的原材料分布图、原材料月分布图

续表

主要用户	信息块
采购工程师	原材料库存机会改进、采购员和 ABC/XYZ 维度的原材料分布图、原材料月分布图
	总库存、成品库存、原材料库存、半成品库存

表 5-6 主要用户关于“LT-PDT”的信息块

主要用户	信息块
计划工程师/采购工程师	PDT 风险调节、PDT 分布图
	PDT 机会改进、PDT 分布图

表 5-7 用户关于“LT-GR”的信息块

用户	信息块
计划工程师/采购工程师	GR 机会改进、GR 分布图
	GR 风险调节、GR 分布图
质量工程师	GR 机会改进、GR 分布图
	GR 风险调节、GR 分布图
	IQC 检验失效分析、检验失败可供改进物料

表 5-8 用户关于“LT-PLT”的信息块

用户	信息块
计划工程师/采购工程师	从开始组装到完成组装的物料机会改进及其分布图
	从释放原材料到开始组装的物料机会改进及其分布图
	从订单创建到释放原材料阶段的物料机会改进及其分布图
	实际 PLT 值、PLT 最小值、PLT 最大值、频次、95%的置信区间
制造工程师	从开始组装到完成组装的物料机会改进及其分布图
	从释放原材料到开始组装的物料机会改进及其分布图

表 5-9　主要用户关于"战略库存"的信息块

主要用户	信息块
计划工程师/采购工程师/	MOQ 风险调节、实际最小批量值和推荐值之间的对比
	DDMRP 风险调节、数量、种类
	MOQ 机会改进、实际最小批量值和推荐值之间的对比
	DDMRP 机会改进、数量、种类

3. 信息块重要度分析

基于前文的信息元重要度调研以及信息元关联性分析，需要进一步对组合后的信息块进行重要度分析，从而完善人机交互界面的呈现布局。由于信息块存在多个信息元，信息块的重要度评价取决于该信息块中信息元素的重要度最大值。针对不同用户的信息块重要度如表 5-10 ~ 表 5-15 所示。

表 5-10　主要用户关于"OTD&OFT"的信息块重要度

信息块	计划工程师	采购工程师
OFT 机会改进、OFT 分布图	4. 8	—
OTD 失败改进、产品族维度的 OTDr 失败分析	4. 8	5
总的产能基准数据	4. 8	4
OFT 风险调节、OFT 分布图	4. 6	—
OTDr 月分布图	4. 4	4. 25
OFT 机会改进	—	3

表 5-11　主要用户关于"库存"的信息块重要度

信息块	计划工程师	采购工程师
成品库存机会改进、成品数量月分布图	4. 8	—
原材料库存机会改进、采购员维度的原材料分布图、原材料月分布图	4. 8	—
成品库存机会改进	—	4. 5
原材料库存机会改进、采购员和 ABC/XYZ 维度的原材料分布图、原材料月分布图	—	4. 5
总的产能基准数据	—	3. 75

表 5-12 主要用户关于“战略库存”的信息块重要度

信息块	计划工程师	采购工程师
MOQ 风险调节、实际最小批量值和推荐值之间的对比	4. 6	5
DDMRP 风险调节、数量、种类	4. 6	4. 5
MOQ 机会改进、实际最小批量值和推荐值之间的对比	4. 6	4. 75
DDMRP 机会改进、数量、种类	4. 6	4

表 5-13 主要用户关于“LT-PDT”的信息块重要度

信息块	计划工程师	采购工程师
PDT 风险调节、PDT 分布图	4. 6	4
PDT 机会改进、PDT 分布图	4. 4	5
前 15 的可改进供应商	4. 4	5
ABC/XYZ 维度的 PDT 分布图	4. 4	3. 25
PDT 月分布图	3. 8	4. 25
前 15 可改进物料类别	—	3. 75

表 5-14 用户关于“LT-GR”的信息块重要度

信息块	计划工程师	采购工程师	质量工程师
前 15 的可改进供应商	4. 6	4. 75	3. 22
检验失败可供改进的物料	4. 6	4	—
GR 机会改进、GR 分布图	4. 4	4	3. 56
GR 风险调节、GR 分布图	4. 4	3. 25	4. 44
GR 月分布图	4	3. 75	4. 11
前 15 可改进物料类别	—	3. 5	3. 11
IQC 检验失效分析、检验失败可供改进物料	—	—	3. 89

表 5-15 用户关于“LT-PLT”的信息块重要度

信息块	计划工程师	采购工程师	制造工程师
从开始组装到完成组装的物料机会改进及其分布图	4. 6	4	4. 8

续表

信息块	计划工程师	采购工程师	制造工程师
PLT 物料使用量改进	4.4	2.5	—
PLT 月分布图	4	3.25	—
从释放原材料到开始组装的物料机会改进及其分布图	4	4	2.7
从订单创建到释放原材料阶段的物料机会改进及其分布图	3.8	4	—
总的产能基准数据	3.8	2.25	—

5.1.4　任务逻辑-信息结构关联模型

1. 主要用户的任务逻辑-信息结构关联模型

面向采购工程师和计划工程师的任务逻辑-信息结构关联模型，如图 5-5 和图 5-6 所示。用户需要经历从基本任务到选择筛选条件再到查看必要展示信息元素的任务流程。必要展示信息元素中信息块的布局方式是根据重要度从大到小排列的，OTD 失败改进对应的信息块的重要度值最大，所以将其置于上方，OFT 机会改进这一信息块的重要度值最小，所以将其置于下方，根据重要度值从左往右、从上往下依次排列。

通过所建立的任务模型可以看出，采购工程师和计划工程师在完成工作的过程中，均需要面临订单交付和订单完成（OTDr&OFT）、库存（Inventory）、战略库存（Inventory-DDMRP）、订单交货（LT-PDT）、订单收货（LT-GR）、生产周期（LT-PLT）6 个方面数据进行查看并分析的基本任务。在功能区部分，虽然两类用户的基本任务相同，但是每个基本任务拆解成的子任务和任务的完成流程都不相同，所以面向两者所构建的信息结构也完全不同。

2. 次要用户的任务逻辑-信息结构关联模型

面向质量工程师和制造工程师的任务逻辑-信息结构关联模型在建立方式上与主要用户相同，如图 5-7 和图 5-8 所示。

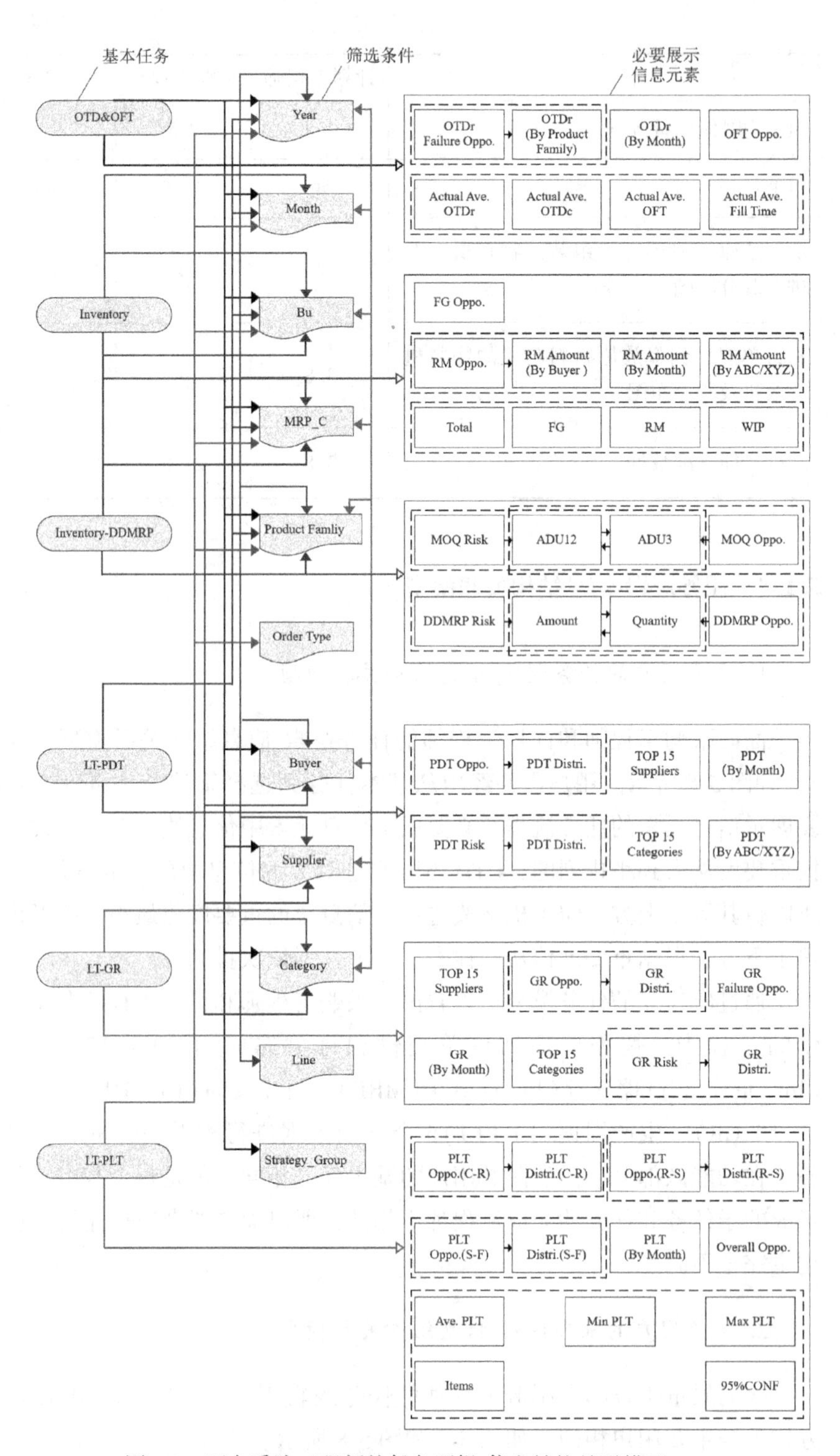

图 5-5 面向采购工程师的任务逻辑-信息结构关联模型

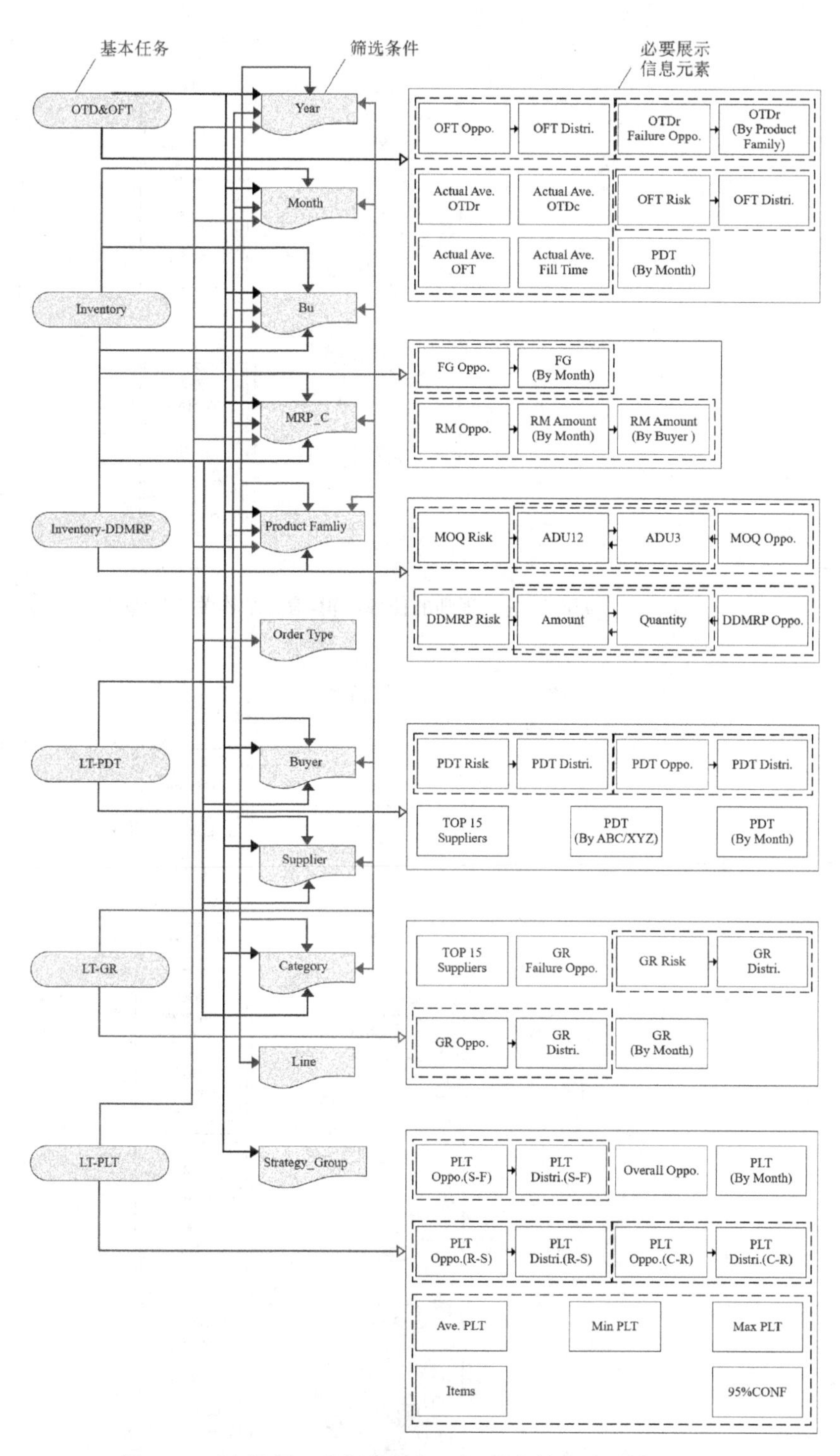

图 5-6　面向计划工程师的任务逻辑-信息结构关联模型

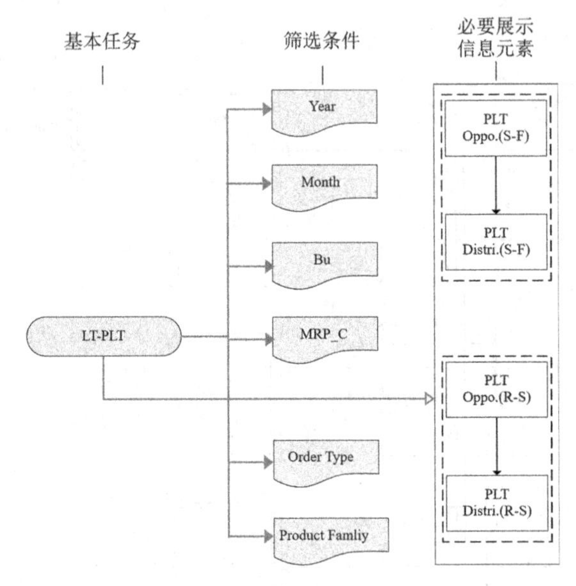

图 5-7 面向质量工程师的任务逻辑-信息结构关联模型

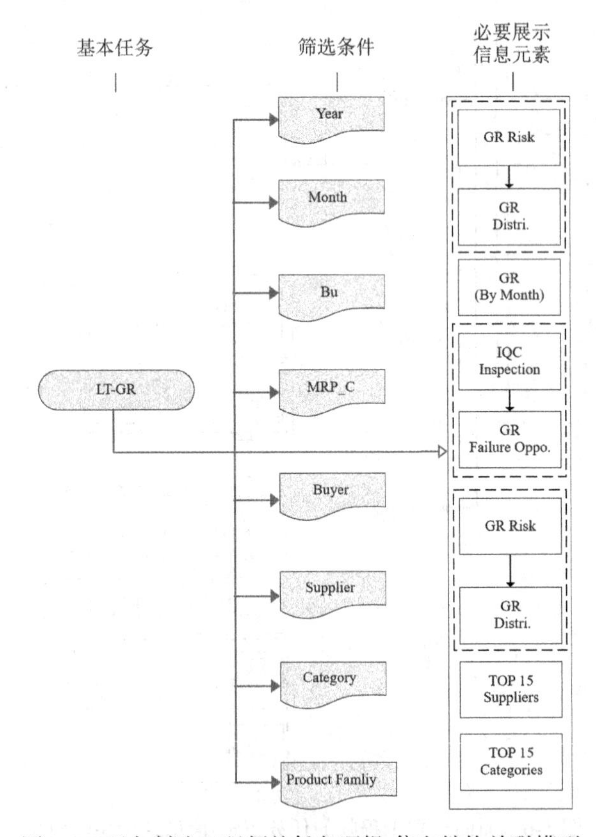

图 5-8 面向制造工程师的任务逻辑-信息结构关联模型

由所建立的任务模型可看出，次要用户相较于主要用户面临的基本任务显著减少。质量工程师在完成工作的过程中，需要面临对订单收货(LT-GR)相关数据进行查看，并分析的基本任务，而制造工程师面临的则是生产周期(LT-PLT)的基本任务。

5.2　功能布局-视觉感知关联的信息流向

5.2.1　视觉感知强度

1. 视锥细胞分布特性

人眼视网膜上的感受器细胞分为锥状细胞和杆状细胞，它们对人眼接收信息起主要作用，决定着人眼视觉特性。其中，视锥细胞属于明视觉感受器，在明光照环境下起主要作用。视锥细胞是视网膜上一种色觉感光细胞，因树突呈锥形而得名；在相对明亮的光线下，其功能最佳。人类每只眼球视网膜有 600 万~700 万个视锥细胞，大多分布在视网膜黄斑处，周围逐渐减少。视锥细胞主要负责颜色识别，并且在相对较亮的光照下更能发挥作用。人的眼睛内有几种辨别颜色的锥形感光细胞，分别对黄绿色、绿色和蓝紫色(或称紫罗兰色)的光最敏感。视锥细胞形成的视觉信号复合后为人呈现了色彩缤纷的世界。

视锥细胞在视网膜上呈非均匀分布，如图 5-9 所示，视锥细胞在视角

图 5-9　视锥细胞分布特性

中心2°的范围内布最为密集，其密度由视角中心向外逐渐减小。而人眼看事物的清晰度也是由视线中心向外逐渐降低，该变化规律与视锥细胞的分布特性相一致。也就是说，人眼视觉感知强度随着视锥细胞密度变化呈正相关变化，从视角中心至视角边缘，视锥细胞密度的越来越小，视觉感知的强度越来越低。

2. 视觉感知强度模型

根据人眼视角的相关研究理论，人眼在正常情况下视角约为124°，该视角的辨别范围包括颜色、文字和字母。在集中注意力时，人眼的凝视角为正常情况下视角的1/5，即26°左右，因此视线中心与凝视角的夹角在12°~13°之间，而人眼最敏锐的视角在视线中心的2°范围，如图5-10所示。

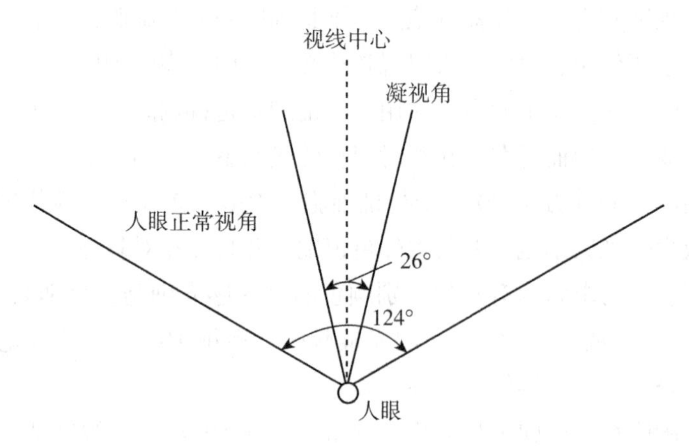

图5-10　人眼视角与凝视角示意图

根据上述视觉感知理论，视觉感知强度的变化规律与视锥细胞分布规律一致，由中心向边缘递减。根据人眼直视界面时，在界面上不同位置的视线与视角中心线所成夹角，建立不同等级的感知强度区域范围，确定界面中各区域的视觉感知强度等级。视觉感知场与视网膜上视锥细胞分布类似，因此视觉感知区域为圆形，如图5-11所示，人眼与界面距离为L，视线与中心线的夹角为θ，其半径r计算公式为：

$$r = L\tan\theta \tag{5.1}$$

根据人机交互界面实际使用情况和本研究的量化需要，以视觉中心为圆心作5个同心圆，将界面分为6个视觉感知强度区域，由界面中心向边缘，视觉感知强度逐渐升高。将人眼注意时的凝视角26°按等差数列分成

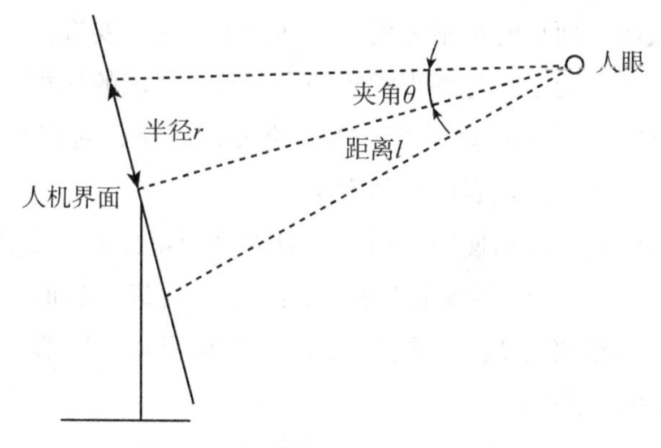

图 5-11 视觉感知区域计算示意图

5 个等级区域，即 2°、8°、14°、20°、26°。根据式(5.1)可计算出各角度对应的界面各视觉感知强度区域的半径。其中，处于视觉中心的 2°内的区域，视觉感知强度最高，定为第一视觉感知强度等级区域。依此类推，第五等级区域以外的区域，定为第六视觉感知强度等级区域。

以如图 5-12 所示的矩形交互界面为例，根据以上理论，运用式(5.1)求出各视角对应的感知区域半径，将界面划分为 6 个不同的视觉感知强度区域，由内到外，分别为第一至第六等级区域，视觉感知强度逐渐降低。由此建立了基于视锥细胞分布特性的人机交互界面视觉感知强度模型。

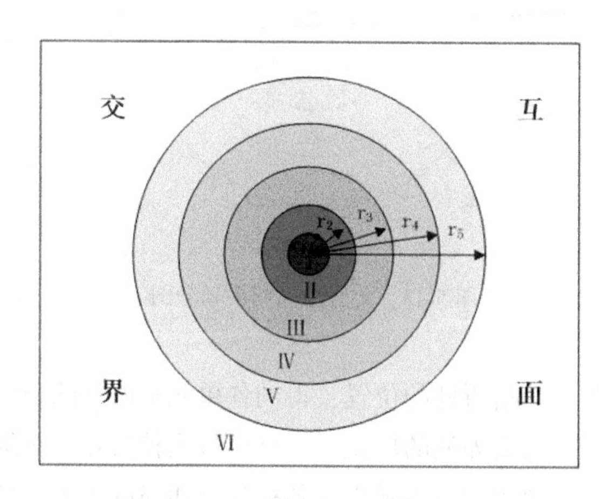

图 5-12 视觉感知强度模型

3. 人机交互界面的视觉感知强度划分

功能区形状各异，且感知强度划分的区域为环形，计算功能区在视觉强度等级区域所占面积时很不方便。此外，本研究需要进行数学建模，找到界面优化方法。为了量化各视觉感知强度等级区域的面积，以及各功能区的面积，并方便数学模型计算，本研究使用网格，对交互界面进行划分，由网格的多少定量代表面积的大小。

最小单元网格，根据使用习惯，一般划分为正方形，设其边长为 d，规定最小单元（正方形）的面积与视觉感知第一等级区域面积大小一致。人眼与交互界面距离为 L，根据式(5.1)，求得视觉感知第一等级区域的半径 r，由此可得下式：

$$d^2 = \pi r^2 \tag{5.2}$$

$$d = r\sqrt{\pi} \tag{5.3}$$

由此可得到最小单元正方形的边长 d，再根据交互界面的长和宽，将整个交互界面划分为多个以 d 为边长的基本单元。对于界面边缘不完整的小正方形，可以忽略。结果如图 5-13 所示。

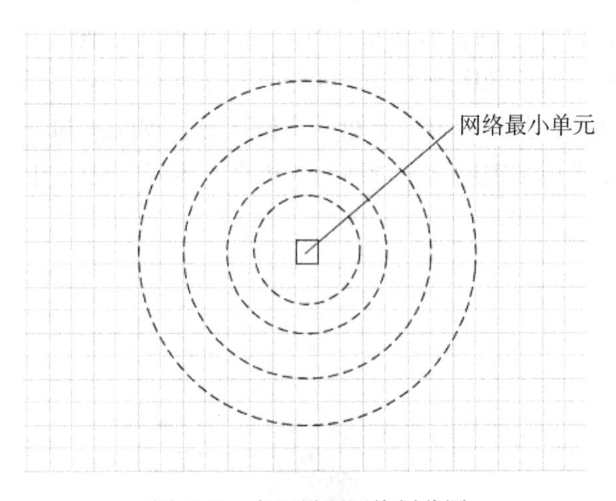

图 5-13　交互界面网格划分图

可以根据各单元格所处的位置，得到各单元格所处的视觉感知强度等级。处于两等级区域交界处的单元格，可通过比较其在各等级区域所占面积选定等级。以不同的颜色表示界面各视觉感知强度等级区域，建立基于单元格划分的视觉感知强度模型，如图 5-14 所示。本节将以典型监控任务界面为例，展开已划分信息布局的视觉感知强度分析，为优化人机交互界面的功能布局提供依据。

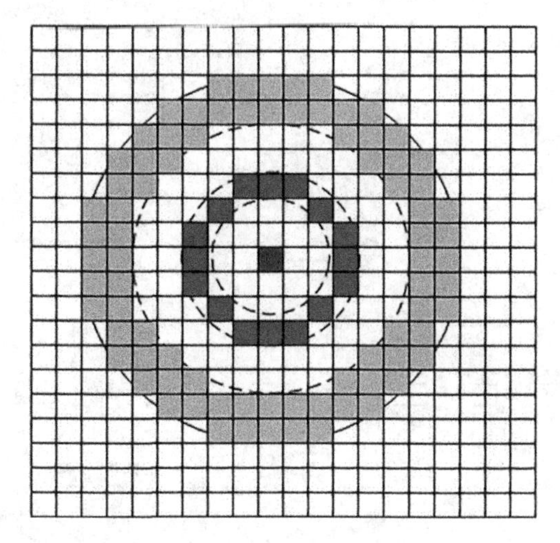

图 5-14　划分后的视觉感知强度模型(见彩图)

5.2.2　典型监控任务界面分析

1. 界面功能区域划分

本节以核电站硼和水补给系统的典型补给操作任务为对象，该系统任务中包含慢稀释、快稀释、硼化、自动补给和手动补给 5 种类型。按任务操作相对的各功能区控制的设备不同，可进一步划分界面功能区，如图 5-15 所示。A~H 的功能区域名称分别为：水补给水箱功能区 A，水补给泵功能区 B，水补给旁路功能区 C，水补给化学原料添加功能区 D，控制台功能区 E，硼酸配制存储功能区 F，硼和水泵、阀功能区 G，硼和水化学容积功能区 H。划分后的界面各功能区将作为界面布局的对象，分析各功能区的最优分布方式。

2. 界面布局分析

根据功能区划分，界面应按照图元关系、任务逻辑合理安排图形图像和文字位置进行。通过调研硼和水补给系统界面呈现内容，结合功能区 A~H 对应的操作任务展开分析，发现存在如下问题：部分相关元件或控制图符排列无序，指示元件图符与控制元件图符对应关系不明确，元件或控制图符布置过密或较散等。

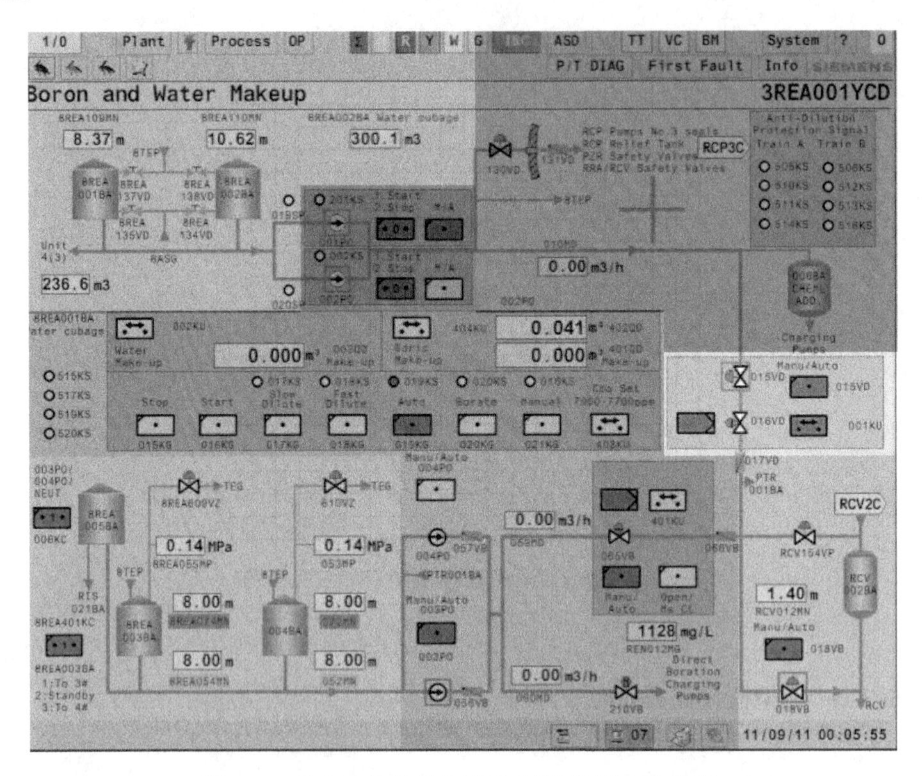

图 5-15　硼和水补给系统界面功能区划分(见彩图)

5.2.3　监控任务界面的视觉感知强度模型

1. 视觉感知强度设定

根据视觉感知强度模型，界面划分由内到外依次为第 Ⅰ ~ Ⅴ 视觉感知强度区域半径分别为 $r_1 \sim r_5$，其他为第Ⅵ强度区域。为量化各视觉感知强度等级区域和各功能区的面积，使用网格划分。根据视觉感知强度等级区域的面积，建立单元格划分后的视觉感知强度模型，以半径不同的各圆形区域表示各视觉感知强度等级区域。

2. 硼和水补给系统界面的视觉感知强度模型

核电厂主控室操纵员进行界面操作时的视距范围为 380 ~ 760mm，选取固定视距为 550mm。设定的 L(人眼与系统界面之间距离)和 θ(界面中某区域与视线成的夹角)，得到视觉感知强度区域半径 r 的公式：

$$r = L\tan\theta \tag{5.4}$$

人眼注意时的凝视角为 26°，将此凝视角按等差数列分成 5 个等级区域，即 2°、8°、14°、20°和 26°。将视角值代入式(5.4)，可计算出各视角对应的 r。

则第 1 强度等级的半径为：

$$r_1 = 550\tan 2° = 19.2\text{mm}$$

根据感知强度面积公式，网格单元边长为：

$$a = r\sqrt{\pi} = 19.2\sqrt{\pi} = 34.02\text{mm}$$

第 Ⅰ ~ Ⅴ 视觉感知强度各区域对应的视角不同，因此求得的半径不同。分别为：

$$r_2 = 550\tan 8° = 77.3\text{mm}$$

$$r_3 = 550\tan 14° = 137.13\text{mm}$$

$$r_4 = 550\tan 20° = 200.17\text{mm}$$

$$r_5 = 550\tan 26° = 268.25\text{mm}$$

统计划分后的视觉感知强度模型可得，界面划分成了 27×41(=1107) 个小单元，即硼和水补给系统界面视觉感知强度模型，如图 5-16 所示。

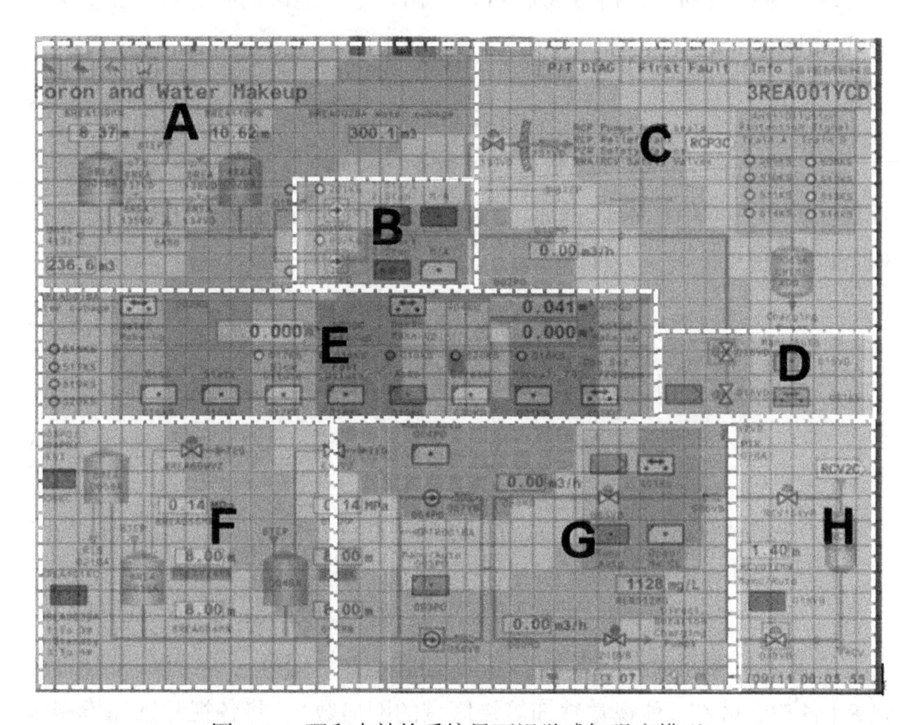

图 5-16　硼和水补给系统界面视觉感知强度模型

3. 定义线性规划算法

根据功能区重要度、功能区面积大小、功能区所在区域的感知强度，可以定义线性规划算法。首先给出以下定义：

(1) $W=(\omega_A,\ \omega_B,\ \cdots,\ \omega_H)$：图中 A ~ H 不同功能区的重要度集合，$\omega_i$ 表示 i 的重要度值，i = A，B，⋯，H。

(2) $D=(d_1,\ d_2,\ \cdots,\ d_6)$：各视觉感知强度等级的权重集合，相应的 d_j 表示 j 视觉感知强度等级区域，$j=1,\ 2,\ \cdots,\ 6$。

(3) 决策变量：S_{ij} 表示对 i 功能区在第 j 视觉感知强度等级区域所占的单元格数，如 $S_{A2}=4$ 表示 A 功能区在第 2 视觉感知强度等级区域占 4 个网格。求得参数，可知各功能区分别在不同等级区域所占单元格数，展开布局调整。因此，将 S_{ij} 定为决策变量。

(4) 功能区视觉传达指数的集合为 R，$R=(r_A,\ r_B,\ \cdots,\ r_H)$，$r_i$ 表示第 i 功能区的强度视觉传达指数。

根据视觉感知强度等级权重 d_j、功能区重要度 ω_i 以及该功能区在 j 强度等级区域内占的单元格数 S_{ij}，可计算出某个功能区的视觉传达指数 r_i，公式如下：

$$r_i = \sum_{j=1}^{m} d_i\, \omega_i\, s_{ij} \tag{5.5}$$

目标函数：以界面的视觉传达指数为该模型的目标函数，即将界面中各功能区的视觉传达指数相加，得到整个界面的视觉传达指数 Z，公式如下：

$$Z = \max\left(\sum_{i=A}^{H} \sum_{j=1}^{6} d_i\, \omega_i\, s_{ij}\right) \tag{5.6}$$

约束条件：以各功能区、等级区域的自身面积作为约束条件。

$$\sum_{i=A}^{H} s_{ij} = s_j \tag{5.7}$$

$$\sum_{j=1}^{6} s_{ij} = s_i \tag{5.8}$$

$$\sum_{j=1}^{6} s_j = \sum_{i=A}^{H} s_i \tag{5.9}$$

统计原始硼和水补给系统界面的功能区重要度 ω_i，界面布局决策变量 S_{ij}(各功能区在6种视觉感知等级区域的网格数)，将各视觉感知模型等级权重 d_j 代入界面布局的视觉传达指数式(5.6)，求得原始界面的视觉传达指数 Z 为 625.5。

5.2.4　监控任务界面的视觉传达指数

根据式(5.6)，代入数据可得关联效应的线性规划模型的目标函数表达式为：

$$Z = \max\left(\sum_{i=A}^{H}\sum_{j=1}^{6} d_i\,\omega_i\,s_{ij}\right) \tag{5.10}$$

$$\begin{aligned}&= 0.0556 \times (d_1 \cdot s_{A1} + d_2 \cdot s_{A2} + \cdots + d_5 \cdot s_{A5} + d_6 \cdot s_{A6})\\&\quad + 0.0349 \times (d_1 \cdot s_{A1} + d_2 \cdot s_{A2} + \cdots + d_5 \cdot s_{A5} + d_6 \cdot s_{A6})\\&\quad + \cdots + 0.0738 \times (d_1 \cdot s_{A1} + d_2 \cdot s_{A2} + \cdots + d_5 \cdot s_{A5} + d_6 \cdot s_{A6})\end{aligned}$$

根据式(5.9)和式(5.10)可得约束条件表达式为：

$$\begin{cases} s_{A1} + s_{B1} + s_{C1} + \cdots + s_{G1} + s_{H1} = 1 \\ \cdots\cdots \\ s_{A6} + s_{B6} + s_{C6} + \cdots + s_{G6} + s_{H6} = 543 \\ s_{A1} + s_{A2} + s_{A3} + s_{A4} + s_{A5} + s_{A6} = 178 \\ \cdots\cdots \\ s_{H1} + s_{H2} + s_{H3} + s_{H4} + s_{H5} + s_{H6} = 88 \end{cases}$$

根据视觉传达指数与信息传达效率成正相关可知：目标函数达到最大值时，可得到决策变量 s_{ij} 的最优解。

通过 Matlab 编程并运行得到一组决策变量 s_{ij} 的最优解，见表 5-16(未列出的决策变量结果为 0)。由决策变量值可得出各功能区的分布位置，求出的决策变量最优解即为界面布局的最优方案。此时，目标函数即视觉传达指数 Z 的最大值为 870.36，相对于原始界面的视觉传达指数 625.5，提升了 39.1%。

表 5-16　界面布局决策变量最优解

决策变量	S_{A5}	S_{B1}	S_{B6}	S_{C3}	S_{C4}	S_{D5}	S_{E5}	S_{E6}	S_{F2}	S_{F6}	S_{G5}	S_{H6}
结果	191	1	39	116	114	44	48	102	20	178	165	88

5.2.5　监控任务界面的最优布局

由此可知，$S_{A5}=191$，$S_{B1}=1$ 表示 A 功能区在视觉感知强度模型中第五等级区域占 191 个单元格，B 功能区在第一等级占一个单元格，即 A 功能区位置保持不变，B 功能区尽量往中心等级区域方向调整。

$S_{C3}=116$，$S_{C4}=114$ 表示 C 功能区分别在视觉感知强度模型中第三等级和第四等级区域占 116 和 114 个单元格，即 C 功能区应向左靠拢。

$S_{E5}=48$，$S_{E6}=182$ 表示 E 功能区分别在视觉感知强度模型中第五等级和第六等级区域占 48 和 182 个单元格，即 E 功能区需要往界面边界方向调整。E 功能区为控制台功能区，“快稀释”“慢稀释”“硼化”“手动补给”“自动补给”这 5 种经典操作都需要先查询相关监控区域数据进而计算后，再用 E 功能区的总开关进行启动。根据人眼从左至右、从上到下的扫视规律，将 E 功能区调整至右上方，这样以便于查询数据计算后，再开启控制台开关，减少搜索路径。同时，将 E 功能区的监视性设备与控制设备分开，可以减少视觉认知中注意干扰。综合最优解和实际界面面积考虑，将 E 功能区调整成垂直结构。

$S_{F2}=20$，$S_{F6}=178$，$S_{G5}=165$，$S_{H6}=88$ 代表了 F、G、H 3 个功能区的分布，根据模型和实际操作规程可得，此 3 个功能区之间的相对位置可保持不变，为了 E 功能区和保护信号的布置，将其整体向左调整。

防稀释保护信号处于原始界面的右上角，水容积信号处于原始界面的中央左侧，由于此部分设备属于辅助性设备，在任务执行过程中不涉及，所以将其整理调整到界面视觉感知强度等级较低的右下角。E 功能区中的控制台部分界面调整至右上角，由此界面的左侧组成了一个次级监控控制区域。

以上过程的界面功能区布局调整示意如图 5-17 所示。

因此，根据决策变量最优解得出的界面布局最优方案，可进行界面布局优化。如 $S_{G2}=20$，$S_{G3}=116$，$S_{G4}=58$ 分别表示 G 功能区即硼、水泵和阀功能区，在第 2、3、4 视觉感知强度等级区域所占单元格数分别为 20、116、58 格，即表明该功能区应尽量多分布于 2、3、4 等级区域。

因此，在保持各功能区相对位置规程前提下，可根据最优解调整功能布局如下：①将 E 控制台功能区分成 2 部分；将需要密切监视的流量等数值显示区域，置于中间位置；②将控制阀门功能区调整至左上角，符合人眼从左至右扫视规律；③将 C 水补给旁路功能区中认知工作较少的图符，调整至右下角。同时，优化图符、色彩、功能区间距，更改数值文本框背景色为黑色，并采用渐变圆环提高认读的数字范围，功能布局优化后的设计方案，如图 5-18 所示。

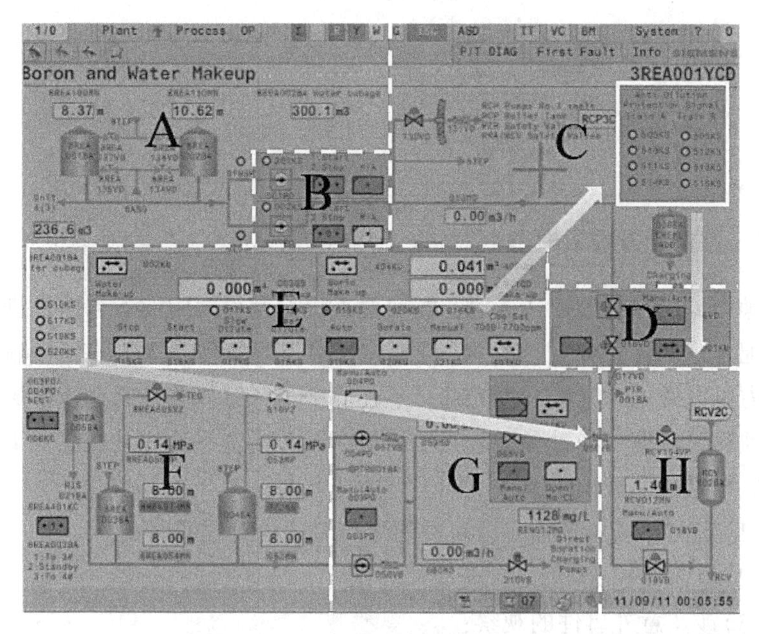

图 5-17　界面功能区布局优化示意图

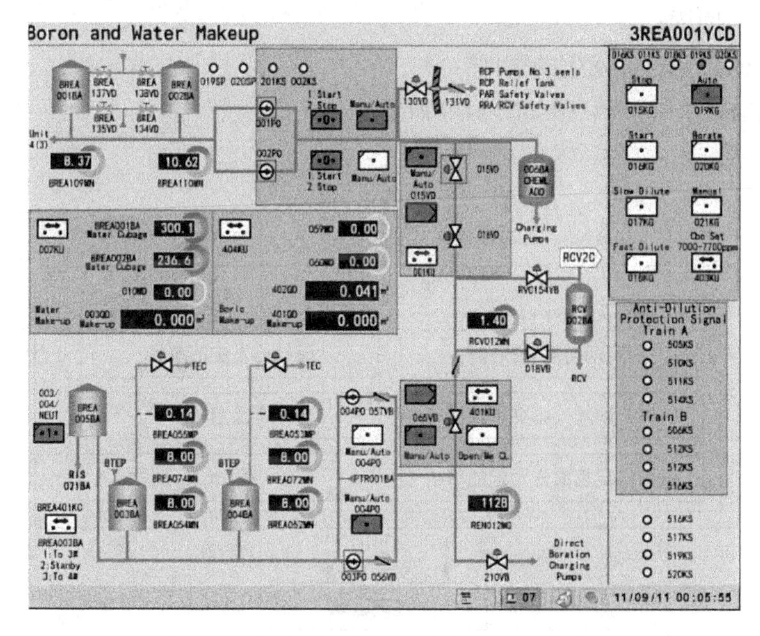

图 5-18　优化后的硼和水补给界面(见彩图)

根据统计结果及式(5.6)，可计算优化后界面布局的视觉传达指数 Z 为 794.25(计算过程同上)，相比原来的界面布局，视觉传达指数提高了 26.98%。

5.3 任务序列-视野位置关联的信息流向

5.3.1 监控任务搜索模型

操作员在进行监控任务时，需要对人机交互界面中的各类信息进行注意分配，这种注意分配被称为“选择性注意”。如果用灯光进行比喻，则注意力可以类比为光线。灯光选择了环境中某一区域并且照亮该区域，则可以理解为注意力经过分配后关注于该区域。当选择性注意在视觉工作空间中展开时，一般用于6种不同类型的任务中：

(1)定向与场景扫描，即观看图片与阅读新出现的网页；

(2)界面监控；

(3)涉及意外事件的观察；

(4)搜索特定且事先预定的事物；

(5)阅读；

(6)确认已经发生的事件。

选择性注意示意图如图5-19所示。

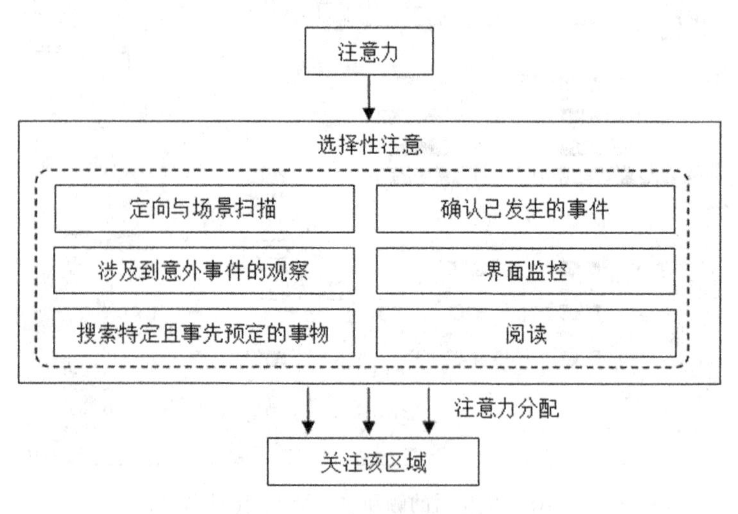

图5-19　选择性注意示意图

在操作员对人机交互界面进行监控时，需要用到“选择性注意”对注意力进行分配。下面为进一步分析监控与搜索在注意分配中的作用，介绍威肯斯提出的监控任务 SEEV 模型与视觉搜索 SSTS 模型。

1. 监控任务 SEEV 模型

当视线收到注意力的驱动后，集中于某个区域上，这个区域被称为“兴趣区”(AOI，area of interest)。AOI 是一个物理区域。人眼在扫描一个 AOI 时，大约花费 1/3 秒。在一次监控任务中，决定人眼注意哪一个 AOI 的因素有四种：显著性(salience)、努力(effort)、期望(expectancy)与价值(value)，构成监控任务 SEEV 模型，如图 5-20 所示。

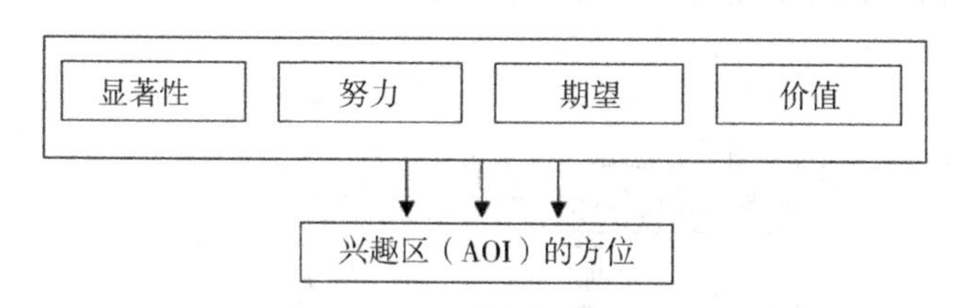

图 5-20　监控任务 SEEV 模型示意图

显著性(salience)是指 AOI 的显著程度，即 AOI 的颜色、形态、大小等与背景的区别程度。高显著性的 AOI 能够吸引更多的注意。

努力(effort)是指注意在转移到下一个 AOI 时所需要耗费的精力。注意转移越频繁，耗费的精力就越大，造成的视觉疲劳就越多。同时，不同范围的视觉转移活动，所需要的努力也不同。当下一个 AOI 距离上一个小于 20°视角时，注意转移只需一次眼动，这时所需要的努力是最小的。而当下一个 AOI 区域超过 40°时，注意转移需要同时进行眼动和头部转动，此时所需要的努力比仅发生眼动要大。当下一个 AOI 区域超过 90°时，注意转移需要身体转动，此时所需的努力更大。

期望(expectancy)是指注意力更加倾向于关注活动频繁的区域。在一个界面中，如果某一 AOI 突然出现一活动或者醒目的物体，那么注意力将转移至这一区域内。同理，一个 AOI 出现变化的概率越高，注意力越有可能转移到此 AOI 上。

价值(value)是指信息的重要性。监控界面中，操作员将重点监控正在发生进展的区域。这表明该区域的信息在此时就有很高的重要性，即很高的价值。

SEEV 模型可以在监控任务中预测注意的分配，也可以预测监控任务的忽视期。该模型在对于信息交互界面的设计具有极高的价值，能够提高操作员的搜索效率、减少视觉疲劳和减少人因出错，因此可以运用于信息交互界面的优化中。

2. 视觉搜索 SSTS 模型

在操作员监控人机交互界面时，需要寻找某一特定信息，这个寻找过程中将发生视觉搜索。在视觉搜索中，人的视线将按照一定规律寻找目标物。当视线寻找到目标物时，搜索就会停止。搜索时间随着项目数的增加而增加，与项目数呈一次函数关系。这种搜索模型被称为序列自行终止搜索模型(serial self-terminating search，SSTS)，如图 5-21 所示。

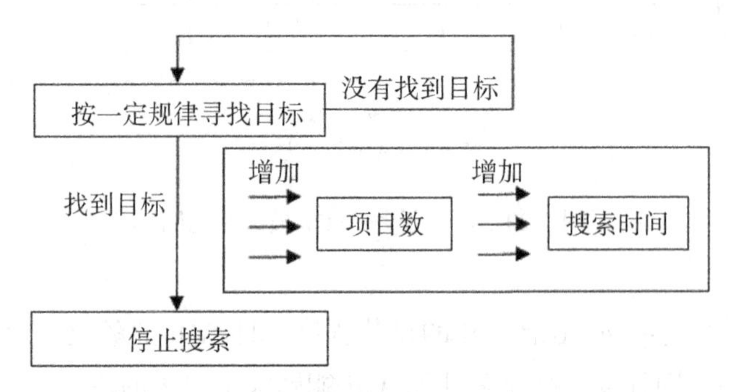

图 5-21　SSTS 模型的基础解释示意图

为了对 SSTS 模型进行完整的解释，可通过如下 9 个方面解释该模型的完整性。

(1)搜索不会总是自动停止。在寻找多个目标物中，若有目标物没有找到，将会进行完全搜索。目标物数量与搜索时间成正比。

(2)搜索不总是系列性的。这一点在一定程度上违背了 SSTS 模型。当在众多相同或者类似目标中寻找某一突出目标时，会发生平行搜索，即突出目标从搜索区域跳出。这种情况也称为目标弹跳。

(3)在搜索中，若目标物的特征混合着多种属性，例如目标物形状与颜色的混合，那么搜索每个项目的时间会增加。这种情况称为联合搜索。

(4)在搜索中，若难以从干扰物中区分目标物，就有可能发生序列搜索。当目标物与干扰物特征差异很小时，搜索时间会随着目标物数量的增加而增加。

(5)在搜索中，寻找相同特征的干扰物比寻找不同特征的干扰物更加容易。

(6)在搜索中，有特定属性的干扰物比无特征属性的干扰物更加容易找到。

(7)在搜索中，目标物与干扰物排列紧致或者松散对搜索时间的影响有限。

(8)在搜索中，如果同时搜索多个目标，搜索速度比只搜索单一目标慢。

(9)如果对参与目标搜索的操作员进行长时间训练，可以使目标搜索绩效提高到自动化水平。此时，目标搜索将不再受到目标数目影响。

SSTS 搜索模型较为全面的分析目标搜索中的各种情况，可以涵盖大部分目标搜索任务。本章中将按照威肯斯提出的 SSTS 搜索模型建立任务序列-视野位置关联的信息流向。

5.3.2　监控任务的视野位置

根据视觉生理机能可知，视网膜内不同区域分布着视锥细胞与视杆细胞。靠近视网膜中部视锥细胞最多，因此视网膜中部视敏度最高，边缘部位视敏度较低。那么，视敏度差异是否对人体的视觉认知与加工有影响呢？国外学者对此开展研究发现，人眼对位于不同视角的目标物进行视觉加工与认知的能力均不相同。在对于人眼水平视觉的初步研究中发现，人眼在距离双眼中心线 60°以内的范围，可以辨识字母、数字与颜色；而在视线超过 60°时，辨识字母与颜色的能力逐渐消失。由此可知，空间位置因素影响着人的视觉加工认知。

可以将映射在视网膜上图像分为 3 个区域，中央窝视觉区(foveal region)、副中央窝视觉区(parafoveal region)与边缘视觉区(perpheral region)。中央窝视觉区包括 2°视角以内的区域，副中央窝视觉区包括视角 2°~10°之内的区域，边缘视觉区是除去中央窝与副中央窝视觉区之外的全部范围，如图 5-22 所示。中央窝视觉区内，视觉的分辨能力最强，语意加工能力最强。副中央窝视觉区内，识别能力及视觉灵敏度均不如中央窝视觉区，但仍可以进行语意加工。边缘视觉区内视觉灵敏度最差，并且不能进行语意加工。

操作员的视野位置在中央窝、副中央窝与边缘视觉区这三种不同视觉区内，人的视觉加工与认知能力是不同的。本章将视野位置的视觉原理运用于监控任务的视觉搜索中，结合监控任务 SSEV 模型和视觉搜索 SSTS 模型，探索不同视野位置与监控任务序列的关系。

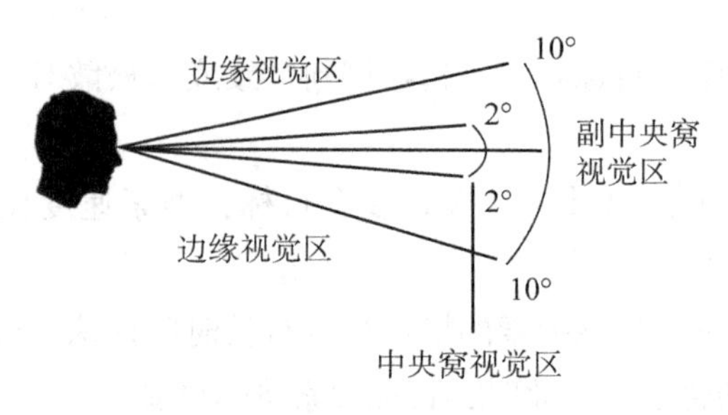

图 5-22 三个视觉区域

5.3.3 监控任务的视野位置搜索模型

在操作员监控人机交互界面中，按照监控任务的搜索规律，可根据AOI区域和序列搜索，分析任务的操作顺序及相应的监控信息视野位置的关系。设定第一步操作所对应信息区域，依次设定寻找第二步、第三步操作所对应信息区域的位置。当监控人员的眼球注视第一步操作信息区域时，其兴趣区(AOI)为第一步操作信息所对应区域，此时监控人员的中央窝视觉区将正对第一步操作所对应的信息区域。根据人眼对应于不同视角的目标物进行视觉加工与认知的能力均不相同(Yarbus，1967)，方向与形状等语意信息只能在副中央窝视觉区内得到加工。因此，当监控人员继续寻找第二步信息的位置时，注意力进行重新分配，AOI 发生转移。那么，第二步操作信息位置在第一步操作信息位置的副中央窝视觉区内，该步骤搜索的信息视野位置为优，信息将更容易搜索到，搜索效率较高；反之，第二部操作信息位置在边缘视觉区，该步骤搜索的信息视野位置较差，信息不容易搜索到，搜索效率也偏低，并容易造成注意转移。如图 5-23 所示为监控任务的视野位置搜索模型。在该模型中，操作员先对信息块位置进行判断，若信息块位置符合视野位置规律，则能容易找到目标，此时具有较高的搜索效率；若信息块不符合视野位置规律，则按照 SSTS 模型对不同信息块类型的区分，并结合其特征开展对应的目标搜索。若目标物具有突出特征，则会发生平行搜索，此时能够快速找到目标。而如果目标特征复杂或者具有大量干扰物，那么就会发生联合搜索与序列搜索，此时搜索效率低难以找到目标。接下来，将展开典型监控任务界面的视觉搜索实验，探讨任务序列与视野位置关联的视觉流向。

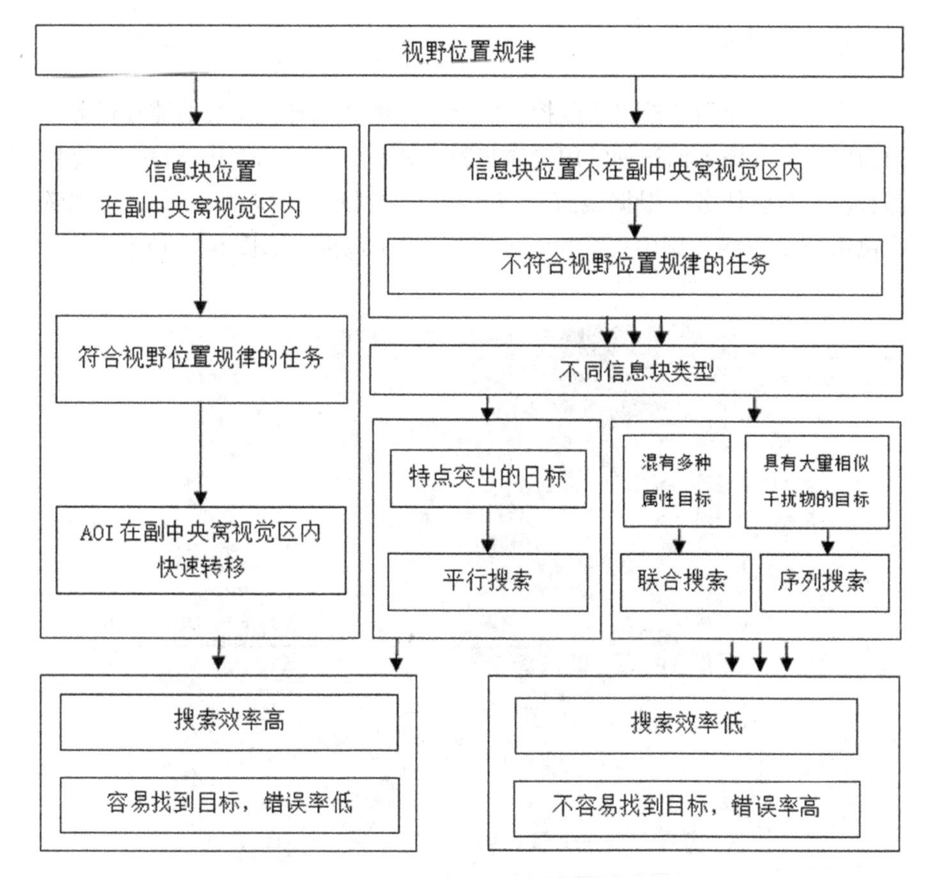

图 5-23　监控任务的视野位置搜索模型

5.3.4　监控任务界面的信息搜索实验

1. 实验目的与假设

有效的信息视野位置应在上一搜索任务的副中央视区内，该信息视野位置优，设为符合视野位置规律。可以提出如下假设：

(1)按照信息所在的中央窝和副中央窝视觉区，可分为符合视野位置的信息块和不符合视野位置的信息块，它们的凝视时间、扫视路径及凝视扫视次数具有明显的差异性；

(2)作为搜索目标，不符合视野位置规律比符合视野位置的信息块，搜索时间更长，扫视轨迹更加复杂，不容易找到目标，影响任务搜索绩效。

2. 实验设计

实验选取典型数控仪表监控，以核电站硼和水补给系统的监控任务界面为例。提取该界面三种常用操作步骤：补给、稀释和硼化。每一步操作都有若干对应任务。根据视野位置理论，取视距为500mm，中央窝视觉区视角为2°以内，副中央窝视觉区视角为10°以内。如图5-24所示。

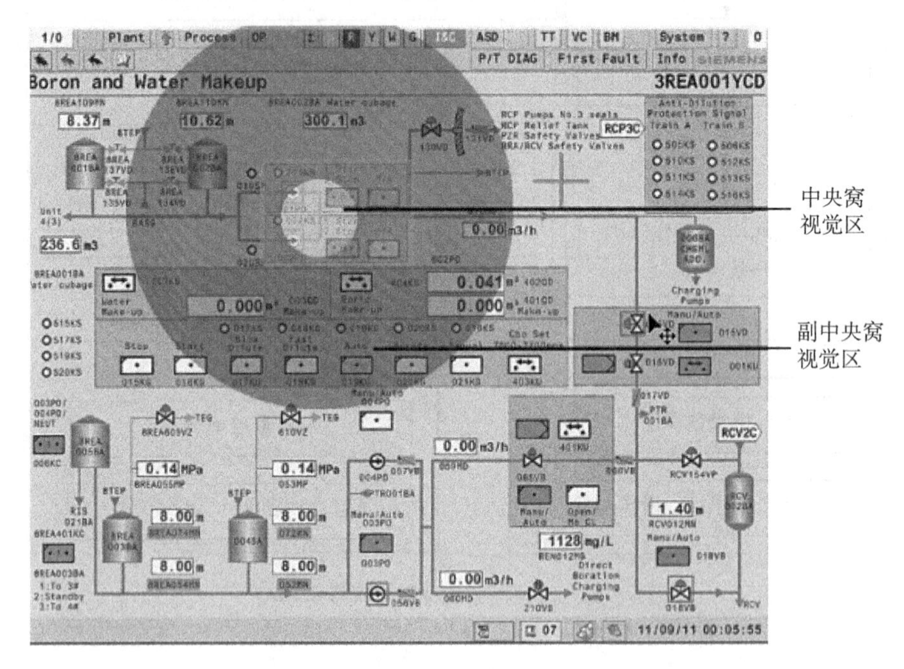

图5-24 首次监控任务的中央窝视觉区与副中央窝视觉区(见彩图)

不同视觉区的半径大小 S=视距×tan(视角)，得出中央窝视觉区的半径为500×tan(2°)= 17. 5mm。副中央窝视觉区的半径为500×tan(10°)= 88. 2mm。如图5-24所示，在交互界面上标出中央窝和副中央窝视觉区，第一步任务所对应的信息块处在中央窝视区(以稀释任务第一步操作为例)。

3. 实验设备与被试

实验采用的设备为Tobii Pro X3. 120眼动仪与台式计算机各一台。选取工科背景的12名大学生作为实验的被试，年龄为20~23岁，视力或矫正视力均正常，无色盲或色弱，均具有多年的计算机系统操作经验。

4. 实验材料与程序

将核电站硼与水补给交互界面作为实验材料，针对 3 种常用任务步骤操作开展视觉搜索任务。被试熟悉硼与水补给交互界面相关信息后，需要在有限时间(10s)内，执行操作第一步任务所对应的信息(黄色区域标出)，寻找信息名称；再进入下一任务。以此类推共计 14 个搜索任务，具体操作程序如图 5-25 所示。本实验以信息的视野位置为变量，将 3 种操作的 14 个任务分为符合视野位置规律的任务(8 个)与不符合视野位置规律的任务(6 个)。研究视野位置规律是否会对流程性任务的目标搜索产生影响。

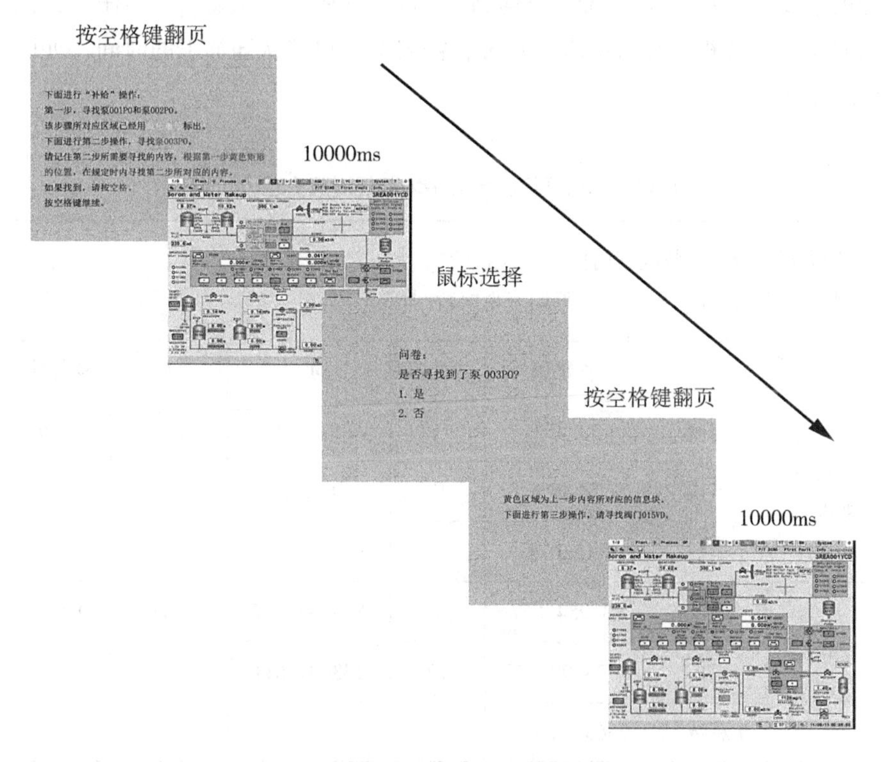

图 5-25　实验程序

5.3.5　任务序列与视野位置的关联性

实验结果输出了 12 名被试的眼动数据，剔除采样率低于 70%的被试眼动数据，将 8 名被试的总凝视时间及次数、总平均扫视时间及次数，以及任务完成总时间与找到次数进行均值分析。将 14 种任务分为符合视野位置规律的任务信息(8 种)和不符合视野位置规律的任务信息(6 种)，对比眼动数据结果。

1. 凝视与扫视

目标搜索的总注视时间为凝视时间总和，能够表明信息的认知加工过程(吴晓莉，2017)。结果表明，总凝视次数($P=0.028$，$P<0.05$，$F=6.217$)与总凝视时间($P=0.033$，$P<0.05$，$F=5.839$)主效应均显著，如表 5-17 所示。符合视野位置规律与不符合视野位置规律任务信息的凝视时间、次数分别呈递增顺序排列，可知“不符合视野位置规律”一类的任务的总凝视次数与总凝视时间均高于“符合视野位置规律”一类任务，说明对于不符合视野位置要求的任务，需要花费更多认知加工的时间，如图 5-26 所示。

表 5-17　平均凝视次数与平均凝视时间方差分析表

平均凝视次数与平均凝视时间主效应检验
(因子：任务类型；因变量：平均凝视次数/时间)

		平方和	自由度	均方	F	显著性
平均凝视次数	组间	38.453	1	38.453	6.217	0.028
	组内	74.222	12	6.185		
	总数	112.675	13			
平均凝视时间	组间	838954.667	1	838954.667	5.839	0.033
	组内	1724299.333	12	143691.611		
	总数	2563254.000	13			

眼睛在寻找目标的过程，称为扫视(Goldberg，1999)。结果表明，扫视次数($P=0.019$，$P<0.05$，$F=7.266$)与凝视时间($P=0.006$，$P<0.05$，$F=11.362$)主效应均显著，如表 5-18 所示。符合视野位置规律与不符合视野位置规律任务的扫视时间、次数分别呈递增顺序排列，可知“不符合视野位置规律”一类的任务的扫视次数与扫视时间均高于“符合视野位置

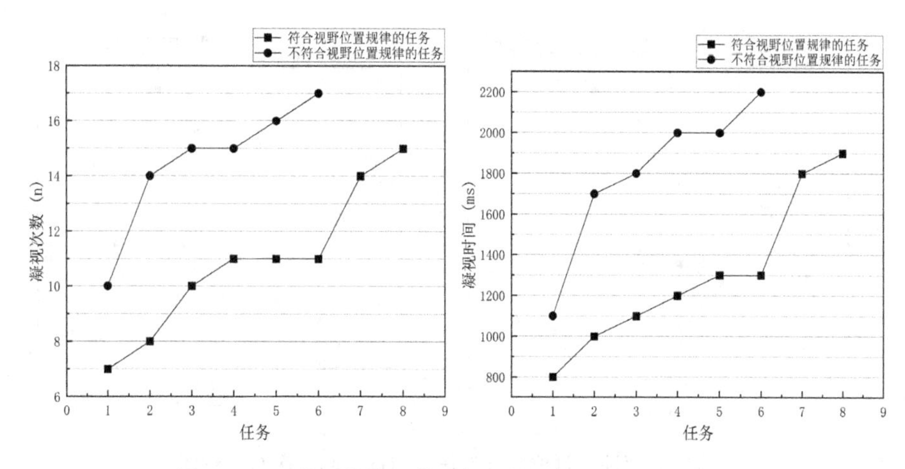

图5-26 两种视野位置类型任务凝视时间、次数比较图

规律”一类任务，说明对于不符合视野位置规律一类的任务，眼睛需要花费更多时间寻找目标，如图5-27所示。

表5-18 平均扫视次数与平均扫视时间方差分析表

平均扫视次数与平均扫视时间主效应检验

（因子：任务类型；因变量：平均扫视次数/时间）

		平方和	自由度	均方	F	显著性
平均扫视次数	组间	316.251	1	316.251	7.266	0.019
	组内	522.294	12	43.525		
	总数	838.546	13			
平均扫视时间	组间	4146371.720	1	4146371.720	11.362	0.006
	组内	4379369.708	12	364947.476		
	总数	8525741.429	13			

2. 任务搜索轨迹

根据凝视与扫视的分析结果，可以进一步分析视野位置规律与扫视轨迹的关系。8名被试各个任务的扫视轨迹图与对应步骤的副中央窝视觉区的叠加图，如表5-19、表5-20所示。对于符合视野位置规律的任务，扫

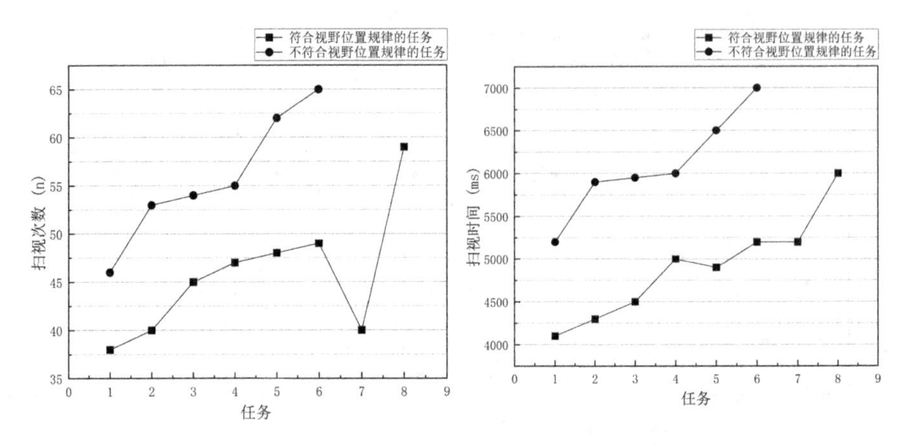

图 5-27　两种视野位置类型任务扫视时间、次数比较图

视轨迹更加紧密，大部分分布在副中央窝视觉区内，表明眼睛在副中央窝视觉区内搜索目标。而不符合视野位置规律的任务，部分扫视轨迹分布于副中央窝视觉区内，部分扫视轨迹分布于副中央窝视觉区外，即边缘视觉区内，并且没有规律。表明眼睛先搜索副中央窝视觉区内的目标，在没有找到对应目标后，开始在边缘视觉区内寻找目标。

表 5-19　各任务扫视轨迹与中央窝副中央窝视觉区叠加表-符合视野位置规律

符合视野位置规律的任务				
扫视轨迹图				
任务名称	补给3	补给4	补给6	硼化1
平均凝视次数	15.25	14	11.13	8.13
平均凝视次数	58.63	48.5	49.63	44.25
扫视轨迹图				
任务名称	硼化2	硼化3	稀释2	稀释3
平均凝视次数	10.13	10.75	11	7.5
平均凝视次数	37.88	37.88	40.13	46.25

表 5-20　各任务扫视轨迹与中央窝副中央窝视觉区叠加表-不符合视野位置规律

不符视野位置规律的任务			
扫视轨迹图	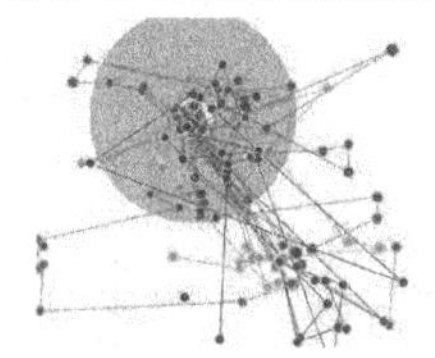	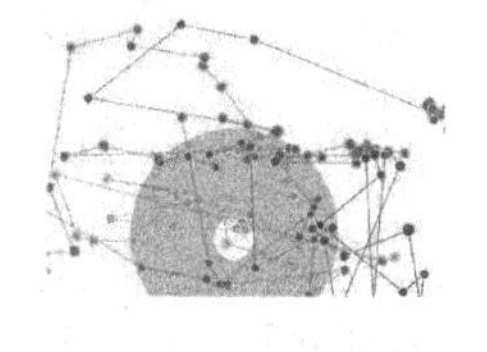	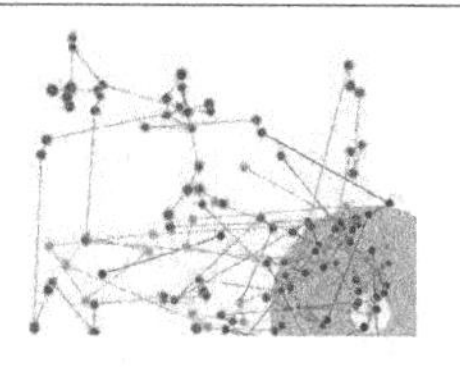
任务名称与凝视、扫视次数	补给 1 平均凝视次数：16.75 平均扫视次数：65.38	补给 2 平均凝视次数：13.75 平均扫视次数：54.25	补给 5 平均凝视次数：16 平均扫视次数：62.25
扫视轨迹图	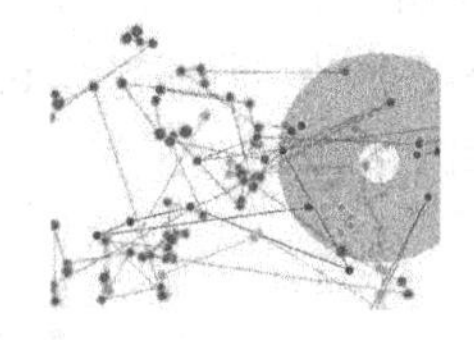	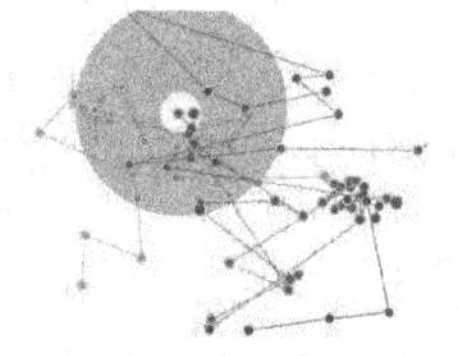	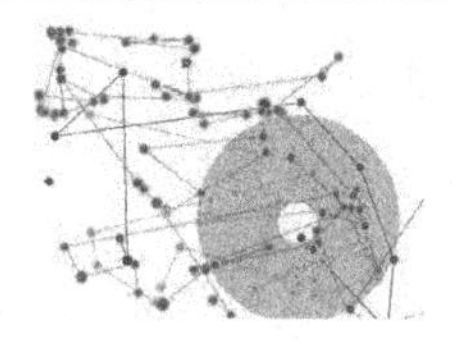
任务名称与凝视、扫视次数	补给 7 平均凝视次数：14.63 平均扫视次数：56.38	稀释 1 平均凝视次数：10.25 平均扫视次数：45.88	稀释 4 平均凝视次数：14.63 平均扫视次数：53.2

3. 任务搜索时间与任务完成度

在一次搜索任务中，被试寻找目标的时间总和，称为反应时间。任务搜索中，每名被试成功寻找到某一目标，记为一次找到个数。结果表明，反应时间($P=0.007$，$P<0.05$，$F=10.485$)主效应显著，如表 5-21 所示。符合视野位置规律与不符合视野位置规律任务的反应时间、找到个数分别呈递增顺序排列，可知“不符合视野位置规律”一类的任务的反应时间高于“符合视野位置规律”一类任务。说明对于不符合视野位置规律一类的任务，被试需要更多时间才能找到目标，如图 5-28 所示。

表 5-21　反应时间与找到个数方差分析表

反应时间与找到个数主效应检验(因子：任务类型 因变量：找到个数/反应时间)						
		平方和	自由度	均方	*F*	显著性
找到个数	组间	20.720	1	20.720	7.164	0.020
	组内	34.708	12	2.892		
	总数	55.429	13			

续表

反应时间与找到个数主效应检验(因子：任务类型 因变量：找到个数/反应时间)						
		平方和	自由度	均方	F	显著性
平均反应时间	组间	9153201.167	1	9153201.167	10.485	0.007
	组内	1.048E7	12	872959.236		
	总数	1.963E7	13			

找到个数($P=0.020$，$P<0.05$，$F=7.164$)主效应显著。这表明，视野位置因素对找到个数有影响。如图 5-28 所示，“不符合视野位置规律”一类任务找到的个数高于“符合视野位置规律”一类任务。说明对于不符合视野位置规律一类的任务，目标更加难以被找到。

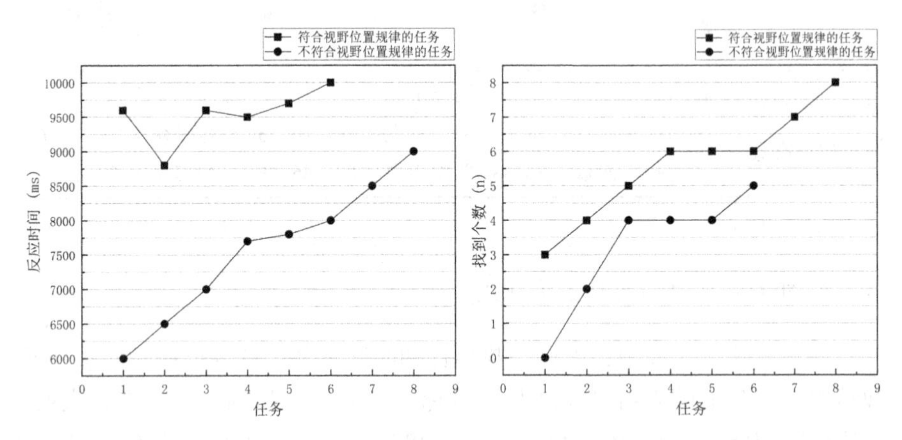

图 5-28　两种视野位置类型任务反应时间、找到个数比较图

4. 不符合视野位置的任务搜索绩效

补给 1 对应的信息块位置远离于上一步所对应的副中央窝视觉区内，如表 5-22 所示。根据扫视轨迹可知，8 名被试在观察第一步对应的信息块之后，开始进行周围搜索，未发现目标情况下进入漫无目的的搜索，即进入边缘视觉区。只有 1 名被试在红色信息块位置搜索(该位置是第二目标区)。根据视觉搜索理论，此处被试发生序列搜索。在此情况下搜索效率较低，难以找到目标。根据两个任务的视区分析可知，任务信息间距过大、缺乏对应指导线索，被试容易进入序列搜索。

分析稀释 4 任务信息，此步骤对应的信息块位置远离于上一步所对应的副中央窝视觉区内。在此步骤中，只有 2 名被试完成任务搜索。分析搜

表 5-22　典型搜索任务分析：补给 1 任务和稀释 4 任务的扫视轨迹与热点(见彩图)

补给1任务信息视野位置	扫视轨迹图与视觉区范围	界面中的扫视轨迹
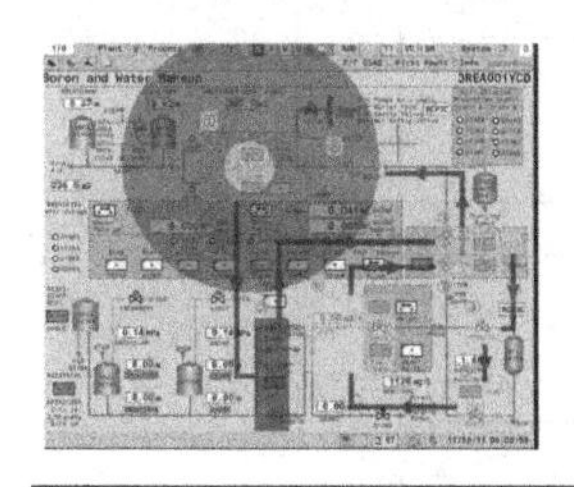	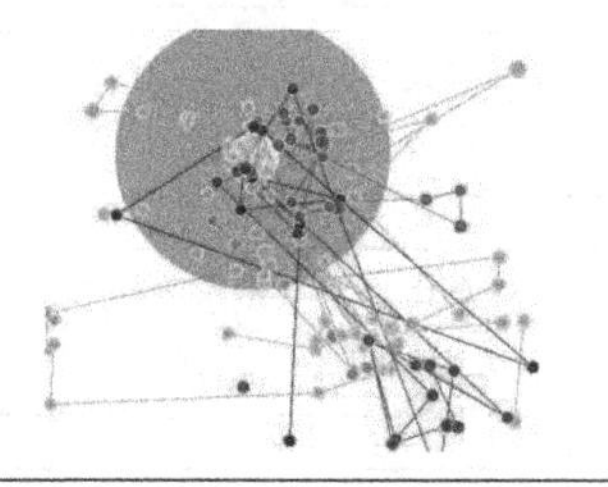	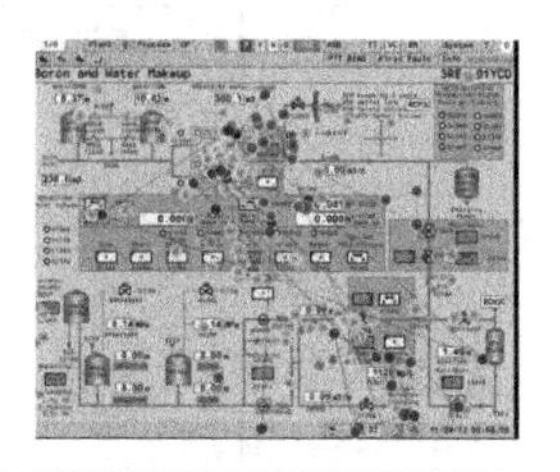
稀释4任务信息视野位置	扫视轨迹图与视觉区范围	界面中的扫视轨迹
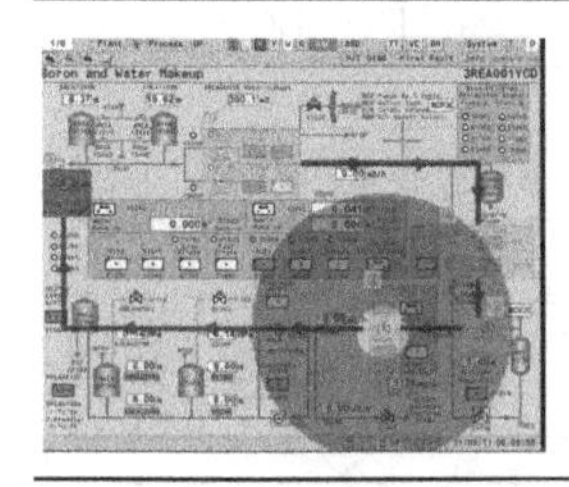	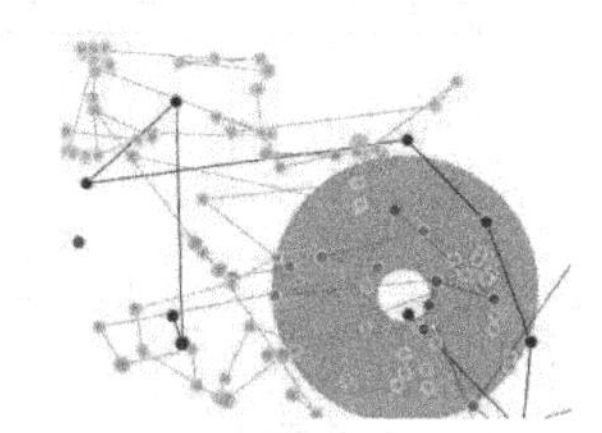	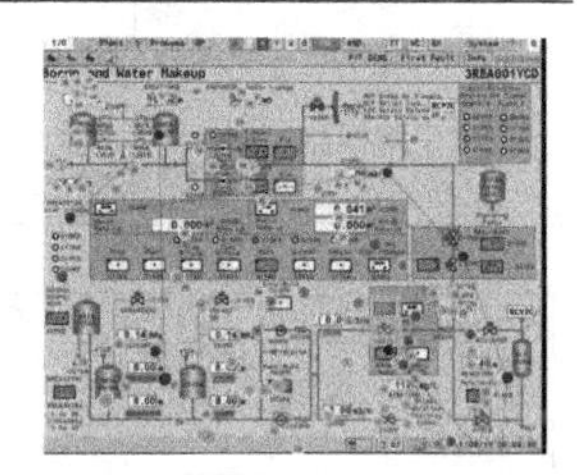

索轨迹可知，在观察到上一步位置的信息块之后，被试开始发生平行搜索，即目标弹跳。视线会优先注意到界面中白色框带有数字的信息块。由于信息分布较对，再次发生序列搜索。该任务说明下一任务远离上一任务的副中央窝视区，将难以快速搜索目标，容易导致注意转移、忽视，最终导致搜索任务失败。

5. 任务序列-视野位置的信息流向关系

根据视距、视角计算出中央窝视觉区和副中央窝视觉区大小，并在界面上标出；根据界面步骤流程，将下一步骤信息块内容放入当前步骤信息块的副中央窝视觉区内；依次进行多个步骤的排版。该准则适用于界面流程类任务监控与界面多任务监控。具体设计准则(图 5-29)如下：

(1)测量操作员眼睛与屏幕之间的距离，记为视距 d。若不同操作员的坐姿习惯不同，则计算所有操作员的平均视距 $\bar{d}$；

(2) 使用三角函数计算视觉区大小；视觉区的半径 $S = \bar{d} \times \tan(m)$；所述 m 为视角；中央窝视觉区的半径 $r = \bar{d} \times \tan(2°)$；副中央窝视觉区的半径 $R = \bar{d} \times \tan(10°)$；

(3)界面上标出中央窝视觉区和副中央窝视觉区，中央窝视觉区和副中央窝视觉区的形状为同心圆；

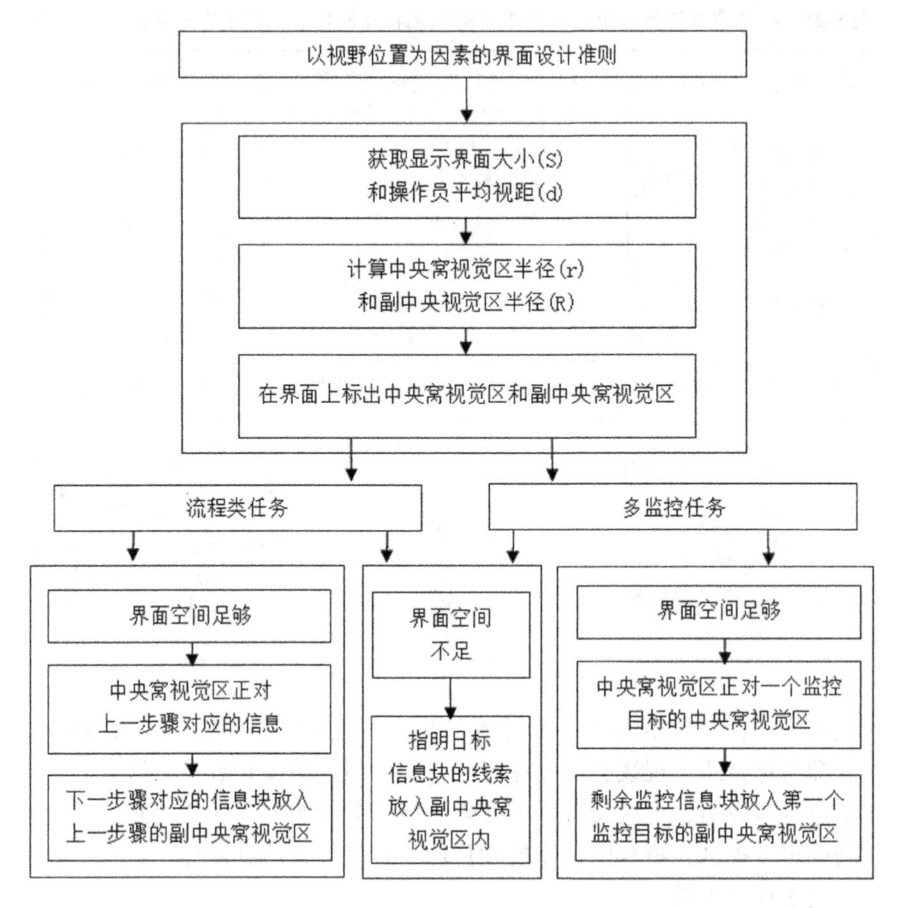

图 5-29　任务时序与视野位置的信息流向关系的界面设计原则

(4)对信息交互界面存在的若干操作步骤进行定义：将这些步骤定义为第一步、第二步、第三步……将中央窝视觉区和副中央窝视觉区的同心圆进行移动，使中央窝视觉区的圆形范围正对第一步任务所对应的信息块。此时，如果第二步任务所对应的信息块的位置在第一步任务的副中央窝视觉区所对应的圆形范围内，则定义为第二步信息块符合视野位置规律；反之，如果第二步任务所对应的信息块不在第一步任务的副中央窝视觉区所对应的圆形范围内，则定义为不符合视野位置规律；

(5)将不符合视野位置规律信息块的位置，调整至上一步的副中央窝视觉区内，即上一步操作的副中央窝视觉区所对应的圆形范围内，使之符合视野位置规律要求；

(6)若界面空间有限，无法将目标信息块放入副中央窝视觉区内，则需要将指明目标信息块的线索(如指向信息块的箭头、标识等)放入副中央窝视觉区内替代。

5.3.6　任务时序-视野位置信息流向的界面布局优化

继续来看核电监控任务界面这个例子。将不符合视野位置规律的 6 个任务的信息块的位置进行重新调整，使之符合视野位置规律。同时，对于 8 个符合视野位置规律的任务不做改变。具体优化情况如表 5-23 所示。

表 5-23　优化界面与原界面 6 个不符合视野位置规律任务对比表(见彩图)

任务名称	原界面	优化界面	说明
补给 1	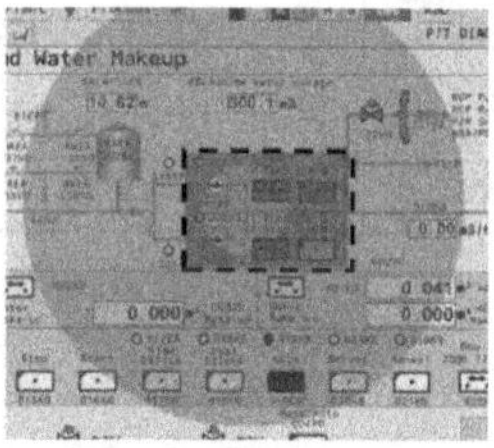	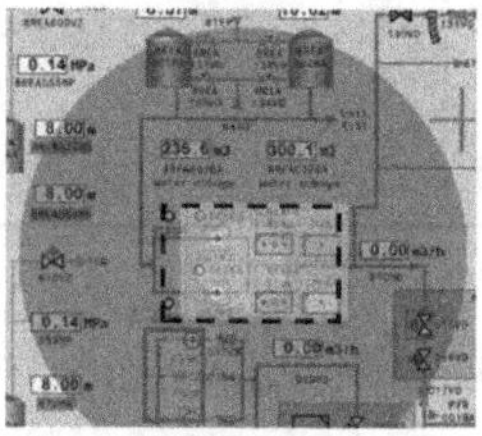	将泵 003PO 与泵 004PO 完全放入上一步操作的副中央窝视觉区中，使之符合视野位置规律
补给 2	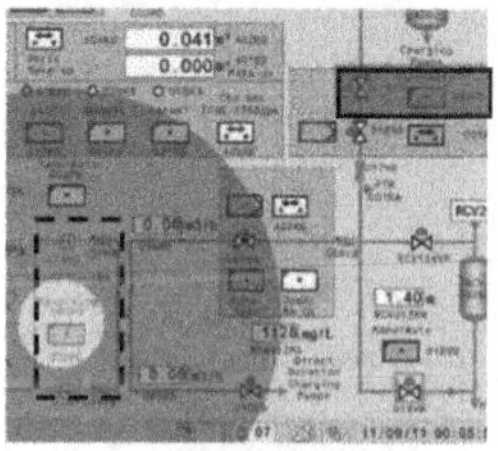	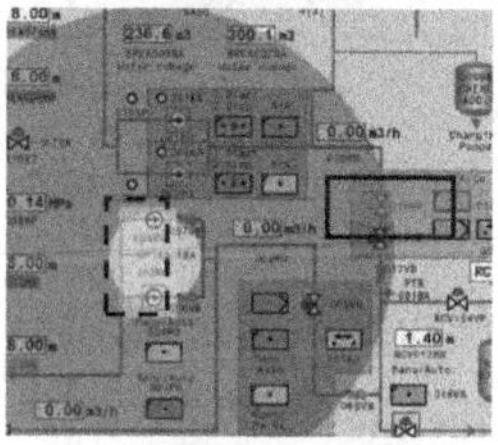	将阀门 015VD 的图符放入上一步操作的副中央窝视觉区中，使之符合视野位置规律
补给 5	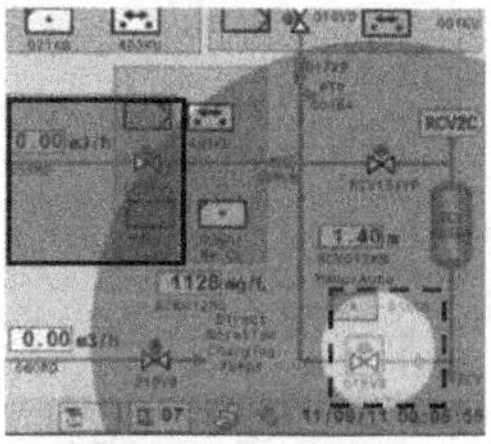	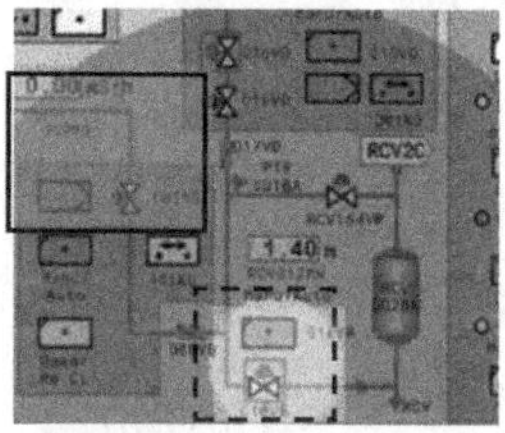	将流量计 059MD 与阀门 065VB 完全放入上一步操作的副中央窝视觉区中，使之符合视野位置规律
补给 7	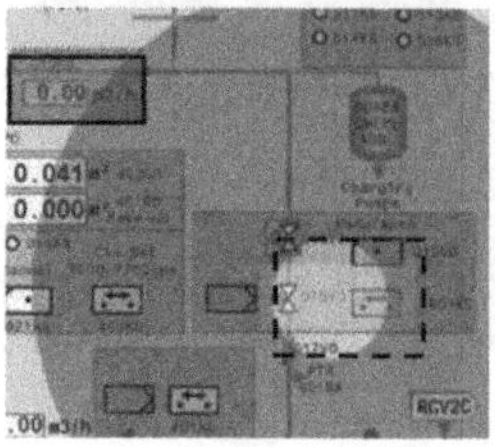	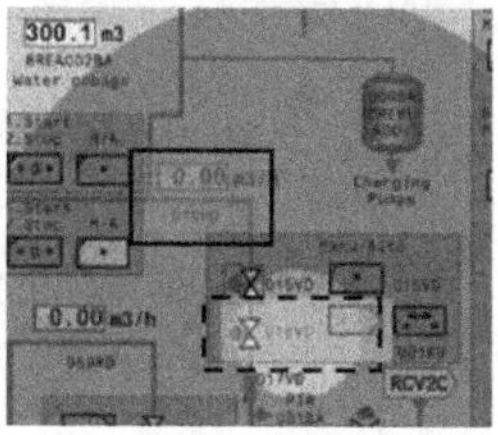	将流量计 010MD 完全放入上一步操作的副中央窝视觉区中，使之符合视野位置规律

续表

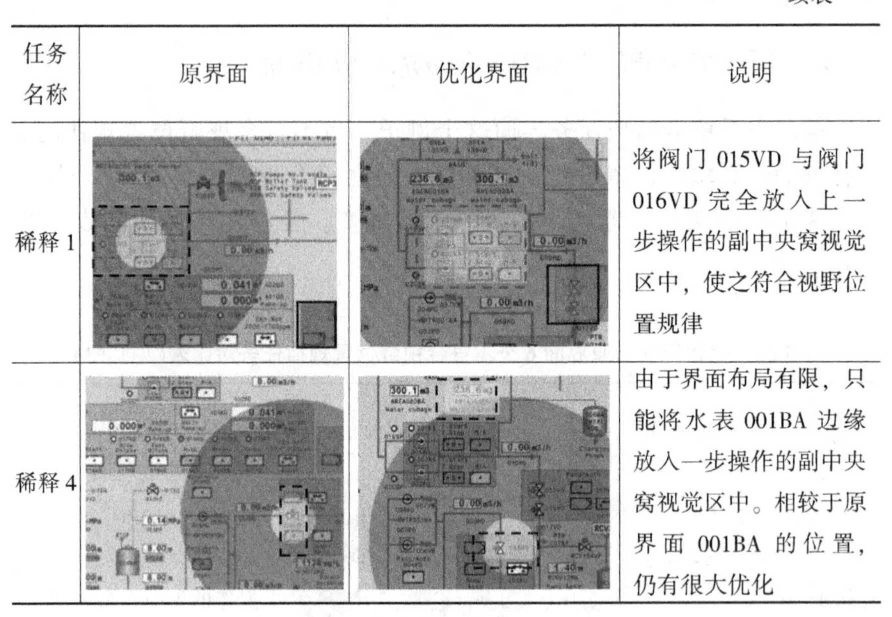

任务名称	原界面	优化界面	说明
稀释 1			将阀门 015VD 与阀门 016VD 完全放入上一步操作的副中央窝视觉区中，使之符合视野位置规律
稀释 4			由于界面布局有限，只能将水表 001BA 边缘放入一步操作的副中央窝视觉区中。相较于原界面 001BA 的位置，仍有很大优化

优化后的功能区布局如图 5-30 所示。

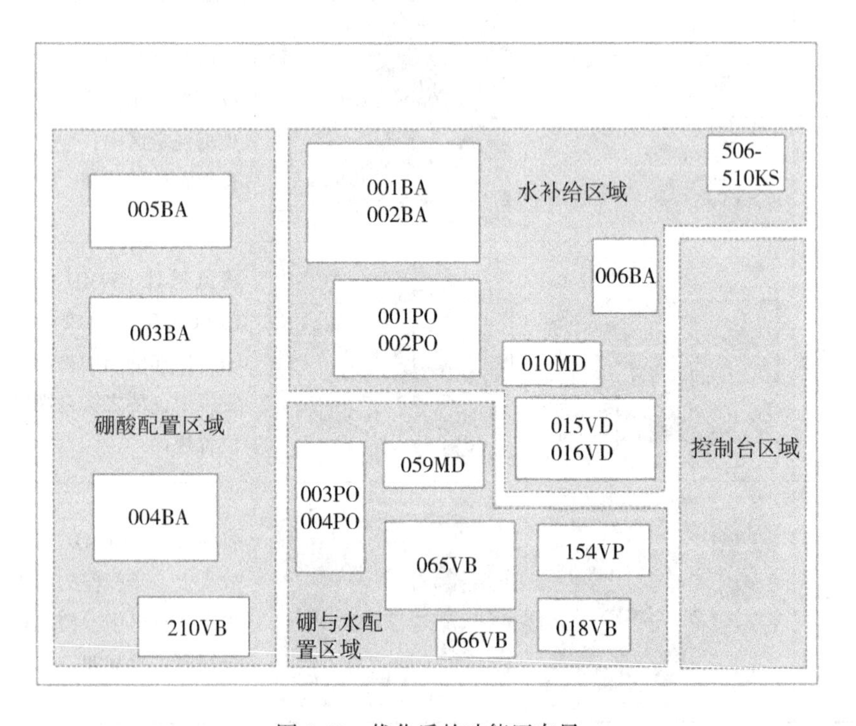

图 5-30　优化后的功能区布局

具体优化界面如图 5-31 所示。

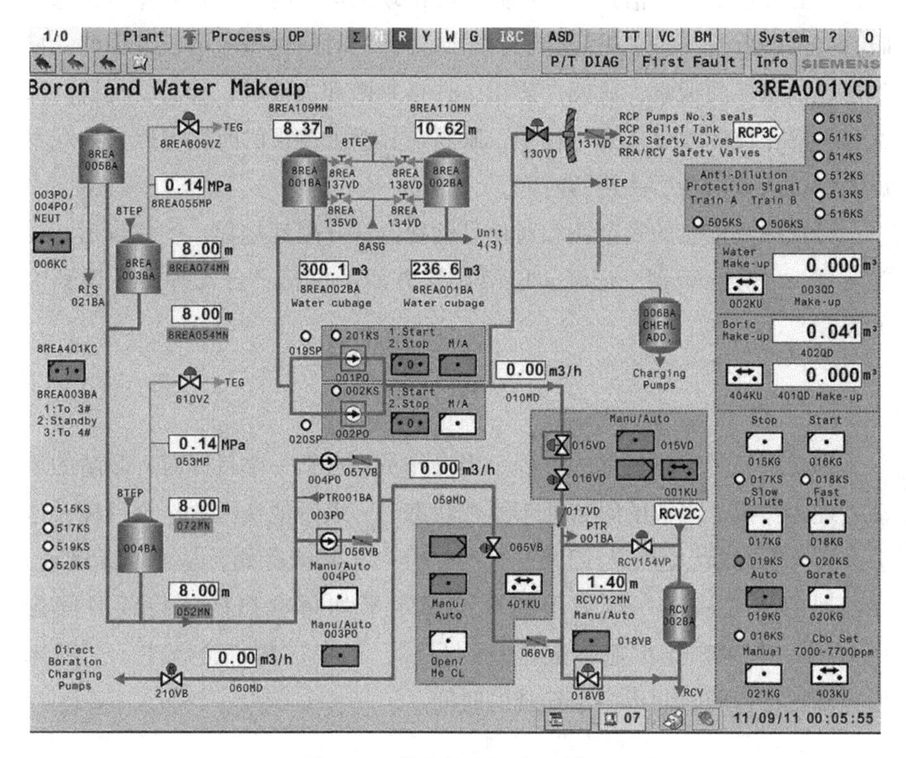

图 5-31　优化的人机交互界面

5.3.7　信息流向的凝视-扫视轨迹

人类的眼睛(视觉通道)感知一个复杂视场(包含大量信息的界面可称为一个复杂视场)，要经历复杂的凝视和扫视过程。首先，眼睛需要探测视场内基本特征方面，如边界、方位、宽度、尺寸、颜色、亮度、运动方向等。为了使这些基本特性被感知为各种具体对象，需要把它们整合起来。然后，大脑要经过一个对象选择过程，当注意转移到一个新的位置后，眼睛才开始把凝视飞速移动到新位置(Glenstrup，Arne 等，1995)。这样会产生眼的浏览路径，主要由两种运动形式组成：凝视(fixation，又称为注视时间)，扫视(saccade，又称为注视轨迹)。

1. 凝视

在认知过程中，视觉的凝视不仅仅是眼睛的一个固有生理特性，它与大脑的认知活动有密切关系。例如，当遇到新的信息符号时要思考理解含义，遇到红色的警示信息时，遇到同时出现的信息时，大脑会思考，这时眼睛会停顿凝视。思考时间越长，眼睛停顿的时间也相应增长。因此，操作员在信息界面搜索、认读、辨识、选择判断和决策时，都需要凝视。那么，从操作员的视觉认知过程中，眼睛在界面上凝视的时间可以大致观察出操作员认知活动所使用的时间。

凝视涉及信息的复杂性和对信息的视觉认知处理过程，主要包括：视觉发现、区分、识别、记忆，以及认知方面的回忆、含义理解、识别等方面。

2. 扫视

扫视是视觉寻找目标的过程。当操作员在搜索一个目标时，眼睛的运动表现为扫视。当他的眼睛处于凝视状态时，表示他在注意这个目标，这会经历分析判断、记忆与回顾，这时也会产生响应计划，从而判断选择。在扫视的研究中，一般采用的算法设定平均每次扫视的持续时间为16.67ms。如果操作员能够很快找到目标，扫视次数将会较少。一般来说，凝视花费的时间远多于扫视的时间。

3. 凝视-扫视过程

在一个信息搜索的过程中，眼睛从一个凝视点飞快动作转到另一个凝视点。Goldberg 和 Kotvall(1999)分析了凝视-扫视的整个过程，如图 5-32

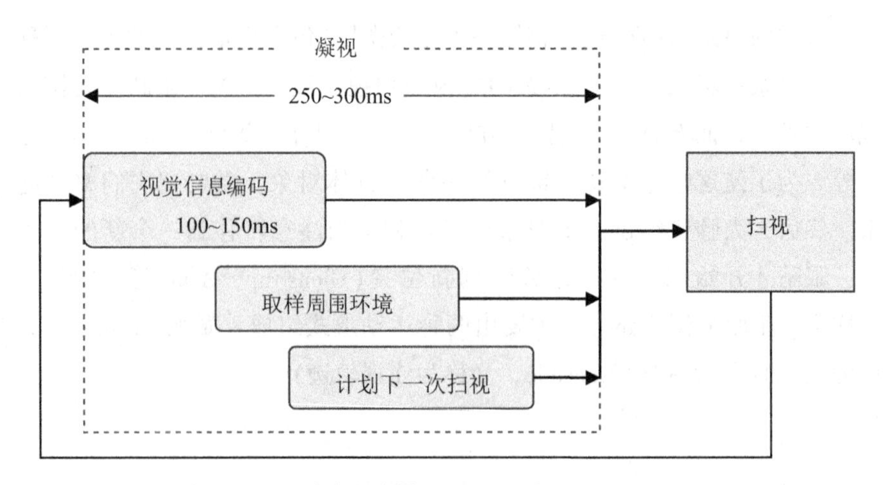

图 5-32　一个凝视周期(Goldberg 和 Kotvall，1999)

所示。一次典型凝视的时间为250~300ms，它包括3个过程：视觉信息编码(即翻译解释信息)，取样周围环境，计划下一次扫视。在视觉信息被进行翻译解释这一过程，至少持续时间为100~150ms；然后对周围环境进行取样，以确定下一步信息范围；最后计划准备下一次扫视。一次扫视持续20~100ms。这3个过程可能重叠，也可能同时发生。

扫视表明视觉搜索过程，凝视表明人的认知加工过程。虽然优化界面的凝视次数与时间均大于原界面，但此时并不表明大脑对于优化界面进行更多的加工与认知。此现象表明，在有限的时间内，大脑对于视觉认知资源进行更为合理的分配。通过扫视与平均反应时间数据，可知扫视时间相比于原界面显著降低，总反应时间有所降低。因此，被试在对优化界面开展视觉搜索时，没有像原界面一样将视觉搜索的大部分时间安排在目标寻找上。被试此时快速寻找到目标并进行比对，因此凝视时间有所增加。

认知处理信息的时间(凝视)与搜索图标的时间(扫视)的比，当Ratio<1时，说明信息布局的不合理。根据凝视扫视比的定义，当凝视扫视比大于1时，即为凝视时间大于扫视时间时，该界面设计合理。原界面凝视时间比优化界面的凝视时间短，扫视时间长，所以原界面的凝视扫视比均远低于1。优化界面再进过重新设计后，各任务凝视扫视比均大于1，说明界面设计更加合理。

分析轨迹图与热点图，如表5-24所示，可知轨迹图中大量轨迹均划分在上一步的副中央窝视觉区内。热点图中高亮度区域明显减少，且这些区域明显集中于目标信息块上，说明被试寻找到目标信息块并对目标信息块开展大量凝视。

从凝视-扫视轨迹可以看出，界面布局优化后的凝视次数更多、时间更长；扫视时间更短、次数更少；反应时间更短；找到个数更多；扫视点更加集中；凝视扫视比大于1。这说明当界面符合视野位置搜索模型时，具有更高的搜索效率、更低的出错率与更高的合理性。因此，根据任务序列-视野位置的信息流向进行界面布局是行之有效的。

表 5-24 原界面与优化界面扫视轨迹对比表

任务名称及类型	原界面	优化界面
补给 1 轨迹图	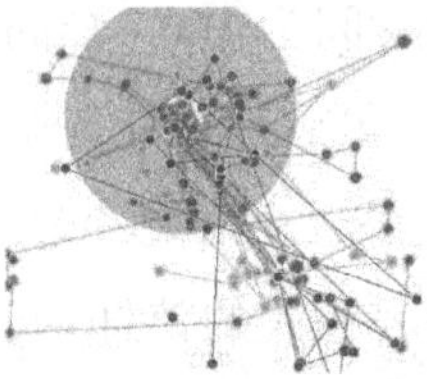	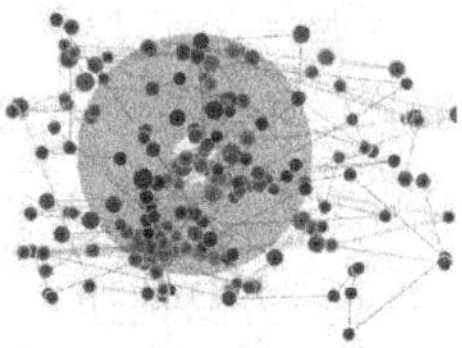
补给 1 热点图	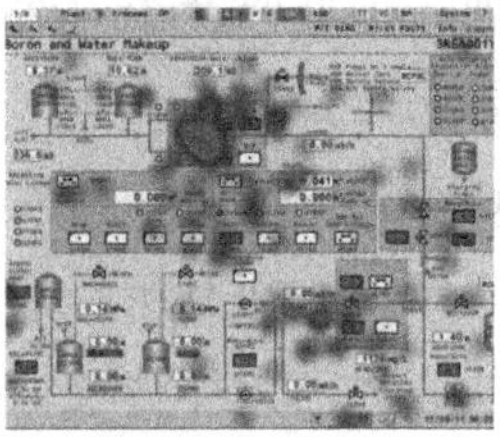	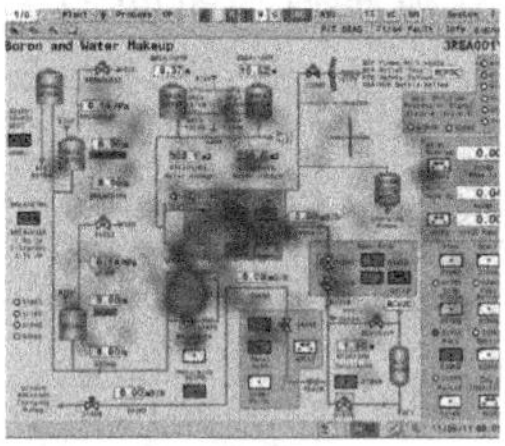
补给 2 轨迹图	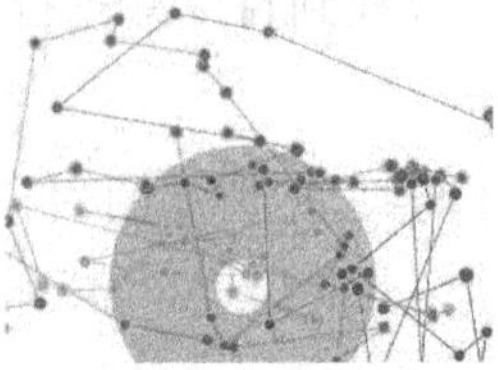	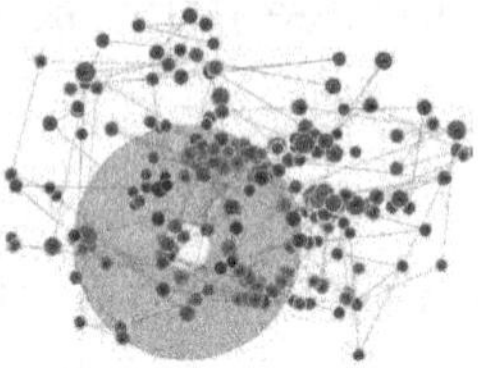
补给 2 热点图	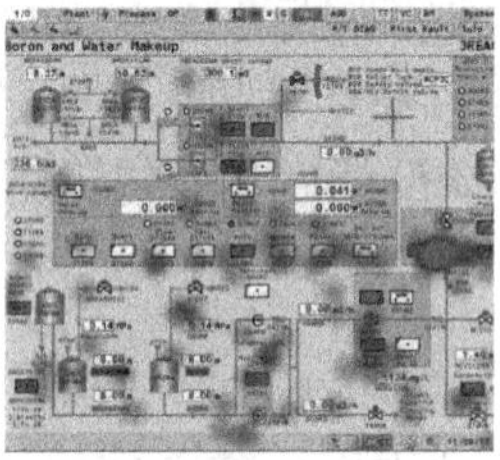	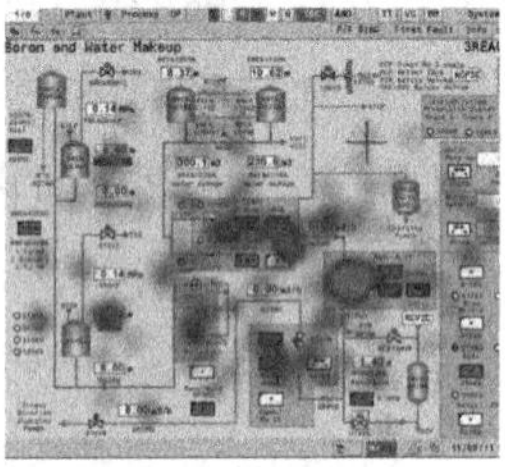
补给 5 轨迹图	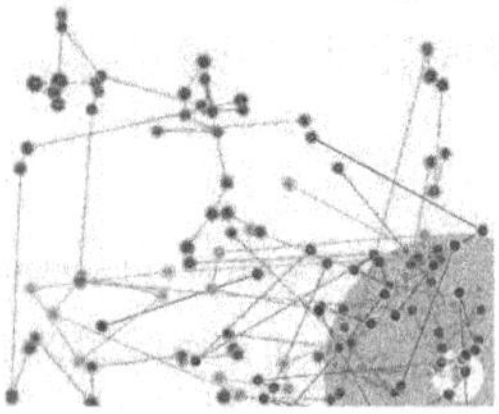	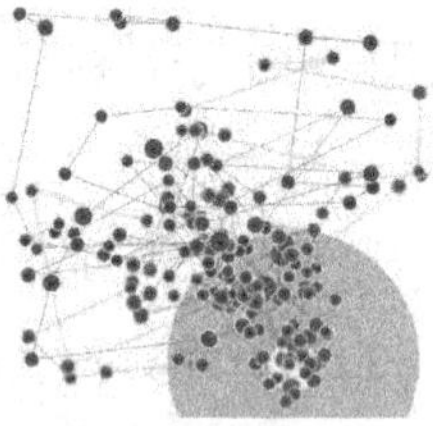
补给 5 热点图	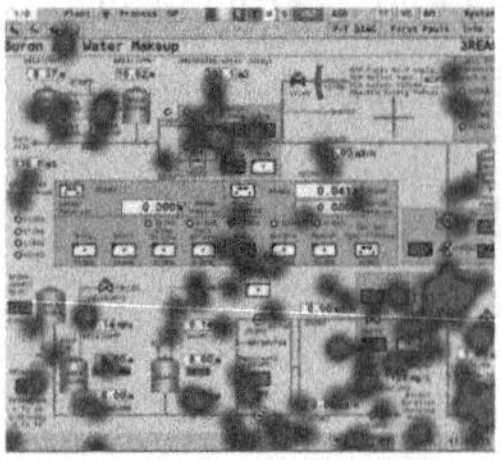	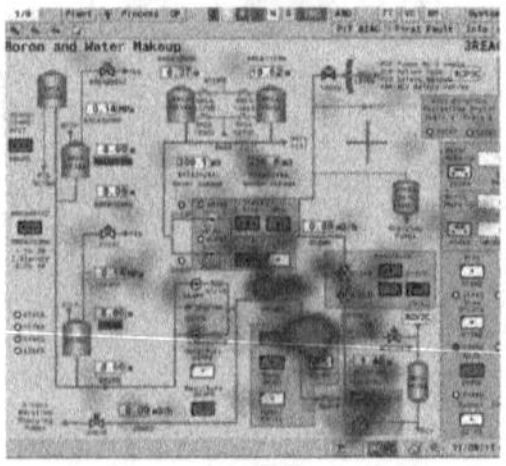

续表

任务名称及类型	原界面	优化界面
补给7轨迹图	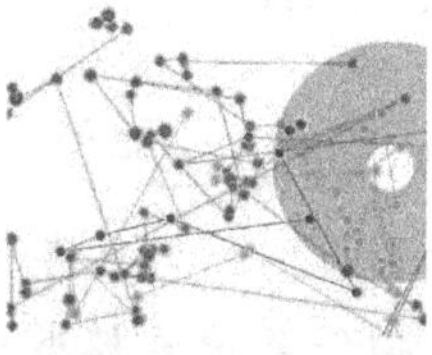	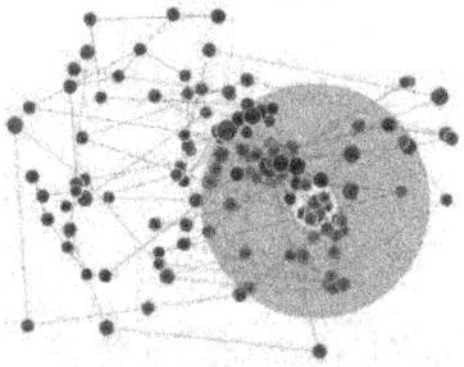
补给7热点图	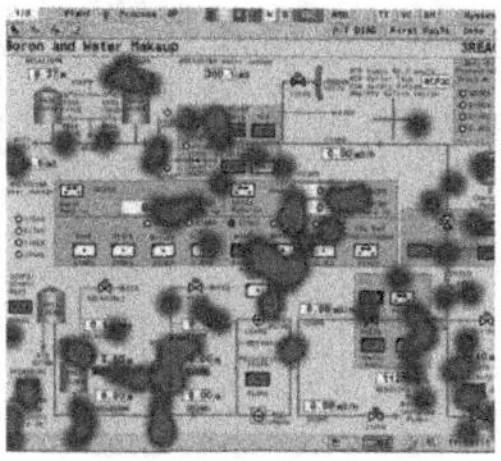	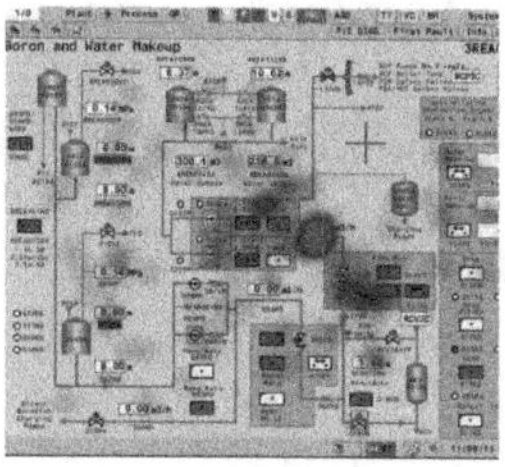
稀释1轨迹图	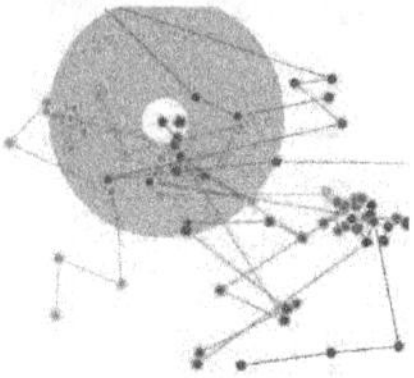	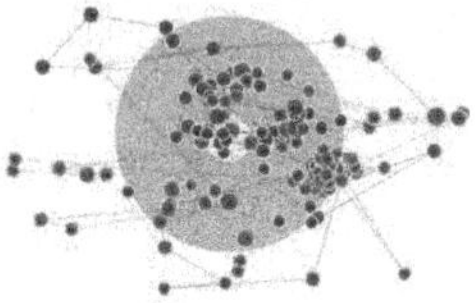
稀释1热点图	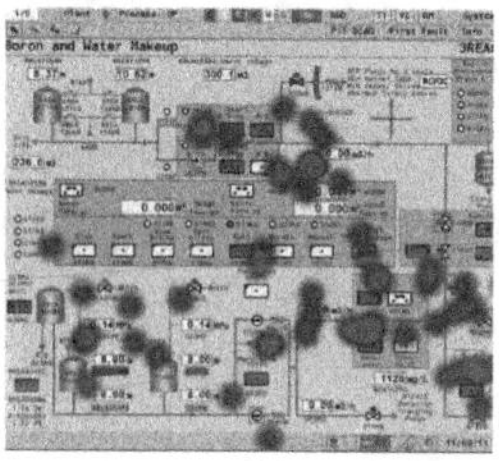	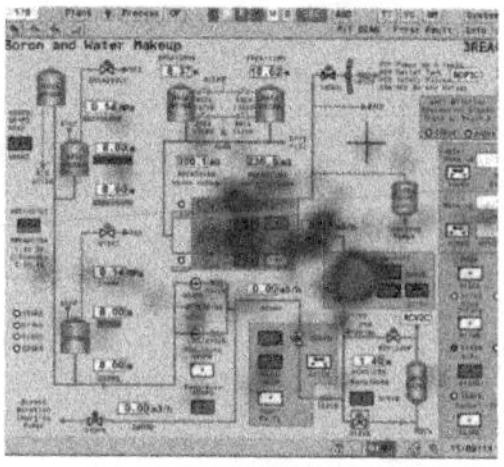
稀释4轨迹图	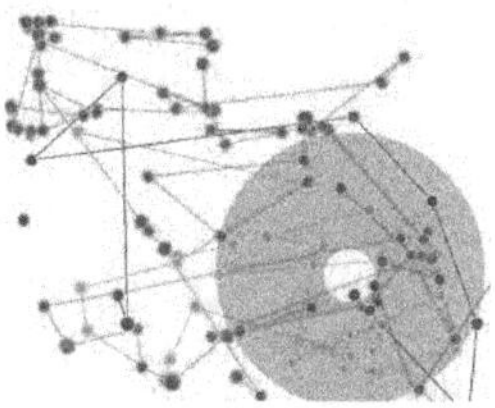	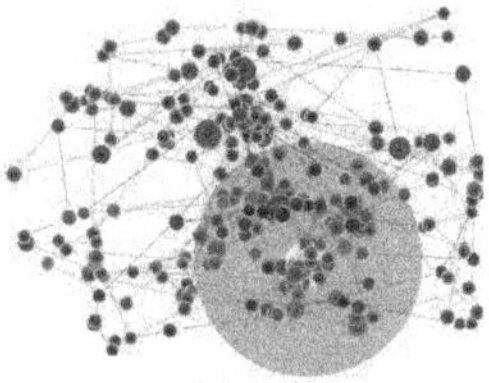
稀释4热点图	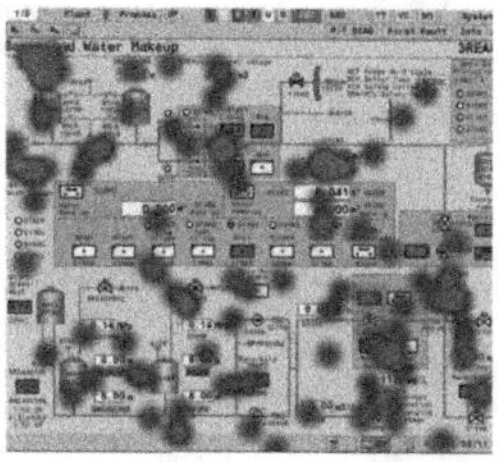	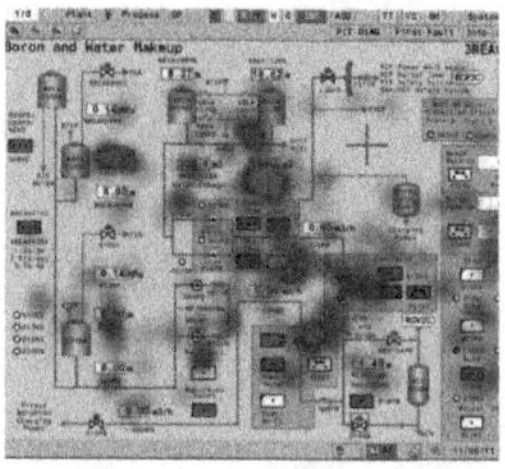

本章小结

本章研究了工业制造时序性结构信息流规律。从工业信息的任务逻辑层面，将任务域和信息元关联建立不同用户的任务模型，构建了任务逻辑-信息结构关联的信息流向；从监控任务搜索模型出发，将视觉搜索模型和视野位置的视觉区域建立联系，通过眼动轨迹实验发现了监控任务的视野位置对视觉搜索绩效有很大的影响，并建立了任务序列-视野位置关联的视觉流向。

第6章　智能制造工业信息图符的认知绩效

6.1　视觉标记机制

6.1.1　视觉标记

Watson等(1997)提出视觉标记是一种对后出现项目的视觉优先选择的解释机制。在视觉搜索过程中，被试建立了基于旧项目位置的抑制模板，如同对旧项目做了标记一样，从而对被标记的旧项目进行视觉过滤，将视觉搜索过程限制在新出现的项目中进行。视觉标记的原理是通过自上而下的注意来抑制旧项目的表达，进而对新出现的项目进行视觉优先搜索。郝芳等(2006)对预览搜索实验中的视觉优先选择机制进行了深入分析，从基于旧项目的位置抑制和特征抑制两个角度，对视觉标记中的抑制机制进行了系统性的检验。

关于视觉标记的抑制主要有以下几种较为主要的观点：Watson和Humphreys (2012)提出，视觉标记的实质就是通过注意抑制旧的物体优先选择新的物体，并且这种注意的方式是自上而下的。Humphreys等(2004)则将研究的重点放在探索是基于特征还是基于结构或是基于位置的抑制这些更为具体的抑制机制上。Olivers等(2002)的研究支持了基于特征的抑制假说，并未验证基于位置的抑制。Humphreys等(2004)认为，视觉标记是基于主动忽视特定的内容和位置。也有研究者认为，视觉标记是基于对颜色的抑制。视觉标记作为对预览效应解释的主流理论，受到大量研究者的重视，尽管研究者从不同的方面加以论证，提出了不同的结论，但都为预览效应的解释作出了贡献。

在视觉标记最新研究领域，相关学者利用额外的任务或事件来检验抑制模板的特征，如表6-1所示。考察线索的空间促进作用与记忆抑制能力间的相互作用，以及考察抑制模板对搜索效率的影响。研究结果可知，视觉标记的抑制模板可以被更新，从而使搜索性能提高。

表 6-1 “视觉标记”的研究主题

最近研究	研究主题
抑制模板的特征	内源性线索和视觉标记效应并不是简单地同时作用的；它们中的任何一种都可以在一项试验中交替有效。尽管抑制模板没有受损，但它不能与另一种自上而下的视觉搜索控制同时起作用。
抑制模板与搜索性能	包含单例的响应时间更快，这表明可以更新视觉标记的抑制模板，从而使搜索性能提高。
“预览益处”效应	结合传统的视觉搜索范式，使用单例干扰物，并检查搜索性能是否受到单例存在的影响。结果表明，单例分心物降低了预览效益。

国内对于视觉标记的研究涉及心理学、计算机软件、自动化技术等领域。在认知心理学领域，越来越多的学者研究影响预览效应的因素，如任务难度、知觉、认知负荷等。目前的研究过程中实验材料较为单一，具有预览效应的实验材料应该逐渐拓展，其他刺激材料是否会出现预览效应，还有待展开深入研究。

Watson 等(1997)在预览搜索(preview search)实验中首次发现，先期呈现部分分心项可以显著提高视觉搜索的绩效。由此，他们提出了视觉标记(visual marking)的假设。视觉标记被认为是一个自上而下、目标驱动的过程，需要注意资源的参与。预览搜索是视觉搜索任务的一种变式。早在1989年，心理学家 Miller 研究表明，当观察者在无目标字母中寻找靶向字母时，起始元素不一定比消失元素具有更高的优先级。Miller 断定，Onsets 和 Offsets 瞬变都具有实现优先选择效应的功能。马丁·爱默生和克雷默通过实验研究得出结论，Offsets(元素消失)的变化影响并调节了优先选择效应的程度。

综上研究发现，在视觉感知的“视觉标记”方面，Watson 和 Humphreys(2012)的研究一直以来都是学者关注的对象。他们在提出视觉标记的具体概念和定义后，通过各类实验范式，探索视觉标记是基于特征、颜色或结构等要素；在不断研究的过程中，也有学者相继对他们的理论展开再次验证或基于其展开更深层次的实验验证；在视觉标记方面，大部分属于理论性研究，集中关注人生理机能反应等，不断深入地研究有抑制的特征要素；随着现代科技水平的提高，有待继续探索更多方面对于预览效应影响因素的研究，以及对未来实验材料做更多拓展。

6.1.2　视觉标记的实验范式

1997 年，Watson 等提出预搜索实验范式是视觉标记的重要实验范式之一，如图 6-1 所示，在该实验范式中，先呈现若干干扰物 1000ms 后，再呈现若干干扰物与目标物，保持原干扰物的位置不发生变化。目前已逐渐形成经典预搜索范式、独立操纵预搜索范式和两种预搜索范式。

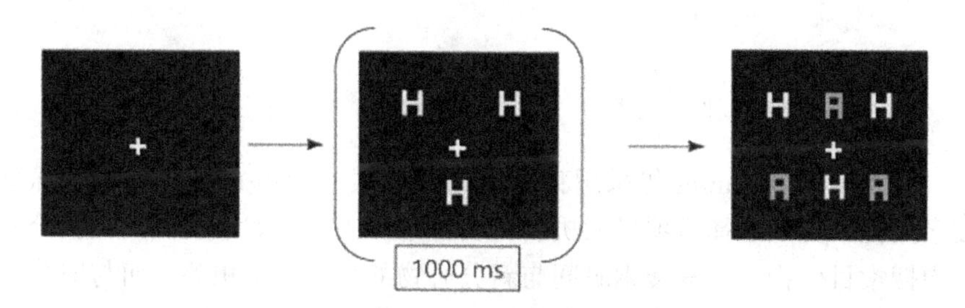

图 6-1　预搜索范式（Watson 等，1997）（见彩图）

1. 经典预搜索范式

在 2003 年，Watson 等把预搜索和空间视觉搜索相结合，创立经典预搜索范式来研究视觉标记，实验条件主要包括单特征搜索（single feature）、联合搜索（conjunction）和预搜索（preview），还可以在同一实验过程中设定多种不同的实验条件，如图 6-2 所示。

以图 6-2 为例，在单特征搜索实验中，先呈现实验参照点，后呈现若干同种特征（蓝色）的目标物，被试需要在该任务界面中进行目标物搜索。在联合搜索实验中，先呈现实验参照点，后呈现若干不同特征（黄色和蓝色）的目标物，被试需要在该任务界面中进行目标物搜索。在预搜索实验中，先呈现实验参照点，后呈现若干同种特征（黄色）的干扰物，1000ms 后呈现若干不同特征（黄色和蓝色）的目标物，被试需要在该任务界面中进行目标物搜索。

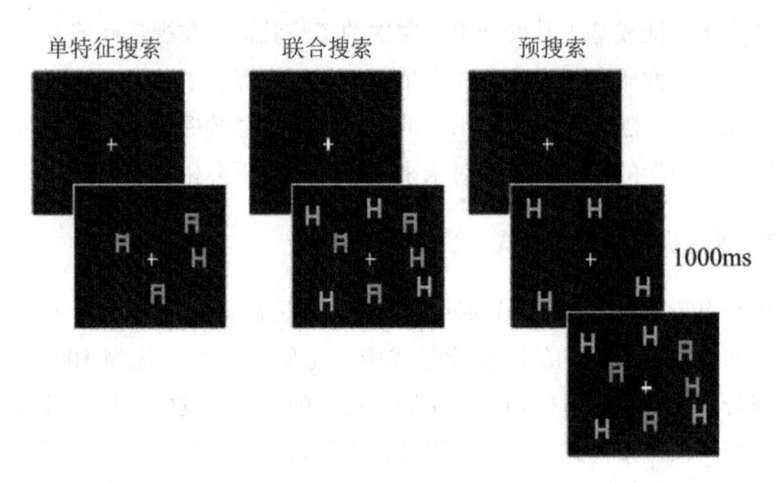

图 6-2　经典预搜索范式(Watson 等，2003)

2. 独立操纵预搜索范式

1998 年，Theeuwes 等采用独立操纵预搜索实验范式，研究多目标预搜索实验中优先选择新项目的机制，实验结果表明，如果被试只在新分心物中搜索目标物，则其搜索时间与新分心物的数量呈正相关，而与旧分心物数量的变化无关，产生完整预览效应；如果被试的搜索时间与旧分心物和新分心物的数量都呈正相关，但旧分心物数量的优先级明显小于新分心物，则产生部分预览效应；如果二者的优先级相近，则没有产生预览效应。在后续的相关研究中，Donk 等(2001)在进行预搜索实验时，将新项目和旧项目的数量设定为单一变量来检验预览效应，发现新项目的变化会自动捕获注意，从而引发视觉优先选择。

3. 两种预搜索范式

两种预搜索范式是 Jiang 等(2002)提出的有效预搜索和无效预搜索实验范式。有效预搜索指的是经典预搜索范式，无效预搜索指的是在呈现新项目时，对旧项目的位置进行随机变换，这种位置的变化会引起视觉优先选择效应的消失，无效预搜索将两种预搜索条件放在同一区组内混合测量，不影响评估预览效应的同时，使得两种预搜索条件能得到最大限度的比较。

6.1.3　视觉标记的抑制机制

1. 位置抑制

Watson 等(1997)提出视觉标记是对先出现项目的位置做标记，这些位置受到抑制，从而使后出现的项目获得优先选择，实验流程如图6-3所示。实验一采用的是联合搜索的实验模式，即先呈现实验参照点(白色“+”图符)，1000ms后再呈现目标搜索界面，目标搜索界面由实验参照点、若干蓝色图符和若干黄色图符组成。实验二采用的是预搜索的实验模式，即先呈现实验参照点，1000ms后呈现干扰物(若干黄色字符)和实验参照点，1000ms后呈现目标搜索界面，目标搜索界面由实验参照点、干扰物(若干黄色图符)和目标物(若干蓝色图符)组成。实验结果显示，在实验二中，被试的反应时间比实验一短，目标搜索效率更高。基于此实验结果，Watson(2003)认为，在预搜索实验中，视觉标记会对先出现项目的位置做标记，这些位置受到抑制，从而使后出现的项目获得优先选择。

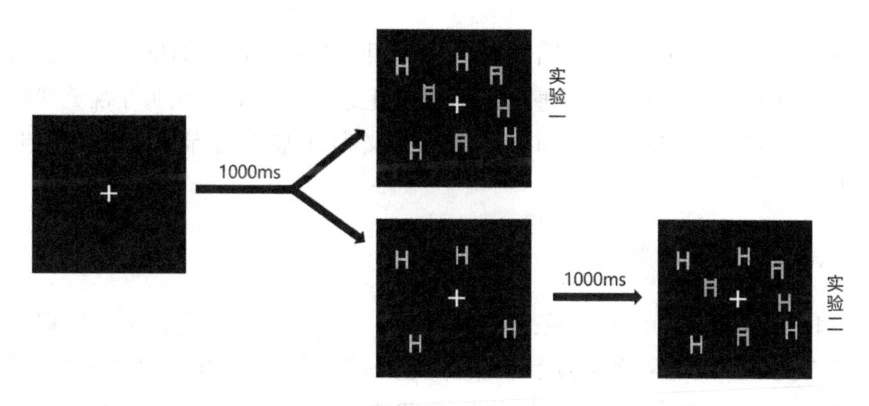

图6-3　联合搜索和预搜索(Watson等，2003)(见彩图)

2. 特征抑制

Watson等(2000)采用控制颜色变量研究发现，当新旧项目颜色相同时，探测位置效应没有出现；当新旧项目颜色不同时，才出现探测位置效应，说明可能存在基于颜色的抑制。相关学者在此基础上，将预览搜索任务和探测任务相结合，实验流程如图6-4所示，在该实验中，被试需要先观察一组实验刺激，然后在两组实验任务中随机选择一种进行实验的展开，其中搜索任务出现的概率较大，探测任务出现的概率较小。实验素材的颜色分别为蓝色(RGB 0/133/206)、绿色(RGB 0/160/70)、黄色(RGB 168/162/38)、界面背景为灰色(RGB 120/120/120)。

在实验一中，探测点的颜色分为旧项目同色和异色两种情况，如果被试在同色情况下的反应时长高于异色情况下的反应时长，则证明存在基于颜色的抑制机制。在实验二中，探测点的颜色分为新项目同色和异色两种

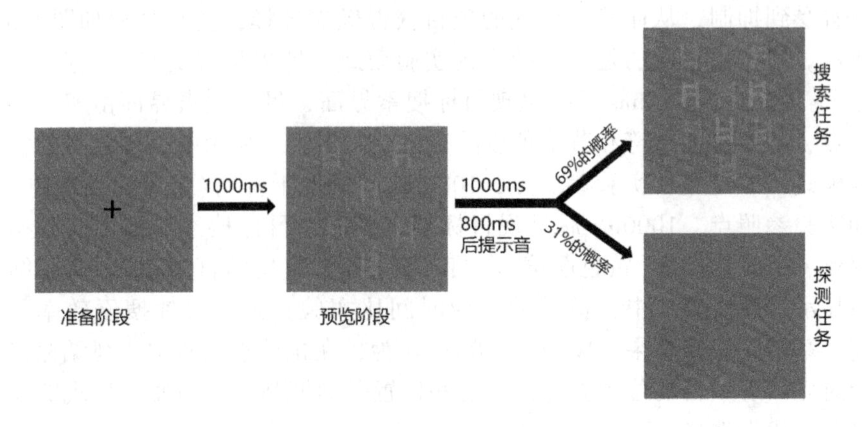

图 6-4 预览搜索任务和探测任务(Watson 等，2003)

情况，如果被试在同色情况下的反应时长低于异色情况下的反应时长，则证明存在对新项目的颜色预期定势。通过上述两个实验，证明在视觉搜索过程中，既存在基于颜色的抑制机制，又存在基于目标物颜色的预期定势。

3. 空间结构抑制

Hodsoll 等(2005)在预览搜索范式下考察背景线索效应，实验流程如图 6-5 所示。即先呈现实验参照点(黑色“+”图符)，1000ms 后呈现背景线索界面，背景线索界面由实验参照点和若干大写英文字符构成，1000ms 后呈现目标搜索界面，目标搜索界面由目标物(以字母 N 为例)、实验参照点和若干大写英文字符组成。

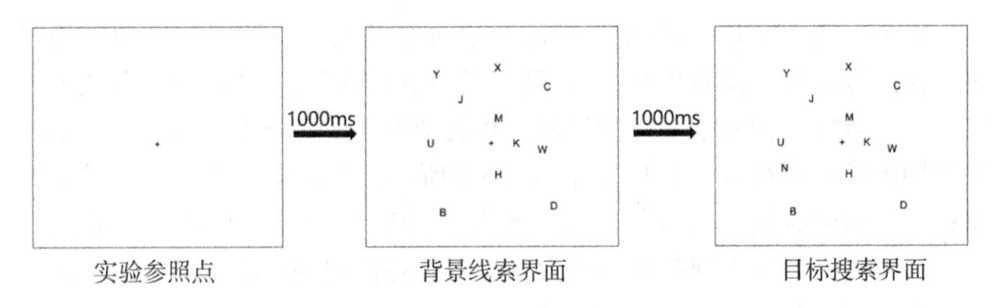

图 6-5 空间结构抑制实验流程(Hodsoll 等，2005)

在进行多组对比试验后发现，当背景中的字母与目标物在空间中产生一定的联系时，例如旧项目(字母 U)在靶子(字母 N)的上方且位置极其接近，重复旧项目，出现预览效应，证明被试已经建立了目标物与背景物之间的空间关系，进而在视觉搜索过程中，产生了基于空间结构的抑制。但是，在对新旧项目进行重复实验时，预览效应却没有发生。由此可以推断，抑制是基于旧项目的某种特性(即目标物与干扰物之间特定的空间结构)产生的，这种特性有利于我们把所有的旧项目作为一个整体来处理。

4. 范畴抑制

雷学军等(2006)以英文字母和数字(汉字/阿拉伯)为实验材料，在保持环境亮度一定的情况下，探索新、旧项目的范畴关系对预搜索的影响。该实验的目的是考察是否存在基于范畴的抑制效应，也考察抑制效应对范畴预期效应的影响，相关实验设计如表 6-2 所示。

表 6-2 范畴抑制实验设计

实验条件	旧客体	新客体	范畴预期	靶子预期
Half	—	C 或 A	可预知	汉字(或阿拉伯)数字*
Full	—	C A	无法预知	两者之一(50%)
A+C	A 或 C	C 或 A	可预知	汉字(或阿拉伯)数字*
C+CA	C 或 A	C A	无法预知	两者之一(50%)
C+CA-p	C 或 A	C A	可预知	汉字(或阿拉伯)数字*

注：* 表示对被试进行均衡处理。

在实验条件 C+CA-p 下，一半被试完成 C+CA-p，另一半完成 A+CA-p。

该实验共有 5 种不同的实验条件，2 个是基线条件和 3 个预搜索条件，具体如下：

(1)半集基线(half)，目标物为汉字数字或者阿拉伯数字；

(2)全集基线(full)，目标物由汉字数字与阿拉伯数字构成；

(3)两组客体都由范畴单一的客体构成，但二者范畴不同(A+C)；

(4)旧客体由范畴单一的客体构成，但新客体由范畴混合的客体构成，靶子范畴未知(C+CA)；

(5)旧客体由范畴单一的客体构成，但新客体由范畴混合的客体构成，靶子范畴已知，靶子与旧客体的范畴相同(C+CA-p)。

实验结果表明，当旧客体的范畴单一时，如果靶子与旧客体的范畴相同，那么预搜索效应就会减弱，甚至消失，如 Full = C+$\underline{C}$A，范畴预期效应也会减弱，甚至消失，如 C+$\underline{C}$A−p = A+$\underline{C}$A。在其他条件相等时，靶子范畴已知，还是可以改善搜索，例如，C+$\underline{C}$A − p 比 C+$\underline{C}$A 要快。当靶子与旧客体的范畴相同时，范畴预期效应就遭受一定程度的破坏，例如，当 A+C 与 C+$\underline{C}$A −p 相比时，前者优于后者，这表明，旧客体范畴相同时产生的范畴抑制现象损害了搜索，靶子范畴已知时，相关的范畴表征被激活了，然而，靶子与旧客体的范畴相同时，相关的范畴表征同时也被抑制了。在这个实验中，实验结果表明，当旧项目为数字而靶子为字母时，产生了完整的预览搜索效应；当旧项目为字母而靶子为数字时，也产生了部分预览效应，证明预览中产生了基于范畴的抑制。

6.1.4 视觉标记的其他解释

对于从视觉标记理论中位置抑制、特征抑制、空间结构抑制、范畴抑制的角度来解释视觉优先选择现象，有学者分别从注意捕获和时间分离的角度展开了相关研究。Donk 等(2001)提出，新项目的出现往往伴随着信息的突然呈现，而这种突然出现的动态刺激会捕获被试的注意，从而引发视觉优先选择，这种由突然呈现而产生的注意捕获可以解释预搜索实验中的视觉优先选择现象。在时间分离假说研究中，Jiang 等(2002)重点研究了时间进程在预搜索实验中的作用，将新项目与旧项目之间的差异性归结于二者的时间差异。另外，Atchley 等(2003)认为视觉优先选择的体现既需要视觉标记中的抑制机制的参与，又需要新项目的突然呈现而产生的注意捕获。这些观点都为视觉标记理论的完善提供了理论基础。

6.2 工业信息图符的视觉标记

6.2.1 视觉标记抑制机制及工业信息图符的表现形式

视觉标记的核心研究内容是 4 种抑制机制，即位置抑制、特征抑制、空间结构抑制、范畴抑制。在实验素材选用上，研究素材多为数字、字母、基本几何图形(圆形、五边形、矩形)等简单图符，而对复杂素材进行实验分析的研究较少，没有对工业图符的位置、特征、范畴、空间布局的实验探究。工业图符是智能制造人机交互界面设计中重要的视觉元素之一，相比较于文字的呈现方式，工业图符信息承载量相对较大，信息整合度相对较高，能够更加快速高效呈现信息，主要表现形式体现在信息特征、语义范畴、空间布局 3 个方面。

6.2.2　抑制机制与表现形式的对应关系

从视觉标记的 4 种抑制机制(位置抑制、特征抑制、空间结构抑制、范畴抑制)与工业图符的 3 种主要表现形式(信息特征、语义范畴、空间布局)可以看出，视觉标记的抑制机制与工业图符的表现形式具有一定的关联性。基于此关联性，在研究视觉标记机制可展开的工业图符实验分析时，可将视觉标记的抑制机制与工业图符的表现形式结合进行对比分析。工业图符的信息特征对应视觉标记机制中的特征抑制，工业图符的语义范畴对应视觉标记机制中的范畴抑制，工业图符的空间布局对应视觉标记机制中的位置抑制与空间结构抑制。

基于上述对应关系，本章将开展的研究为结合视觉标记的相关实验范式(预搜索范式)，探究工业图符的视觉搜索认知规律，将视觉标记的研究范围从实验心理学领域拓展至工业图符认知领域，拓宽了视觉标记理论的应用范围。具体为：以信息特征、语义范畴、空间布局为视觉标记的工业图符视觉搜索实验，来探究工业图符视觉搜索实验中是否会出现特征抑制、范畴抑制、空间布局抑制，以及不同信息特征、不同语义范畴、不同空间布局对操作员视觉搜索效率的影响。

6.3　以信息特征为视觉标记的工业信息图符搜索实验

信息特征是工业图符重要的外在表现形式，是图符与操作员沟通的纽带，部分学者在信息特征层面对图符的色彩、形状、背景进行了相关研究，但从工业图符的风格和复杂程度角度的研究较少。本节以某企业工业图符为例，采用实验探究的方式，在图符风格、图符复杂程度层面开展以信息特征为视觉标记的工业图符视觉搜索研究。

6.3.1　工业信息图符的特征分析

1. 工业信息图符风格分析

在工业信息图符风格研究中，图符风格主要分为扁平图符和 2.5D 图符两种。扁平图符具有简洁的特点，分为线性图符、面性图符和线面结合图符。2.5D 图符是介于扁平图符与 3D 图符之间的一种风格，具有扁平图符的简洁感和 3D 图符的立体感。

1）线性图符

线性图符的表达方式主要是以线条为主，图符与图符之间具有极强的视觉一致性，图符所占空间比例较少，在视觉上具有简洁、轻盈的特点，多具有圆润、集中的特点，能够给人柔和感、亲切感，图符示例如图 6-6 所示。

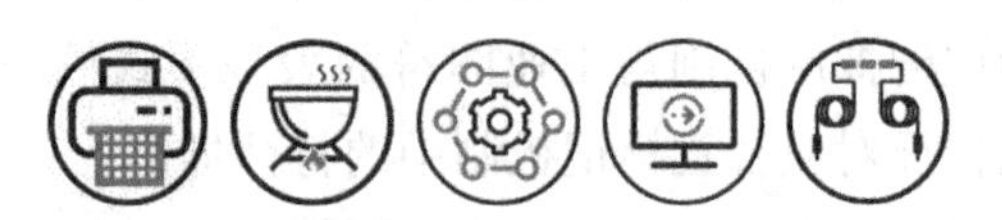

图 6-6 线性工业图符（见彩图）

2）面性图符

相较于线性图符，面性图符具有更多的色块，占据更多的界面空间，具有更强的视觉重心，视觉冲击力更加突出，常用于表达突出的内容，能够更快吸引操作员注意。在面性图符中，色块分布的不同，呈现的视觉效果也将不同，图符示例如图 6-7 所示。

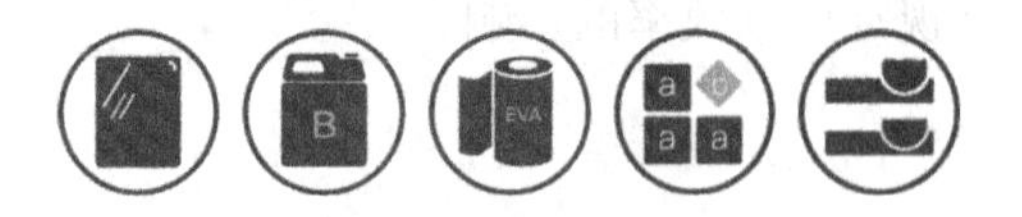

图 6-7 面性工业图符（见彩图）

3）线面结合图符

线面结合图符既具有线性图符的部分特征，又具有面性图符的部分特征，主要由线条与色块构成。在图符视觉强度表达上，比线性图符强，比面性图符弱，图符的表达比线性图符丰富，层次感更加突出。减少了大面积的色块应用，既能突出表达核心，同时又不占用较多的视觉注意力，适用于表达较复杂的图符含义，图符示例如图 6-8 所示。

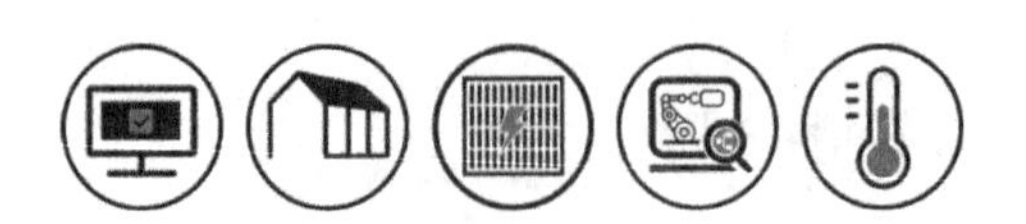

图 6-8 线面结合工业图符（见彩图）

4)2.5D图符

2.5D图符是介于扁平图符与3D图符之间的一种风格，具有扁平图符的简洁感和3D图符的立体感，可用于表达较为复杂的生产加工流程。相较于扁平图符，2.5D图符能够容纳更多的动态信息，能够更直观地表达生产过程；相较于3D图符，2.5D图符摆脱了纯实体设计，用具有一定透视关系的线条与色块组合构成，简化了图符结构，降低了操作员视觉负荷，图符示例如图6-9所示。

图6-9　2.5D图符(见彩图)

2. 工业信息图符复杂度分析

图符复杂度分为视觉复杂度(图符风格)、认知复杂度(图符语义)、环境复杂度(环境负荷)。在狭义层面，指的是图符中的颜色种类和图符数量；在广义层面，指的是一切影响视觉搜索效率的因素，主要包括图符语义、图符数量、界面布局、界面背景等。本章所探讨的工业图符复杂度基于上述两个层面，分别从整体视觉复杂度(风格)、局部特征复杂度(颜色种类、图符数量)、图符语义复杂度出发，研究工业信息图符的复杂度。

1)工业信息图符整体视觉复杂度分析

在对工业信息图符进行整体视觉复杂度研究时，主要研究对象为工业信息图符的色彩与风格，可以从两个角度进行标准划分，标准一为工业图符颜色，标准二为工业图符形状。基于上述两个划分标准，可以将工业图符划分为初级复杂度(单色单图符)、中级复杂度(双色双图符)、高级复杂度(多色多图符)3种情况，图符示例如图6-10所示。

图6-10　工业图符整体视觉复杂度(见彩图)

2) 工业信息图符局部特征复杂度分析

在对工业信息图符进行局部特征复杂度研究时，主要研究对象为工业信息图符的颜色种类复杂度与图符数量复杂度。基于上述工业信息图符复杂度的相关划分标准，在颜色种类复杂度中，可以从两个角度进行标准划分，标准一为单色图符，标准二为多色图符，复杂度依次由低到高，图符示例如图 6-11 所示。

图 6-11　图符颜色复杂度(见彩图)

在图符数量复杂度中，根据工业信息图符构成数量，将工业图符划分为单元素图符、双元素图符与多元素图符，复杂度依次由低到高，图符示例如图 6-12 所示。

图 6-12　图符元素数量复杂度(见彩图)

3) 工业信息图符语义复杂度分析

人类对图符的认知和理解主要来源于自身的内在知识体系和日常生活中的视觉经历，通过对这两方面的认知匹配去理解图符所表达的含义。在对工业图符进行语义复杂度研究时，需要将图符名称(内在知识体系)与图符表达形式(日常视觉经历)相结合。按照图符复杂度的广义定义，在对工业图符语义复杂度分级时，需要考虑的因素较多且不容易控制，可采用主观评价法，通过分析图符语义表达的强弱程度来划分工业信息图符语义复杂度。工业图符语义复杂度由弱到强依次为简单语义图符、中等语义图符、困难语义图符，图符示例如图 6-13 所示。

图 6-13　图符语义复杂度(见彩图)

6.3.2　工业信息图符的视觉搜索实验

1. 实验目的

为了提高工业图符的识读效率，减少用户出错，开展以信息特征为视觉标记的工业图符视觉搜索实验。本实验采用视觉标记理论中的预搜索实验范式，选取信息特征作为实验变量，设计目标搜索任务，开展心理学行为反应实验，探究图符风格(扁平、2.5D)，复杂程度(简单、复杂)，任务难度(6 级、9 级、12 级)对工业图符搜索效率的影响。

2. 实验设计

本实验中，将提取具有代表性的工业信息特征，如图 6-14 所示，选取某工业制造系统的 24 个站点图符，将图符按照风格分为扁平图符和 2.5D 图符，按照复杂程度分为简单图符和复杂图符。颜色是刺激材料设计的重要元素之一，选取当前系统所用图符配色，白色为背景色，蓝(RBG 29/44/101)、橙(RGB 212/94/23)二色作为图符符号的常用色。

本实验的自变量(刺激变量)分为 3 组，分别为图符风格(扁平、2.5D)，复杂程度(简单、复杂)，任务难度(6 级、9 级、12 级)。扁平图符具有简洁的特点，分为线性图符、面性图符和线面结合图符；2.5D 图符是介于扁平图符与 3D 图符之间的一种风格，具有扁平图符的简洁感和 3D 图符的空间感。简单图符由较少的元素构成，表示简单的设备及加工流程；复杂图符由较多的元素构成，表示复杂的设备及加工流程。任务难度由搜索界面中出现的图符总量决定，本实验中设定了 3 种不同难度层级的搜索界面，图符放置的数量分别为 6 个、9 个、12 个。

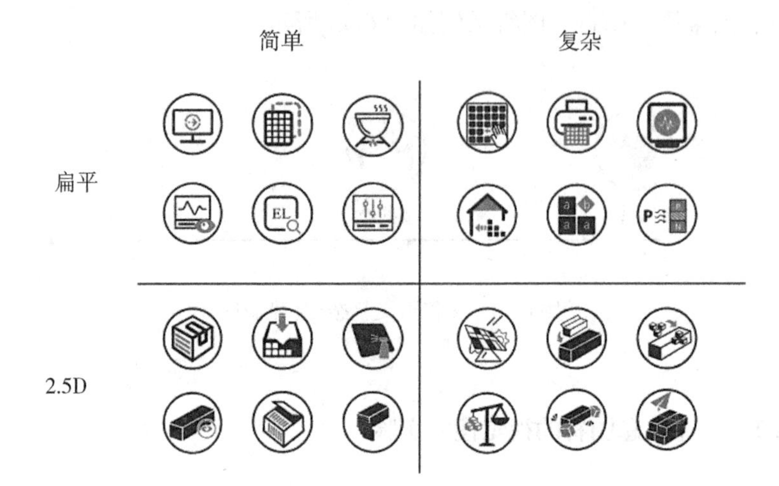

图 6-14 工业图符风格分类

实验因变量(反应变量)为被试的反应时间，实验任务为规定时间内，在给定界面区域内寻找目标图符，找到按“1”，未找到按“0”。本实验采用 2×2×3 混合实验设计，为确保行为实验数据的有效性，另外设置重复组，共 24 组实验，实验安排如表 6-3 所示。

表 6-3 实验安排

实验组	目标物	干扰物	呈现物	任务难度	重复组
01	2. 5D 简单	扁平简单	2. 5D 简单、扁平简单	6 级、9 级、12 级	2 次
02	2. 5D 复杂	2. 5D 简单	2. 5D 复杂、2. 5D 简单	6 级、9 级、12 级	2 次
03	扁平简单	扁平复杂	扁平简单、扁平复杂	6 级、9 级、12 级	2 次
04	扁平复杂	2. 5D 复杂	扁平复杂、2. 5D 复杂	6 级、9 级、12 级	2 次

实验流程：进入实验，出现第一张实验介绍界面，按任意键进入任务流程，首先出现目标图符界面，3000ms 后出现遮蔽界面，1000ms 后出现干扰物界面，3000ms 后出现任务搜索界面，任务搜索时间为 5000ms，若

找到按"1"，若未找到按"0"，至此一个任务流程结束，共有24个任务流程，实验流程如图6-15所示。

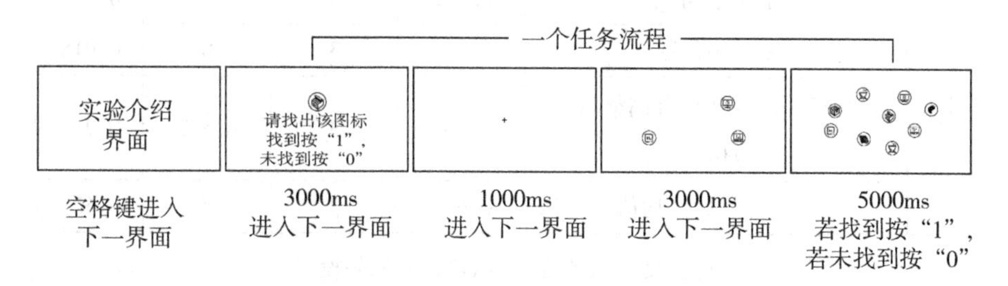

图6-15 实验流程

3. 实验设备与被试

该实验在人因与信息系统交互实验室进行，实验设备为一台像素显示为1366px×768px，颜色质量为64位的计算机，实验程序在E-Prime软件中运行，将实验素材导入E-Prime中，设定好目标靶子与任务材料，以及间隔时间。选取20名工科背景大学生作为被试，年龄在20~26周岁之间，平均年龄22周岁，无色盲、色弱等现象，矫正视力在1.0以上。

4. 实验数据处理与分析

首先删除了被试中反应时超过5000ms的数据和未找到目标物的数据，以平均反应时为参照，对上下3个标准差之外的数据进行删除，共删除1.2%的数据。

1)误差方差的Levene等同性检验

在对平均反应时间数据的Levene检验中，平均反应时间的显著性($P=0.593$，$P>0.05$)，证明各组因变量误差方差相等这一原假设成立，满足方差齐性，可以开展进一步的方差分析，如表6-4所示。

2)主体间效应检验

对图符风格、复杂程度、任务难度3个实验变量的反应时间进行主体间效应检验，如表6-5所示，图符风格的显著性($P=0.003$，$P<0.05$)说明图符风格的不同对反应时长具有显著性的影响；复杂程度的显著性($P=0.001$，$P<0.05$)说明复杂程度不同对反应时长具有显著性的影响；

表 6-4 误差方差等同性的 Levene 检验

	反应时间	F	自由度 1	自由度 2	P
时间	基于平均值	0. 672	3	8	0. 593
	基于中位数	0. 164	3	8	0. 918
	基于中位数并具有调整后自由度	0. 164	3	6. 582	0. 917
	基于剪除后平均值	0. 614	3	8	0. 625

注：检验"各个组中的因变量误差方差相等"这一原假设。

①因变量：时间；

②设计：截距+图符风格+复杂程度+任务难度+图符风格×复杂程度+图符风格×任务难度+复杂程度×任务难度+图符风格×复杂程度×任务难度。

任务难度的显著性($P=0.000$，$P<0.05$)说明任务难度对反应时长具有显著性的影响；3 种变量因素两两交互(图符风格与复杂程度交互：$P=0.125$，$P>0.05$；图符风格与任务难度交互：$P=0.616$，$P>0.05$；复杂程度与任务难度交互：$P=0.136$，$P>0.05$)及三者交互(图符风格、复杂程度、任务难度三者交互：$P=0.161$，$P>0.05$)时，对反应时长的影响均不显著。

表 6-5 主体间效应检验

因变量：时间	主体间效应检验				
源	Ⅲ类平方和	自由度	均方	F	P
修正模型	7262564. 72	11	660233. 157	25. 629	0. 000
截距	133238780. 1	1	133238780. 1	5171. 982	0. 000
图符风格	65019. 781	1	65019. 781	2. 524	0. 003
复杂程度	6652. 334	1	6652. 334	0. 258	0. 001
任务难度	6084161. 269	2	3042080. 634	118. 086	0. 000
图符风格 * 复杂程度	287057. 514	1	287057. 514	11. 143	0. 125
图符风格 * 任务难度	520158. 987	2	260079. 494	10. 096	0. 616
复杂程度 * 任务难度	697758. 6	2	398879. 3	13. 838	0. 136

续表

因变量：时间	主体间效应检验				
源	Ⅲ类平方和	自由度	均方	F	P
图符风格 * 复杂程度 * 任务难度	101756. 239	2	50878. 119	1. 975	0. 161
误差	618279. 52	24	25761. 647		
总计	141119624. 3	36			
修正后总计	7880844. 244	35			

注：$R^2=0.992$（调整后 $R^2=0.886$）。

3）数据分析

通过控制变量分别对图符风格、复杂程度、任务难度的反应时长进行分析。如图 6-16 所示，通过控制变量对图符风格的反应时长进行分析，在保证其他变量一致的情况下，2. 5D 风格图符的反应时长均低于扁平风格图符，说明在视觉任务搜索中，扁平图符受到的抑制强于 2. 5D 图符；对复杂程度的反应时长进行分析，在保证其他变量一致的情况下，复杂图符的反应时长均低于简单图符，说明在视觉任务搜索中，简单图符受到的抑制强于复杂图符。对不同图符任务难度的反应时长进行分析，在保证其他变量一致的情况下，数量等级越高，任务难度越高，反应时间越长，说明视觉标记数量存在上限，数量等级越高，新旧项目的比例越大，视觉搜索效率越低。

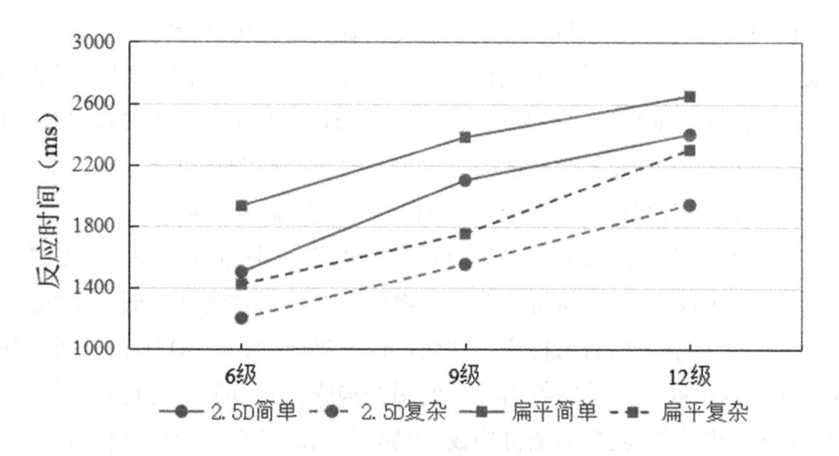

图 6-16　不同信息特征在不同任务难度间的反应时间

4) 工业图符信息特征中视觉标记的抑制机制分析

为了研究工业图符信息特征中视觉标记的抑制作用，将重复组与任务难度组的数据进行合并，仅研究图符风格与复杂程度，共4组实验，如表6-6所示。

表6-6 各组对比

实验组	目标物	干扰物
01	2.5D 简单	扁平简单
02	2.5D 复杂	2.5D 简单
03	扁平简单	扁平复杂
04	扁平复杂	2.5D 复杂

通过控制变量分别对图符风格、复杂程度在各组间的反应时长进行分析，可以分别研究图符风格中扁平风格与2.5D风格之间的相互抑制机制和图符复杂程度中简单图符与复杂图符之间的相互抑制机制。实验组01中控制图符复杂程度均为简单图符，目标物为2.5D图符，干扰物为扁平图符；实验组02中控制图符风格均为2.5D图符，目标物为复杂图符，干扰物为简单图符；实验组03中控制图符风格均为扁平图符，目标物为简单图符，干扰物为复杂图符；实验组04中控制图符复杂程度均为复杂图符，目标物为扁平图符，干扰物为2.5D图符。

结合表6-6与图6-16，通过对比组01、组03和组02、组04的实验数据发现，2.5D图符比扁平图符视觉搜索效率高。目标物与干扰物在图符风格的对比中，通过控制图符复杂程度一定，对比组01和组04的实验数据发现，扁平图符受到的抑制强于2.5D图符。通过对比组01、组02和组03、组04的实验数据发现，复杂图符比简单图符视觉搜索效率高。目标物与干扰物在图符复杂程度的对比中，通过控制图符风格一定，对比组02和组03的实验数据发现，简单图符受到的抑制强于复杂图符。

在任务界面中，扁平图符具有抽象的特点，平面特征明显，2.5D图符具有具象的特点，立体特征明显，操作员在进行视觉搜索时，空间感强的特征会抑制空间感弱的特征，在同一任务界面中，2.5D图符空间感强，视觉搜索效率高。简单图符由较少的图符构成，具有简洁的特点，记忆点较少；复杂图符由较多的图符构成，具有复杂的特点，记忆点较多。操作员在进行视觉搜索时，记忆点多的特征会抑制记忆点少的特征，在同一任务界面中，复杂图符记忆点多，视觉搜索效率高。任务难度由目标界面的图符总量决定，数量等级越高，新旧项目的比例越大，任务难度越高，图符特征及图符位置的抑制机制越不明显，操作员在进行视觉搜索的反应时间越长，效率越低。

5. 实验结论

(1)工业制造系统信息交互界面中，图符风格、复杂程度及任务难度均对反应时间具有显著影响，当图符的图符风格表现为“2.5D”、复杂程度表现为“复杂”时，反应时间最短，认知效率最高。

(2)视觉标记理论存在基于工业图符信息特征的抑制机制，且扁平特征受到的抑制强于2.5D特征，简单特征受到的抑制强于复杂特征。

(3)视觉对旧项目的位置及特征进行标记后，新项目的数量等级越高，新旧项目的比例越大，任务难度越高，特征及位置的抑制机制越不明显，视觉搜索效率越低。

6.4　工业信息图符语义范畴的视觉标记实验

在工业制造系统中，工业信息图符所属范畴的不同，在外在信息特征的表达上具有显著不同。本节以某企业工业图符为例，采用实验探究的方式，在生产、设备、监控、警示4个图符语义范畴层面开展以语义范畴为视觉标记的工业图符视觉搜索研究。

6.4.1　工业信息图符语义范畴分析

图符语义主要指图符通过外在呈现形式表示其内在含义，注重图符信息特征与内在含义的相互转化。在工业信息系统中，操作员对图符的认知主要基于图符的外在呈现形式与内在含义，鲁道夫·阿恩海姆(1998)提出，所有的外在形态都是内在含义的具体呈现。在工业制造系统图符中，不同的图符有着不同的语义，同类图符之间存在共同的关联性，这种关联性构成了同种范畴类图符。在工业图符中，这种范畴关系具体体现在生产加工、工业设备、信息监控、安全警示4个方面，工业图符也随之分为生产类图符、设备类图符、监控类图符、警示类图符4种。

1. 生产类图符

生产加工是工业生产流程中至关重要的一环，指的是从原材料到最终产品的一系列加工流程，整个生产加工流程需要借助相关工业设备以及人工干预，按照生产计划，有序地进行产品的加工与制造。其中，生产加工流程共分为 3 个模块，分别为加工模块、组装模块、仓储运输模块。

在加工模块中，通过不同工序对材料进行处理，让材料的形状、尺寸和性能发生变化。在组装模块中，操作员按照既定的生产规范，对产品零部件进行从零到整的组装，在此过程中，产品本身化学性质不发生改变。在仓储运输模块中，操作员对已经组装好的产品进行打包入库，为下一环节做准备。以上 3 个模块的主要工序示例为备料、装料、铸锭、拆锭、截断、磨面、倒角、切片、检验、清洗、包装、储存等，如表 6-7 所示。

表 6-7　生产类图符

在图符色彩方面，忽略背景色，生产类图符多采用双色搭配的方式进行设计，主色为蓝色，辅助色为橙色，蓝色主体部分表示当前工序的主体，橙色指示性图符表示抽象化的加工过程。在图符风格层面，生产类图符多采用 2. 5D 风格，部分加工流程简单的图符采用扁平风格，大多图符中具有指示性符号，用来提示操作员该加工流程的具体加工过程。在图符复杂度层面，生产类图符的整体视觉复杂度为多色抽象色块图符，局部特征复杂度为多色多图符，图符语义复杂度为简单语义图符。表 6-8 所示为生产类图符示例特征分析。

表 6-8　生产类图符特征分析

图符示例	图符名称	图符风格	图符色彩	图符复杂度	动作特征
	方棒发料	2. 5D 图符	蓝色为主 橙色为辅	多色抽象色块 多图符 简单语义	有加工 动作
	功率测试	扁平图符	蓝色为主 橙色为辅	多色抽象色块 中等数量图符 简单语义	有加工 动作

2. 设备类图符

工业设备是生产加工过程中的必需品，主要用来维系产品生产加工的良好运转，以某信息系统中的工业图符为例，工业设备主要包括生产材料以及加工工具两大类。在生产材料中，主要包括背板、型材、玻璃、互联条、汇流条、电池片、EVA(POE)、接线盒等，在加工工具中，主要包括型材胶、A 胶、B 胶、线盒底座胶等，如表 6-9 所示。

表 6-9　设备类图符

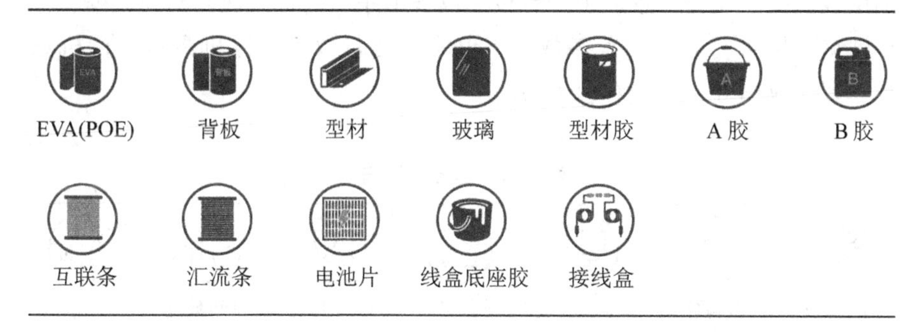

在图符色彩方面，忽略背景色，设备类图符多采用单色或双色搭配的方式进行设计，在单色搭配中，主色为蓝色；在双色搭配中，主体色为蓝色，辅助色为橙色。蓝色主体部分表示当前设备的主体，橙色标志性图符以字母、汉字、常见图符为主，能够更明确地表示当前图符的含义。在图符风格层面，设备类图符多采用扁平风格，少部分图符采用 2. 5D 风格。在图符复杂度层面，设备类图符的整体视觉复杂度为单色抽象色块图符，局部特征复杂度为双色单图符，图符语义复杂度为简单语义图符。表 6-10 所示为设备类图符示例特征分析。

表 6-10　设备类图符特征分析(见彩图)

图符示例	图符名称	图符风格	图符色彩	图符复杂度	有无文字
	型材	2.5D 图符	蓝色	单色抽象色块 多图符 复杂语义	无文字
	背板	2.5D 图符	蓝色为主 橙色为辅	双色抽象色块 多图符 简单语义	有文字
	玻璃	扁平图符	蓝色	单色抽象色块 单图符 简单语义	无文字
	接线盒	扁平图符	蓝色为主 橙色为辅	双色抽象色块 多图符 复杂语义	无文字

3. 监控类图符

信息监控系统是工业制造系统的关键组成成分，主要是对生产加工过程中的数字化信息进行可视化呈现，信息监控系统中的工业图符是各个信息监控子系统的窗口。以某信息系统中工业图符为例，监控类图符主要包括层级监视、视频实景、生产看板、设备工序、设备监视、车间数据、工厂数据、机台状态、配置参数、串返率、运行数量、停机数量、待机数量、智能应用等，如表 6-11 所示。

表 6-11　监控类图符

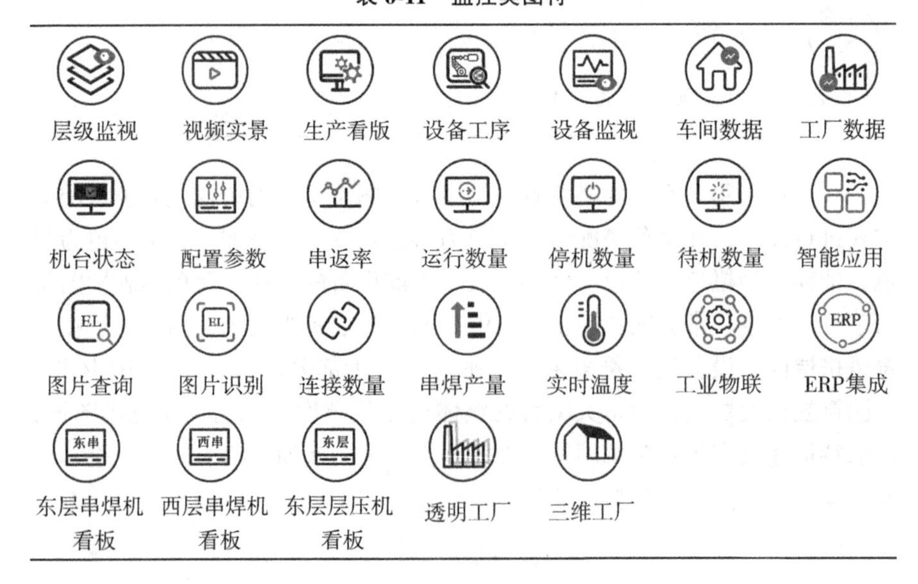

在图符色彩方面，忽略背景色，监控类图符多采用双色搭配的方式进行设计，主体色为蓝色，辅助色为橙色，少部分采用单色设计。蓝色主体部分表示当前监控的主体，橙色标志性图符以常见图符为主，能够更明确地表示当前图符的含义。在图符风格层面，监控类图符均采用扁平风格。在图符复杂度层面，监控类图符的整体视觉复杂度为双色抽象色块图符，局部特征复杂度为双色多图符，图符语义复杂度为多为复杂语义图符。表 6-12 所示为监控类图符示例特征分析。

表 6-12　监控类图符特征分析(见彩图)

图符示例	图符名称	图符风格	图符色彩	图符复杂度	有无监控框
	视频实景	扁平图符	蓝色为主 橙色为辅	双色抽象色块 双图符 简单语义	有
	停机数量	扁平图符	蓝色为主 橙色为辅	双色抽象色块 双图符 简单语义	有
	设备工序	扁平图符	蓝色为主 橙色为辅	双色抽象色块 多图符 复杂语义	有
	连接数量	扁平图符	蓝色	单色抽象色块 单图符 复杂语义	无
	智能应用	扁平图符	橙色为主 蓝色为辅	双色抽象色块 多图符 复杂语义	无

4. 警示类图符

在工业信息系统中，相对于其他范畴类图符，警示类图符虽然数量不多，但所起到的作用至关重要。由于警示符号的特殊性，在对工业图符进行设计时，选取的符号元素应符合操作员、工程师群体的内在知识体系和生活经验中的视觉经历。有关警示符号的元素应采用一致性原则，以便于保证操作员、工程师群体对这类图符的认知一致性。特别是关于注意、警示的图符，应在语义传达上做到明确和直观。

红色作为最为醒目的颜色，能够快速引起操作员的注意，在警示类标识中最为常用，尤其是在工业信号提示灯中广泛运用。在将红色应用在工业图符上时，需要注意红色应用的位置，一般用作整体的颜色或者边框上。

黄色是色谱中最明亮通透的颜色，在工业信息系统中，黄色经常表示需要引起注意的事物，在工业图符色彩设计中，通常会搭配其他颜色进行使用，如红色、黑色，尤其是黄色和黑色的搭配，可以碰撞出极为醒目的视觉效果，日常生活中常用于警示的颜色搭配中。系统中警示类图符主要包括异常报警、当前报警、历史报警、通信正常、通信异常等，如表 6-13 所示。

表 6-13　警示类图符

异常报警	当前报警	历史报警	通信正常	通信异常

在图符色彩方面，忽略背景色，安全警示类图符多采用双色搭配的方式进行设计，主体色多为红色，辅助色为黄色，少部分采用主体色为蓝色，辅助色为橙色的设计。在图符设计中，常以符合大众认知的红色警铃为视觉主体，辅助图符为感叹号、表盘、对号等。在图符风格层面，安全警示类图符均采用扁平风格。在图符复杂度层面，安全警示类图符的整体视觉复杂度为双色抽象色块图符，局部特征复杂度为双色多图符，图符语义复杂度为简单语义图符。如表 6-14 所示，为安全警示类图符示例特征分析。

表 6-14　警示类图符特征分析（见彩图）

图符示例	图符名称	图符风格	图符色彩	图符复杂度	特殊符号
	异常报警	扁平图符	红色为主 黄色为辅	双色抽象色块 双图符 简单语义	警铃 感叹号
	当前报警	扁平图符	红色	单色抽象色块 单图符 简单语义	警铃
	历史报警	扁平图符	红色为主 黄色为辅	单色抽象色块 双图符 简单语义	警铃 表盘
	通信正常	扁平图符	蓝色为主 橙色为辅	单色抽象色块 双图符 简单语义	电话 对勾
	通信异常	扁平图符	蓝色为主 橙色为辅	双色抽象色块 双图符 简单语义	电话 感叹号

6.4.2　工业信息图符的语义范畴实验

1. 实验目的

为了提高工业图符识读的效率，减少操作员出错，开展以语义范畴为视觉标记的工业图符视觉搜索实验。本实验采用视觉标记理论中的预搜索实验范式，选取 4 种不同语义范畴的工业图符作为实验变量，设计目标搜索任务，开展心理学行为反应实验，探究不同语义范畴(生产类、设备类、监控类、警示类)对工业图符搜索效率的影响。

2. 实验设计

本实验中，选取工业制造系统中的 70 个图符，如表 6-15 所示，从语义范畴的角度将图符分为生产类、设备类、监控类、警示类，颜色是刺激材料设计的重要元素之一，选取当前系统所用图符配色，白色为背景色，蓝(RBG 29/44/101)、橙(RGB 212/94/23)两色作为图符符号的常用色。

表 6-15　工业图符范畴分类

生产类图符								
前清洗	扩散	后清洗	镀膜	丝网印刷	功率测试	小包装	大包装	分选包装
入库	备料	装料	铸锭	拆锭	头尾截断	磨面	倒角	生产入库
切片	粘棒	晶锭检测	方棒检验	方棒入库	方棒发料	预清洗	插片清洗	确认入库

设备类图符

EVA(POE)	背板	型材	玻璃	型材胶	A胶	B胶	互联条	汇流条
电池片	接线盒	线盒底座胶						

续表

监控类图符								
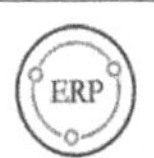								
ERP集成	层级监视	视频实景	生产看板	设备工序	设备监视	车间数据	工厂数据	透明工厂

机台状态	配置参数	串返率	运行数量	停机数量	待机数量	智能应用	EL图片查询	三维工厂
							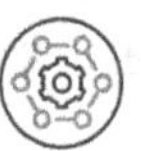	
EL图片识别	东层串焊机看板	西层串焊机看板	东层层压机看板	连接数量	串焊产量	实时温度	工业物联	
警示类图符								

异常报警	当前报警	历史报警	通信正常	通信异常				

本实验的自变量(刺激变量)分为2组，分别为图符语义范畴(生产类、设备类、监控类、警示类)，目标物的数量(1个、2个、3个)。实验因变量(反应变量)为被试的反应时间。实验任务是不限时间，在给定界面区域内寻找目标图符，找到目标物后在键盘上按下对应位置的数字。本实验采用4×3混合实验设计，为确保行为实验数据的有效性，另外设置重复组，共24组实验，实验安排如表6-16所示。

表6-16 实验安排

实验组	目标物	呈现物	寻找目标物的数量	重复组
01	设备类图符	四种图符都呈现	1个、2个、3个	2次
02	生产类图符	四种图符都呈现	1个、2个、3个	2次
03	监控类图符	四种图符都呈现	1个、2个、3个	2次
04	警示类图符	四种图符都呈现	1个、2个、3个	2次

实验流程：进入实验，出现第一个实验介绍界面，按空格键进入图符识读界面，完成图符识读后，按空格键进入任务流程，首先出现任务介绍界面，2000ms后出现遮蔽界面，1000ms后出现任务搜索界面，任务搜索不限时长，若找到按空格键，接着输入目标物所在位置的数字坐标，至此

一个任务流程结束，共有 24 个任务流程，实验流程如图 6-17 所示。

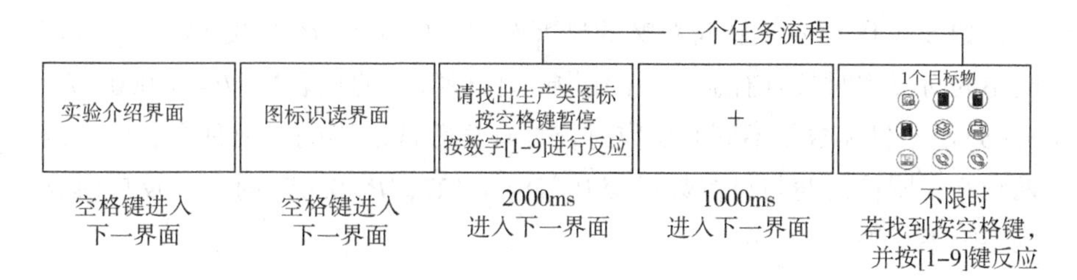

图 6-17 实验流程

3. 实验设备与被试

本实验在人因与信息系统交互实验室进行，实验设备为一台像素显示为 1366px×768px，颜色质量为 64 位的计算机，实验程序在 E-Prime 软件中运行，将实验素材导入 E-Prime 中，设定好目标靶子与任务材料，以及间隔时间。选取 25 名工科背景大学生作为被试，年龄在 20~26 周岁之间，平均年龄 22 周岁，无色盲、色弱等，矫正视力在 1.0 以上。

4. 实验数据处理与分析

首先删除了被试回答错误的数据，并以平均反应时长为参照，对上下 3 个标准差之外的数据进行删除，共删除 1.6%的数据。

1)误差方差的 Levene 等同性检验

在对平均反应时间数据的 Levene 检验中，平均反应时间的显著性($P=0.281$，$P>0.05$)，证明各组因变量误差方差相等这一原假设成立，满足方差齐性，可以开展进一步的方差分析，如表 6-17 所示。

表 6-17 误差方差等同性的 Levene 检验

反应时间		F	自由度 1	自由度 2	P
时间	基于平均值	1.305	11	24	0.281
	基于中位数	0.406	11	24	0.939
	基于中位数并具有调整后自由度	0.406	11	12.920	0.929
	基于剪除后平均值	1.220	11	24	0.327

注：检验“各个组中的因变量误差方差相等”这一原假设。

设计：截距+图符范畴+目标数量+图符风格×目标数量。

2)主体间效应检验

对图符范畴、目标数量两个实验变量的反应时间进行主体间效应检验，如表6-18所示，图符范畴的显著性($P=0.000$，$P<0.05$)表明图符范畴不同对反应时长具有显著性的影响；目标数量的显著性($P=0.000$，$P<0.05$)说明目标数量不同对反应时长具有显著性的影响；两种变量因素两两交互，图符范畴与目标数量交互($P=0.127$，$P>0.05$)时，对反应时长的影响不显著。

表6-18 主体间效应检验

因变量：时间	主体间效应检验				
源	Ⅲ类平方和	自由度	均方	F	P
修正模型	150222505	11	13656591.36	10.654	0.000
截距	1642937600	1	1642937600	1281.661	0.000
图符范畴	101521470.3	3	33840490.10	26.399	0.000
目标数量	34278788.72	2	17139394.36	13.370	0.000
图符范畴 * 目标数量	14422245.94	6	2403707.657	1.875	0.127
误差	30765164.00	24	1281881.833		
总计	182392569	36			
修正后总计	180987669.0	35			

注：$R^2=0.830$(调整后 $R^2=0.752$)。

3)数据分析

通过控制变量分别对图符范畴、目标数量的反应时长进行分析。如图6-18所示，通过控制变量对图符范畴的反应时长进行分析，在保证其他变量一致的情况下，4类图符的搜索时长由短到长依次为警示类、监控类、设备类、生产类，其中被试在搜索警示类图符所用时间最短，在搜索生产类图符所用时间最长。结合视觉标记的抑制机制来进行分析，被试在进行目标搜索时，不同语义范畴下的图符之间存在着相互抑制的关系，且由被试的反应时长可以判断出4类不同范畴图符之间的抑制性由强到弱依次为警示类、监控类、设备类、生产类，其中警示类图符对其他范畴图符抑制性最强，生产类图符对其他范畴图符抑制性最弱。

对不同数量目标物的视觉搜索反应时长进行分析，在保证其他变量一致的情况下，目标物越多，反应时间越长。随着目标物的增多，被试在视

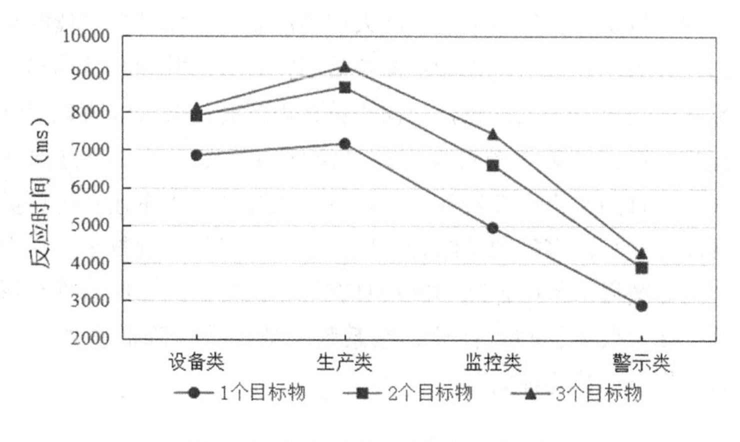

图 6-18　不同语义范畴图符反应时间

觉搜索时所用时间增长幅度减缓，说明随着目标物数量增多，目标物之间的关联性增强，目标物与干扰物的比例增大，目标物所占的视觉重心增强，被试搜索目标物所用时间增幅变缓。

4）工业图符中以语义范畴为视觉标记的抑制作用分析

为了研究工业图符语义范畴中视觉标记的抑制作用，将重复组与不同数量目标组的数据进行合并，仅从图符语义范畴进行研究，共 4 组实验，如表 6-19 所示。

表 6-19　各组对比

实验组	目标物	干扰物
01	设备类	生产类、监控类、警示类
02	生产类	设备类、监控类、警示类
03	监控类	设备类、生产类、警示类
04	警示类	设备类、生产类、监控类

通过分析图 6-18 中的各组数据，结合视觉标记的抑制机制，被试在进行目标搜索时，不同语义范畴下的图符之间存在着相互抑制的关系，且由被试的反应时长可以判断出 4 类不同范畴图符之间的抑制性由强到弱依次为警示类、监控类、设备类、生产类，其中警示类图符对其他范畴图符抑制性最强，生产类图符对其他范畴图符抑制性最弱。

表 6-20 分别从图符组合关系、风格、色彩、特性 4 个方面对上述四类图符进行分析，可以看出，警示类图符具有的共同特性为红色的警铃，

符合人们的一贯认知，红色也能引起人们的注意，操作员在识读时会结合一贯认知，较为迅速地进行识读；监控类图符具有的共同特性为显示屏的图符，显示屏与监控关联性较强，操作员在识读时，会较快辨认出该图符属于监控类图符；设备类图符大多是具象化的某类工具，图符独立性较强，语义简洁且图符集中性较强，操作员辨识起来较为迅速；生产类图符多伴随着动作，且由多类图符组合而成，具有较强的视觉复杂度，操作员识读起来较为缓慢。不同范畴类图符具有不同的特性，这些特性会影响操作员的视觉搜索效率，与过往认知联系紧密的特性会降低操作员认知负荷，提升操作员的认知绩效。

表 6-20　不同范畴类图符分析

图符范畴	图符示例	图符组合关系	风格	色彩	特性
生产类		多图符组合	2.5D	蓝主黄辅	伴随着加工的动作
设备类		单一图符	扁平	蓝主黄辅	具象化的某类工具
监控类		单一图符	扁平	蓝主黄辅	显示屏为主体
警示类		单一图符	扁平	红主黄辅	灯或电话

5. 实验结论

(1)在工业信息系统交互界面中，图符所属范畴不同对图符视觉搜索效率具有显著性的影响，当图符的范畴表现为警示类时，相较于其他图符，反应时间更短，认知效率更高。

(2)除基于干扰物的特征抑制和位置抑制外，视觉标记理论中的抑制机制还存在基于工业图符语义范畴的抑制，且语义范畴的抑制作用大部分是由多种特征综合决定的。

(3)随着目标物的增多，目标物所占的视觉重心增强，目标物之间的关联性增强，搜索目标物所用时间增幅变缓。

6.5 以空间布局为视觉标记的工业信息图符搜索实验

在工业信息系统界面中，工业图符空间布局的不同，可能对操作员视觉搜索效率产生影响。Hodsoll 等(2005)认为，当旧项目和目标物具有特定空间结构时，可以提高视觉搜索效率。本节以某企业工业图符为例，采用实验探究的方式，在规律布局、混乱布局、有序排列、无序排列 4 个角度开展以空间布局为视觉标记的工业图符视觉搜索研究。

6.5.1 工业信息图符空间布局分析

工业信息系统界面中，一个信息界面中往往存在多个图符，图符与图符之间存在不同的范畴关系，不同范畴类图符排布方式的不同可能会影响操作员的视觉搜索效率。以某企业工业图符为例，从空间整体布局的角度将图符布局分为规律布局和混乱布局，从空间局部布局的角度将图符布局分为有序排列 A、有序排列 B、无序排列 C、无序排列 D。

1. 规律布局

在规律布局中，工业图符的排布方式为 3×3 布局，工业图符之间的位置、间距均保持一致。有序排列 A 中，同范畴类图符以横向集中分布的方式进行排列；有序排列 B 中，同范畴类图符以纵向集中分布的方式进行排列；无序排列 C 与无序排列 D 中的图符排序方式均为随机分布的方式进行排序。在有序排列中，同范畴类图符之间存在明显的位置集群关系，例如横向集中分布、纵向集中分布，在无序排列中，同范畴类图符之间不存在明显的位置集群关系，所有图符的排序方式均为随机分布。如表 6-21 所示为工业图符规律布局分类。

2. 混乱布局

在混乱布局中，工业图符之间的位置、间距均不统一。有序排列 A 中，同范畴类图符以面型集中分布的方式进行排列；有序排列 B 中，同范畴类图符以线型集中分布的方式进行排列；无序排列 C 与无序排列 D 中的图符排序方式均为随机分布的方式进行排序。在有序排列中，同范畴类图符之间存在明显的位置集群关系，例如面型集中分布、线型集中分布；在无序排列中，同范畴类图符之间不存在明显的位置集群关系，所有图符的排序方式均为随机分布。如表 6-22 所示为工业图符混乱布局分类。

表 6-21 工业图符规律布局分类

有序排列 A	有序排列 B	无序排列 C	无序排列 D
横向集中分布	纵向集中分布	随机分布	随机分布

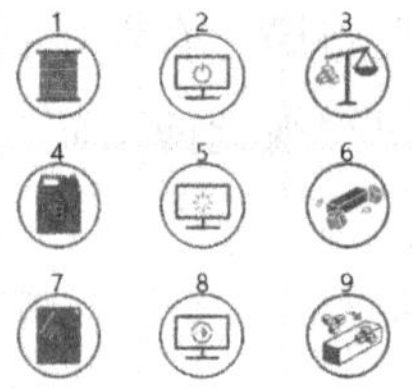

表 6-22 工业图符混乱布局分类

分类	示例	分析
有序排列 A	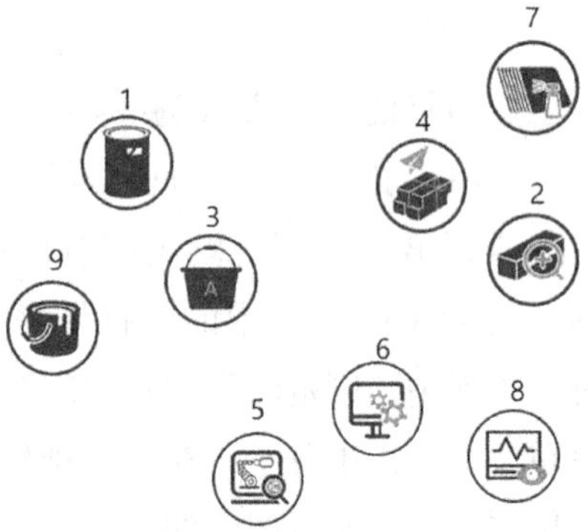	面型集中分布
有序排列 B	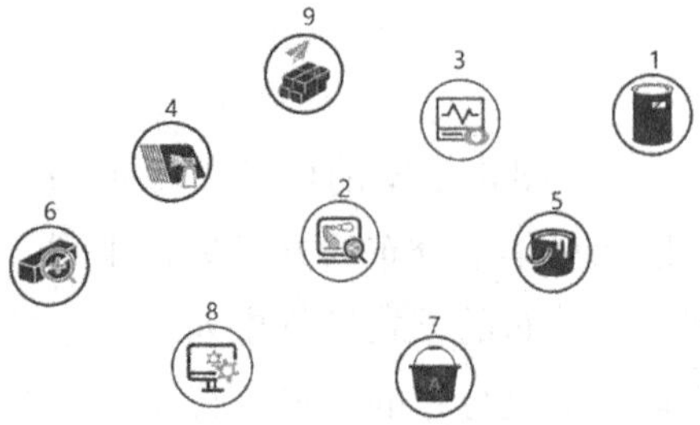	线型集中分布

续表

分类	示例	分析
无序排列 C	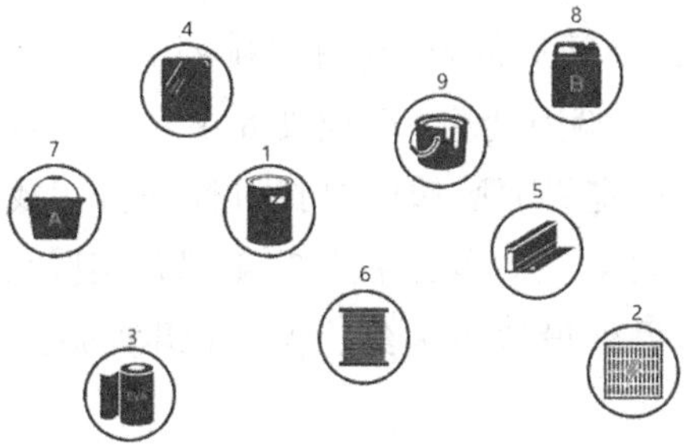	随机分布
无序排列 D	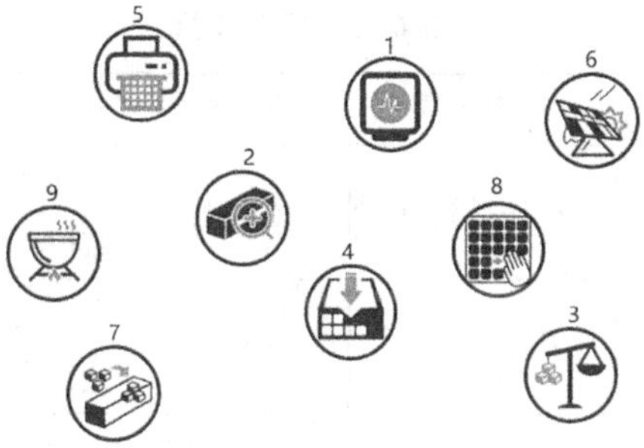	随机分布

6.5.2　工业信息图符的空间布局实验

1. 实验目的

为了提高工业图符的识读效率，减少用户出错，开展以空间布局为视觉标记的工业图符视觉搜索实验。本实验采用视觉标记理论中的预搜索实验范式，选取不同空间布局的工业图符作为实验变量，设计目标搜索任务，开展心理学行为反应实验，探究不同空间布局对工业图符搜索效率的影响。

2. 实验设计

本实验选取工业信息系统中的 70 个图符，从空间整体布局的角度将图符布局分为规律布局和混乱布局，从空间局部布局的角度将图符布局分为有序排列 A、有序排列 B、无序排列 C、无序排列 D。颜色是刺激材料设计的重要元素之一，选取当前系统所用图符配色，白色为背景色，蓝(RBG 29/44/101)、橙(RGB 212/94/23)两色作为图符符号的常用色。

本实验的自变量(刺激变量)分为2组，分别为空间整体布局(规律布局、混乱布局)，空间局部布局(有序排列A、有序排列B、无序排列C、无序排列D)。实验因变量(反应变量)为被试的反应时间。实验任务是不限时间，在给定界面区域内寻找目标图符，找到目标物后在键盘上按下对应位置的数字。本实验采用2×4混合实验设计，为确保行为实验数据的有效性，另外设置重复组，共16组实验，实验安排如表6-23所示。

表6-23　实验安排

实验组	整体布局	局部布局	目标物	呈现物	重复组
01	规律布局	有序排列A	生产类	生产类、设备类、监控类	2次
02	规律布局	有序排列B	设备类	生产类、设备类、监控类	2次
03	规律布局	无序排列C	监控类	生产类、设备类、监控类	2次
04	规律布局	无序排列D	设备类	生产类、设备类、监控类	2次
05	混乱布局	有序排列A	生产类	生产类、设备类、监控类	2次
06	混乱布局	有序排列B	监控类	生产类、设备类、监控类	2次
07	混乱布局	无序排列C	设备类	设备类	2次
08	混乱布局	无序排列D	生产类	生产类	2次

实验流程：进入实验，出现第一个实验介绍界面，按空格键进入任务流程，首先出现任务介绍界面，3000ms后出现遮蔽界面，1000ms后出现任务搜索界面，任务搜索不限时长，找到目标按空格键，接着输入目标物所在位置的数字坐标，至此一个任务流程结束，共有16个任务流程，实验流程如图6-19所示。

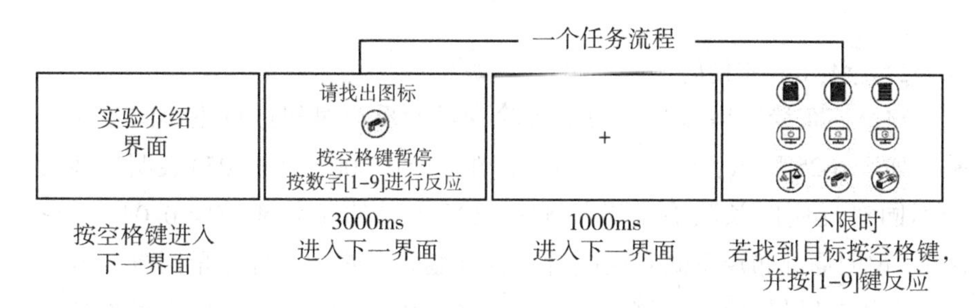

图 6-19 实验流程

3. 实验设备与被试

本实验在人因与信息系统交互实验室进行，实验设备为一台像素显示为 1366px×768px，颜色质量为 64 位的计算机，实验程序在 E-Prime 软件中运行，将实验素材导入 E-Prime 中，设定好目标靶子与任务材料，以及间隔时间。选取 30 名工科背景大学生作为被试，年龄在 20～26 周岁之间，平均年龄 23 周岁，无色盲、色弱等，矫正视力在 1. 0 以上。

4. 实验数据处理与分析

首先删除了被试中回答错误的数据和未找到目标物的数据，以平均反应时为参照，对上下 3 个标准差之外的数据进行删除，共删除 1. 4%的数据。

1)误差方差的 Levene 等同性检验

在对平均反应时间数据的 Levene 检验中，平均反应时间的显著性($P=0.082$，$P>0.05$)，证明各组因变量误差方差相等这一原假设成立，满足方差齐性，可以进一步开展方差分析，如表 6-24 所示。

表 6-24 误差方差等同性的 Levene 检验

反应时间		F	自由度 1	自由度 2	P
时间	基于平均值	3. 236	3	8	0. 082
	基于中位数	3. 214	3	8	0. 083
	基于中位数并具有调整后自由度	3. 214	3	2. 162	0. 233
	基于剪除后平均值	3. 235	3	8	0. 082

注：检验“各个组中的因变量误差方差相等”这一原假设。

设计：截距+整体布局+局部布局+整体布局×局部布局。

2) 主体间效应检验

对整体布局、局部布局两个实验变量的反应时间进行主体间效应检验，如表 6-25 所示，整体布局的显著性（$P=0.000$，$P<0.05$）表明整体布局不同对反应时长具有显著影响；局部布局的显著性（$P=0.045$，$P<0.05$）说明局部布局不同对反应时长具有显著影响；两种变量因素两两交互，整体布局与局部布局交互（$P=0.486$，$P>0.05$）时，对反应时长的影响不显著。

表 6-25　主体间效应检验

因变量：时间	主体间效应检验				
源	Ⅲ类平方和	自由度	均方	F	P
修正模型	469598.917	3	156532.972	45.127	0.000
截距	49179154.08	1	49179154.08	14177.774	0.000
整体布局	448146.750	1	448146.750	129.195	0.000
局部布局	19602.083	1	19602.083	5.651	0.045
整体布局 * 局部布局	1850.083	1	1850.083	0.533	0.486
误差	27750.000	8	3468.750		
总计	49676503.00	12			
修正后总计	497348.917	11			

注：$R^2=0.944$（调整后 $R^2=0.923$）。

3) 数据分析

通过控制变量分别对图符空间整体布局（规律布局、混乱布局）、图符空间局部布局（有序排列 A、有序排列 B、无序排列 C、无序排列 D）的反应时长进行分析。如图 6-20 所示，通过控制变量对图符整体布局的反应时长进行分析，在保证其他变量一致的情况下，规律布局的搜索时长低于混乱布局；通过控制变量对图符局部布局的反应时长进行分析，在保证其他变量一致的情况下，有序排列布局的搜索时长低于无序排列布局；在空间整体布局为规律布局，空间局部布局为有序排列 A 时，被试进行目标物搜索时所用时间最短；在空间整体布局为混乱布局，空间局部布局为无序排列 D 时，被试进行目标物搜索时所用时间最长。

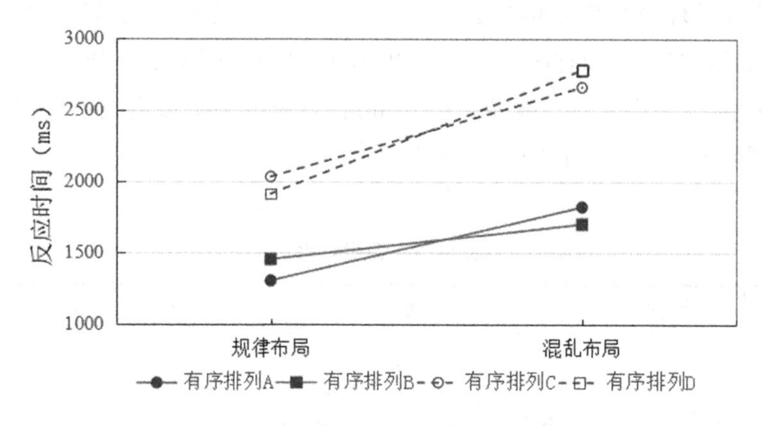

图 6-20　不同空间布局图符在各组间反应时间

结合视觉标记的抑制机制来进行分析，被试在进行目标搜索时，不同空间布局下的图符之间存在着相互抑制的关系，且由被试的反应时长可以判断出，在图符空间整体布局中规律布局受到的抑制低于混乱布局，在空间局部布局中有序排列受到的抑制低于无序排列。

4）工业信息图符中以空间布局为视觉标记的抑制作用分析

为了研究工业图符空间布局中视觉标记的抑制作用，将重复组的数据进行合并，仅从图符空间布局进行研究，共 8 组实验，如表 6-26 所示。

结合上文数据结果，从目标物与呈现物的空间布局关系对上述实验结果进行分析，实验组 01、实验组 02、实验组 03、实验组 04 的空间整体布局特征为 3×3 规律布局，被试在对规律布局进行视觉搜索时，遵循从上至下、从左至右的视觉搜索规律，会对呈现物逐一搜索，直至寻找到目标物。实验组 05、实验组 06、实验组 07、实验组 08 的空间整体布局特征为混乱布局，被试在对混乱布局进行视觉搜索时，由于呈现物的排列规律性不强，会出现重复搜索的现象，导致视觉搜索时间增长，不规则的图符布局会抑制被试的视觉搜索效率。

在空间局部布局中，实验组 01 的布局特征为与目标物同一范畴的图符横向集中分布，实验组 02 的布局特征为与目标物同一范畴的图符纵向集中分布，实验组 03 与实验组 04 的布局特征均为所有图符随机分布。实验组 05 的布局特征为与目标物同一范畴的图符面型集中分布，实验组 06 的布局特征为与目标物同一范畴的图符线型集中分布，实验组 07 与实验组 08 的布局特征均为所有图符随机分布。结合图 6-20 中数据与表 6-26 中目标物与呈现物的空间布局关系，当目标物与同一范畴内的呈现物具有特定空间关系时，比如有序排列 A(横向集中分布、面型集中分布)、有序排列 B(纵向集中分布、线型集中分布)，被试的视觉搜索效率会高于无序排列 C 与无序排列 D 的空间布局。

表 6-26 各组对比

实验组	目标物	呈现物	空间布局关系
01	 生产类	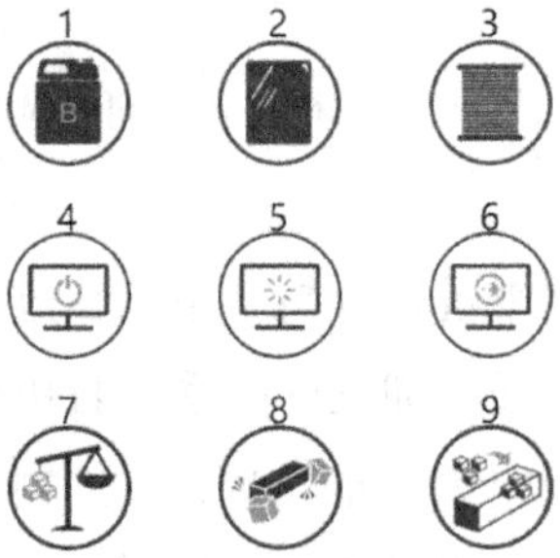 1 2 3 4 5 6 7 8 9	整体布局(规律布局) 局部布局(有序排列 A) 生产类图符横向集中分布 坐标分别为 7、8、9
02	 设备类	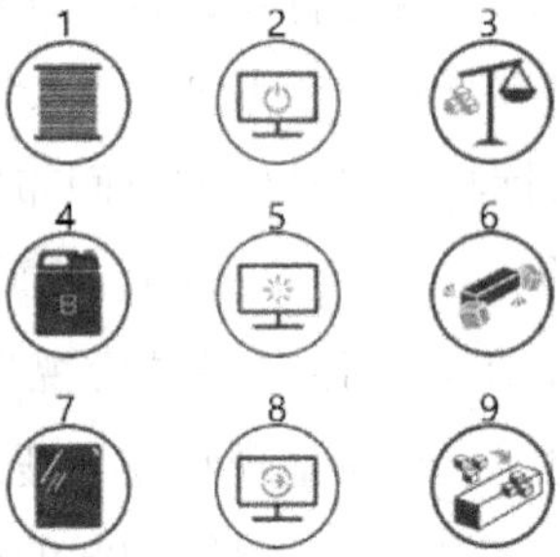 1 2 3 4 5 6 7 8 9	整体布局(规律布局) 局部布局(有序排列 B) 设备类图符纵向集中分布 坐标分别为 1、4、7
03	 监控类	 1 2 3 4 5 6 7 8 9	整体布局(规律布局) 局部布局(无序排列 C) 监控类图符随机分布 坐标分别为 2、6、7

续表

实验组	目标物	呈现物	空间布局关系
04	设备类	1 2 3 4 5 6 7 8 9	整体布局(规律布局) 局部布局(无序排列 D) 设备类图符随机分布 坐标分别为1、8、9
05	生产类	7 1 4 2 3 9 6 5 8	整体布局(混乱布局) 局部布局(有序排列 A) 生产类图符面型集中分布 坐标分别为2、4、7
06	监控类	9 3 1 4 2 6 5 8 7	整体布局(混乱布局) 局部布局(有序排列 B) 监控类图符线型集中分布 坐标分别为3、2、8
07	设备类	4 8 9 7 1 5 6 3 2	整体布局(混乱布局) 局部布局(无序排列 C) 所有图符随机分布 目标物坐标为9
08	生产类	5 1 6 2 9 8 4 7 3	整体布局(混乱布局) 局部布局(无序排列 D) 所有图符随机分布 目标物坐标为3

从上述分析可以看出，有序排列与无序排列的主要区别在于目标物在任务界面中是否与其他图符具有集群关系，图符集群关系是由图符的位置特征、信息特征与语义范畴共同决定的，当图符具有特定空间集群关系时，操作员基于目标物的特征，会优先对该集群进行检索，同时该集群也会在一定程度上抑制其他集群的视觉搜索效率。

在图符任务搜索界面中，目标物与其他图符是否具有集群特性，会在某种程度上影响操作员的视觉搜索效率，图符的位置特征、信息特征与语义范畴关联性的强弱会影响图符集群的显著性，明显的图符集群会降低操作员认知负荷，提升操作员的搜索效率。

5. 实验结论

(1)在工业制造系统的人机交互界面中，图符所属空间布局不同对图符视觉搜索效率具有显著性的影响，当图符的空间整体布局为规律布局，空间局部布局为有序排列 A 时，相较于其他空间布局，被试反应时间更短，认知效率更高。

(2)除基于干扰物的位置抑制、特征抑制和范畴抑制外，视觉标记理论中的抑制机制还存在基于工业图符空间布局的抑制，且空间布局的抑制作用是由位置抑制、特征抑制和范畴抑制共同决定的。

(3)图符集群关系是由图符的语义范畴、位置特征、信息特征共同决定的，同范畴类图符位置越近，图符之间的关联性越强，图符集群关系越显著，图符视觉搜索效率越高，搜索目标物所用时间越短。

6.6 工业信息图符的语义关联性

6.6.1 工业信息图符语义认知

上节中运用视觉标记范式开展了对工业信息图符的信息特征、语义范畴、空间布局与特征抑制、范畴抑制、空间布局抑制之间的关联实验，实现了对工业信息图符的视觉搜索认知规律的探究。在智能制造系统中，图符的形成是依据形与色等要素经过提炼转化为语义要素而完成的。好的图符设计会以便于记忆与操作为出发点，在第一时间直观、明确地将信息进行传达并呈现给操作员。工业信息图符的语义认知一定程度上会影响操作员的认知识别以及操作绩效。

工业图符的语义设计作为一种符号体系，若要对操作员传达某种明确的含义，前提是必须使操作员理解其图形的表达内涵。在工业图符设计中，语义的“安全方法”是利用以往操作员的经验，分析所要表达语义的主要成分或者要素，将其通过暗示性效果和感情效果展现出来。图符的语义也需要一个信息转译与理解的过程。

下面将从工业信息图符的语义认知角度出发，展开操作员对工业信息图符语义的视觉认知、知觉认知和情感认知分析；基于隐喻语言的认知模式探究工业信息图符的语义联系，并开展工业信息图符的语义关联性设计以及认知绩效实验。

6.6.2 操作员对图符语义的认知层次

语义学信息图符的语义主要是指符号所指示的语言的意义。英语中现代意义上的“语义学”(semantics)一词最早由法国语文学家 Michel Breal 使用。图符语义主要指图符通过外形的设计来表达的内在的含义，重在形与色的相互转化。操作员对图符认知主要在于形式带来的语义转译与理解。其分析方法一般分为“形式特征语义分析”和“色彩提取语义分析”。鲁道夫·阿恩海姆(1998)提出：“所有形状都应该是有内容的形式。”图符设计的内在与外在分别对应图符的形与义。如何让用户精准、快速获得图符语义，找到其所要使用的功能，准确建立图符形与义之间的对应关系，是图符设计的关键。

在人机交互界面信息图符的语义传播中，人们对语义的认知存在一个过程，可将传播的过程分为视觉层次、知觉层次和情感层次，如图 6-21 所示。

1. 视觉认知层次

视觉认知层次的图符是由形式、色彩等要素构成的。图符能否快速准确地吸引操作者的眼球，视觉吸引力至关重要。尽量减少操作员在进行图符识别的第一时间所感到的困惑以及不适，尽管这种情绪可能存在于很短暂的时间里，有可能只是一闪而过的念头。清晰简洁的图符表现方式、统一有序的整体性，会更便于操作员识别。

2. 知觉认知层次

知觉认知层次是指在操作员已有知识和经验的参与下，以视觉和感觉为基础，对图符进行命名和解释的过程。工业图符基本的功能是为操作员

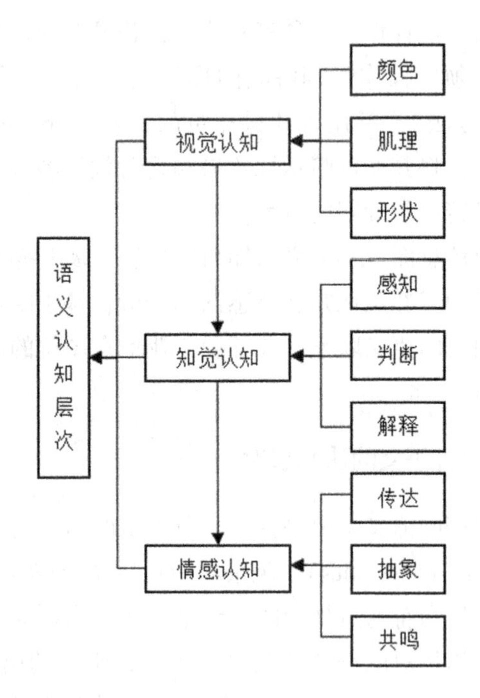

图 6-21 操作员对语义的认知层次模型

认知提供服务、在最短的时间内满足其需求，并传播信息。这不仅涉及图符的形式与色彩，图符的内涵也是需要考虑的内容。在图符设计中，如果一味地追求形式与色彩的元素而忽略操作员社会经验等因素，也会造成一定认知困难。例如人机交互界面中，同样形状的图符有时候会有不同的含义，即使图符旁边会有文字注释，但用户第一时间注意到图符的时候就会产生困惑：这个图符刚才见过的，是否还是之前的含义呢？点击之后，才发现原来是有新的含义，所以在图符形式上的选择一定要以用户的熟悉度作为标杆。

3. 情感认知层次

情感认知层次与图符所展示的信息氛围有关，不同的图符可以为操作员带来不一样的情感识别特征，也会对其情绪有一定的影响，颜色的差异同样也代表着不一样的情感氛围。如何准确地使图符的形式结合色彩，将情感清晰地展现出来，并进一步辅助操作员的认知识别操作，是设计师在设计过程中值得深入探究的问题。

如图 6-22 所示，展现的是人机交互界面中常见的 3 种样式的注意安全图符，很明显，第 2 种红色会先于蓝色和绿色引起人的视觉注意，并带来紧张感，目的是引起操作员对于某项操作安全性的注意。蓝色和绿色虽然也同样表达了有关安全的含义，但是更多的给人以平静、镇静的感觉，不是很适合用于安全提示的第一反应。

图 6-22 基于情感认知层次的工业图符

图符的语义 3 类层次的传达在操作员进行某些实际操作过程中，可能会出现传达顺序的颠倒，也有可能同时作用于操作员。例如，操作员在准备进行一个操作站点的工作时，会直接点击他所需要的图符，而忽略其视觉上的变化，有时一个非常有意思的图符样式会在第一时间吸引操作员目光，引发关于某些事物的联想。可见，视觉、知觉以及情感层次图符的各种要素相互碰撞、融合，并共同作用。

6.6.3 工业信息图符隐喻语言的认知模式

隐喻作为一种较为常见的修辞手法，在日常的情感表达中发挥着重要的作用。隐喻经常被设计师以修辞的方式运用到符号设计里，以便与使用者产生某些层面上的共鸣，获得操作者对其设计的理解和认可，实现设计者与操作者之间的交流。在图符创作与传播的过程中，隐喻经常被用来描述或帮助理解那些相对高级的图形概念。无论是对图符设计师还是操作员来说，都能够通过寻求事物的相似性或者相同点来促进自己对图符的认知理解。设计师通过对隐喻手法的熟练掌握，设计出的图符才能够更简明地帮助操作员解译，从而实现图符的准确传达。图符隐喻语言的认知模式可分为以下 4 种：

1. 以熟悉隐喻陌生

当操作员面对一个不熟悉甚至是陌生的图符时，在对语境的熟悉程度很低的情况下，很难清晰地理解图符的语义表达。因此，只能依靠个人的视觉经验来理解图符所传达的信息，即依靠生活中具有相类似含义的符号特征来进行联想，分析当前视觉所呈现的不同形状表达的信息，这种方式对解释信息的过程有一定的效果。所以，设计师在进行图符设计时，要综合考虑运用大家平时比较熟悉的形式对图符传递的陌生语义进行隐喻，可以使操作员产生共鸣，提高图符的搜索效率。

2. 以已知隐喻未知

已知隐喻未知，即用大众普遍拥有的认知能力去认识陌生的领域。在工业制造系统中，操作员对图符认知的过程就如同一个学习的过程，操作员借助自身经验来寻找合理的解释，以此理解图符形状创意的新语义，如果所设计的图符能够被操作员用自己的社会经验所认可，那么这个图符的设计创意就是成功的。在进行已知结合未知的设计过程中，设计师扮演已知引导未知的角色，操作员则是利用自己所掌握的知识对未知进行探索。

3. 以简单隐喻复杂

从格式塔心理学的原理来看，思维更偏向在复杂的模式中寻求最简单形式，这一规律表明，在图符设计时，设计师经常会通过简单的图形表达方式来简化复杂的内容。充分考虑到操作员习惯性采用联想的方式，利用简单的事物特征对复杂的事物特征进行认知。从对简单易懂的浅层含义的理解深入到深层次的含义，将抽象的概念或想法，转化为生动、鲜明的视觉形象，丰富图像表达含义的内涵。

4. 以具象隐喻抽象

设计师通过采用具体的事物形象对抽象概念进行形象化的表达，提高操作员对抽象图符的认知度，增强其对图符的理解性。在一定程度上，从心理认知需求出发，用可以展现的视觉特征形象来替代无法用具体形象展现内容的方式来提高操作员的感知程度。例如我们熟知的：使用感叹号的形状表示危险，火焰温度上升与加热产生联系，标尺的刻度与规则的制度产生联结，等等。因此，在对图符进行设计的创意过程中，设计师应该发挥自我能动性，从不同方面对抽象的事物进行观察与分析，构建一种用具象形式反应抽象内容的隐喻方式，从不同的角度审视与思考，将具象和抽象形成一定程度上的联系。也可以借助原本熟知的符号所蕴含的意义，经过自己的再加工和再设计后，转化为一个新的符号语义。

6.6.4 基于隐喻语义的图符分类分析

1. 图符认知语义的“隐喻”

“隐喻”一词来自希腊语 metaphora，意为转换之后的含义。认知语言学把隐喻定义为一种思维方式和隐喻概念体系，它属于一种常见的类比手法，以一种事物特征来比喻另外一种相类似或有一定联系的事物。从语义学和符号学上来看，针对图符设计的过程中，除了文字的搭配，其他所有的元素都存在使用隐喻的修辞手法。隐喻主要在于感知事物行为和现象等之间一定的联系性。除此之外，隐喻还有一个特性，其在设计语义中常常起到语义延伸的作用，也就是说，它可以创造物体与物体之间的相似性。

在图符设计中，常常对图形符号进行隐喻来传达语义信息。隐喻方法在使用中也有一定的原则性：其一，选择的隐喻对象一定要合理。图符的隐喻对象至少要能够被大众认可，符合人们的日常生活经验，这样可以使得图符具有较好的理解性；其二，要充分考虑到操作员的认知经验，不要轻易改变一些惯性思维上的图符认知，如用感叹符号代表危险或者警示，这样能大大加强图符的辨识性。隐喻对象的使用一定要清晰明了，尽量避免有异议的内容特征符号，不然容易引起操作员的误操作。

在对图符进行设计时，隐喻性主要通过意向来发挥作用，即从图符的隐喻意义上来看，图符设计就是对意向的一种传达。意象是“意”与“象”的统一，以“意”生“象”，在用“象”来表“意”，二者相互促进相互发展。图符设计即为“象”，也称为隐喻的喻体，设计意图则为“意”，也就是隐喻的本体。图符设计的整个过程即为图符隐喻性生成的过程，如图 6-23 所示。

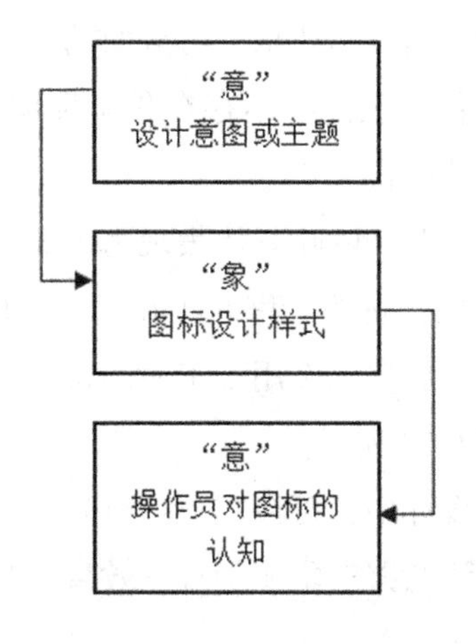

图 6-23　图符隐喻认知主要过程

索绪尔(1980)认为，任何语言符号都是由“能指”和“所指”构成的，“能指”是指语言的声音形象，“所指”是指语言所反映的事物的心理概念。比如英语中“tree”这个单词，它的发音就是它的“能指”，而“树”的概念就是“所指”。本节将延续此概念，以此为基础，利用图符自身具有符号的特征，对工业图符的语义表达进行研究。

以下主要将工业图符进行“能指”与“所指”的概念，以及“本体”与“喻体”的概念相结合，对图符中的隐喻修辞手法进行分析，而后对其生图符进行视觉上的可视化设计。“能指”是指图符图形的外在形象，“所指”是指图符所进行的操作行为。“本体”一般是需要设计师借用一定视觉形象予以展现的虚拟的数字信息，而“喻体”则主要是为了对该数字信息展现多采用的一个内在相关联的视觉形象。所谓虚拟的数字信息，是数字界面中由像素点组成的图形符号，可见而无可触摸。

2. 生产工序相关的符号隐喻语义

工业生产流程可以称为加工或者工艺流程，是指对工业产品进行生产时，从起初原料的投入至最后成品的产出，整个流程要通过特定的设备或者依靠人工，有序地按照生产顺序进行产品加工的过程。即原材料经过制作变为成品的过程。其中，工业生产流程模块则主要包含两个模块，分别是生产工艺工序模块和组装工序模块，生产工艺工序主要是工业产品在加工过程中发生组装原材料的形状或者尺寸、性能的变化；而组装工序模块则主要是操作员根据制定的技术要求，将分散的零部件组和成组件或产品的过程，称为组装，也称为装配，不存在化学反应。表 6-27 所示是国内外常见的工业生产流程的图符。

在工业生产流程中，符号隐喻具体表现为工业工序外观等，行为隐喻表现为直接操作，后者也被称为“手动启示”。简单地说，一个是告诉用户是什么，另一个是告诉用户怎么用。工序图符主要是以符号隐喻语义为主进行分析设计。如表 6-28 所示。

在生产工序的图符设计中，可使用象征符号表达语义。设计师在进行这类图符设计时，应该注意摒弃华丽的视觉效果，减少过分的修饰，以明确、精准的简化形式为主。

表 6-27　工业生产流程图符

工业生产流程（生产工序相关）

清洗

切割

测试

检验

分选

工业生产流程（组装相关）

组装

包装

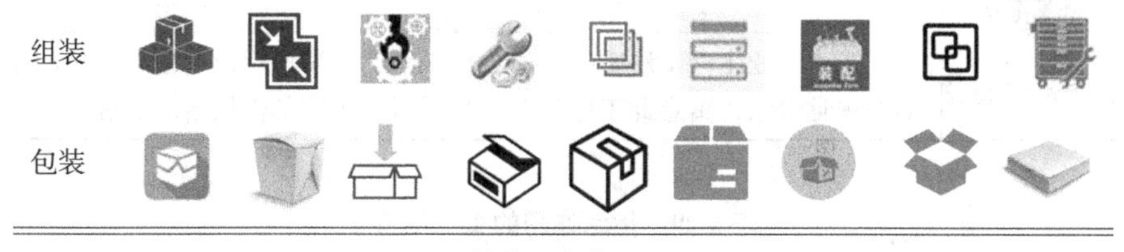

其他工序类型

其他工序类型

其他工序类型

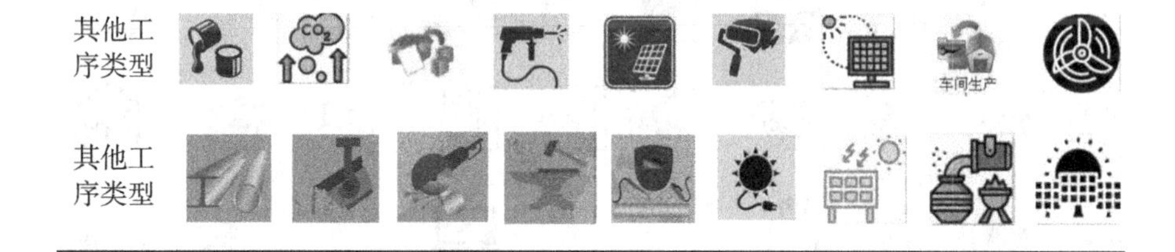

3. 指示相关的行为隐喻语义

表 6-29 所示为国内外常用指示相关的工业图符。这类图符包含了符号隐喻映射语义，也包含相关行为隐喻，起到行为指示的作用。指示图符的设计原则，应符合操作员传统认知习惯和生活经验的视觉元素，对隐喻修辞进行合理的运用，突出强调图符的指示功能，化繁为简，加强操作员在搜寻过程中的理解性。指示相关的图符的作用可以传达给操作员怎么用或者引导下一步的操作行为，其特征语义分析如表 6-30 所示。

表 6-28　生产工序相关的符号隐喻语义

图符	喻体的能指	喻体的所指	本体的能指	本体的所指
产品清洗	刷子	清洁	虚拟的数字信息	对产品进行外观清洗
	该图符为工业生产工序中的清洗工序，采用刷子自身具有的视觉形象符号的特征来表示工业产品的清洗过程。			
产品包装	箱子	打开的箱子	虚拟的数字信息	对产品进行包装
	该图符使用一个被打开的箱子的造型，寓意工业产品生产过程中的装箱工序。			
产品检测	放大镜	将物体放大与折线图	虚拟的数字信息	检测产品的信息
	该图符为工业生产工序中的产品检测工序，采用放大镜放大和折线数据的视觉形象，寓意此工序是对产品进行自己搜寻检测的功能。			
产品组装	齿轮和扳手	扳手扭动齿轮	虚拟的数字信息	对产品进行组装
	该图符为工业生产工序中的产品检测工序，采用使用扳手扭转齿轮的动态视觉形象，寓意此工序是对产品进行一个零部件组装的功能。			

表 6-29　指示作用的工业图符

表 6-30　指示图符相关的行为隐喻语义

图符	喻体的能指	喻体的所指	本体的能指	本体的所指
产品入库	房屋、方块和箭头	将方块按照箭头方向放入房屋中	虚拟的数字信息	将产品进行入库的行为
	该图符为工业指示图符中的产品入库图符，采用房屋、方块和箭头自身具有的视觉形象符号特征的组合，有方向性的指示操作，来表示工业产品的入库行为。			
文件传输	文本和箭头	文本沿着向下的箭头方向	虚拟的数字信息	对文件进行传输的行为
	该图符使用一个文本沿着箭头方向，向下传输，可以理解为文件的传输或者下载。			
产品检查	放大镜和盾牌	盾牌的坚固与放大的行为	虚拟的数字信息	对产品进行质量检查的行为
	该图符为工业指示图符中的产品检查行为，通过具象化的盾牌与放大镜结合的视觉形象，寓意该项行为可以使得产品的质量有所保障。			
产品出库	方块与购物车	购物车推着方块	虚拟的数字信息	将产品运出库的行为
	该图符为工业的指示行为，采用抽象化的购物车形象，将产品推出去，寓意此图符是对产品进行一个出库的行为动作。			
动作	综合性符号语义对象：象征+具象			

指示相关的图符使用隐喻修辞手法进行设计，能够更加快速准确地传达视觉信息的感知效果。因此，指示相关的图符应以象征符号结合具象符号的特征进行表达。

4. 安全警示相关的图符语义

安全警示相关的图符具有特殊性。隐喻手法在安全警示方面使用得较少，多强调色彩元素方面的隐喻表达，如表 6-31 所示。例如，工业系统中某一步骤出现了问题，应如何表达？由于考虑到警示安全的图符一致性，如果叠加事物或者示意图形，则会增加图符的复杂度。又如，最初的感叹号符号已经深入人心，故应直接采用约定俗成的警示感叹号作为工业程序安全警示相关的主体部分。

表 6-31 安全警示相关的工业图符

6.7 工业信息图符的语义关联性设计

6.7.1 基于功能语义的工业信息图符设计

选取某企业工业制造系统为研究样本，该人机系统包含 4 条产线，每条上有 8 个生产站点，每个站点有 1~2 个生产程序，因此要对整个系统信息进行呈现，为了让系统操作员能够更快速地获取信息间层级关系与功能关系，主要呈现内容就要按 8 个站点进行分组呈现。因此，本研究对 8 个站点的功能含义进行探究，以方便后面的可视化呈现，如表 6-32 所示。

表 6-32 子系统功能含义表

光伏组件生产流程	
1 分选	切割焊接出所需尺寸
2 叠层	将组成电池片所需的几个层次：晶硅电磁片、钢化玻璃、封装材料叠加起来
3 层压	将上一步叠层的几个层次，用硅胶或者其他黏合物在层压机上进行压实
4 检验	检查层压的结果是否合格(未溶，气泡，破片)
5 装框	将层压好的几层装上外边框
6 清洗	用布擦拭清除层压留下的胶水和其他脏污
7 测试	测试电池片的耐压、电性和 EL 三种性能
8 包装	将电池片装箱待出厂

根据界面图符优化设计指导准则，结合表 6-32，对子系统进行可视化的图符设计，如图 6-24 所示。图符设计指导准则提出图符应具有识别性，因此，设计时对其语义分析词进行抽象可视化，使其与人的认知具有一致性；对于设计的规范性，主要是颜色简单，因此图符在设计时选用一种颜色为主，必要时以其他颜色为辅助呈现，使其易于辨识；在美观度上，权衡复杂与简单，对元素进行抽象提取表达，使其更易用；在风格统一方面，均使用同一种颜色和外框形式以达到统一性；设计时以扁平化和简约设计为主，以达到顺应时代趋势。

图 6-24 中分选是将所有电池片切割成所需要的尺寸，因此提取了语义里切割的含义，并将其抽象化，由大尺寸到下面的小尺寸；叠层是将电池片所需的材料堆叠一起，因此选取了语义中“堆叠”一词进行设计抽象；层压就是将叠层的胶膜与电池片进行压合，选取了其语义中“压合”一词进行了抽象呈现；检验是对层压情况进行检验，选用放大镜的“找茬”语义进行语义替代；装框则是直接选取了边框的语义为电池片抽象地加了一个边框；清洗选用了日常较为熟悉的擦拭清洗的简化图示；测试用了简化的仪表盘来进行语义表达；包装选取了日常常见的包装标识，以减少操作员认知压力。所有图符均使用统一的主色彩和相同的外框形式，使其在差异中又具有统一性。最终设计结果如图 6-25 所示。

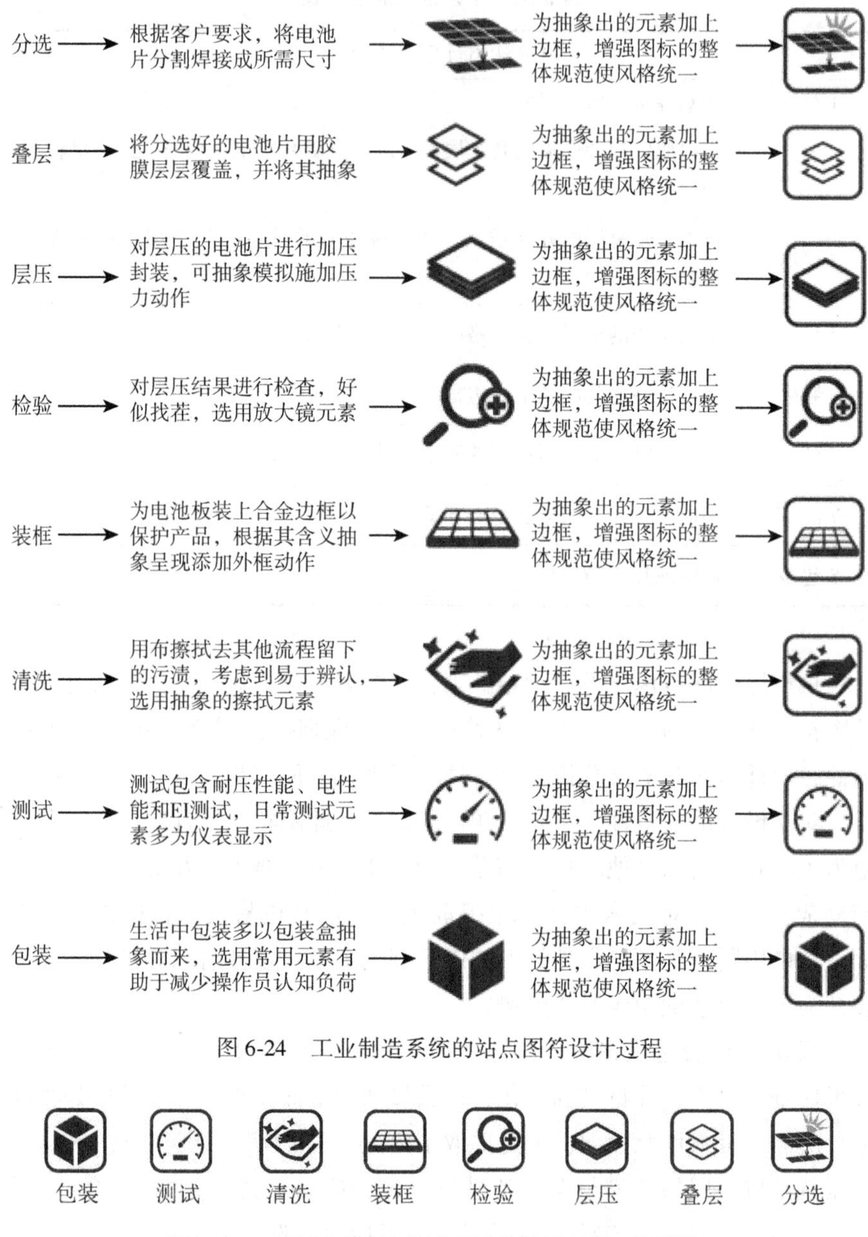

图 6-24　工业制造系统的站点图符设计过程

图 6-25　工业制造系统的站点图符设计结果(见彩图)

6.7.2　基于隐喻语义的工业信息图符设计

以建立的工业信息图符语义与实体的关联性模型为基础，选取工业制造系统产线子系统为样本，对其进行功能含义的探究，如表 6-33 所示。

表 6-33 电池片的子系统功能含义表

电池片生产流程	
1 前清洗	对电池片进行腐蚀清洗
2 扩散	将磷元素通过高温化学反应生成 PN 结
3 后清洗	扩散流程后，再对电池片进行腐蚀清洗
4 镀膜	对电池片进行镀膜，使得它发电更加稳定
5 丝网印刷	通过银浆、铝浆对电池片正反进行印刷
6 功率测试	测试单个电池片的功率值
7 小包装	包装电池片，一块一块叠起来，分别进行小盒包装
8 大包装	大包装把小包装电池片按固定数量再进行包装，以便于入库
9 入库	将大包装信息从车间数据库传到 ERP 数据库

根据之前对图符语义的分析和界面图符优化设计指导准则，结合表 6-33 的功能含义表，对电池片子系统进行可视化的图符设计，具体语义分析过程如表 6-34 所示，图符设计过程如表 6-35 所示。

表 6-34 电池片的图符设计语义分析

图符（主要工序）	喻体的能指	喻体的所指	本体的能指	本体的所指
 前清洗	电池片、箭头和手	向左的箭头代表“前”，手在电池片上擦拭（清洗）	虚拟的数字信息	对电池片进行清洗
	← + ▦ + 手 = 图符			
	该图符为电池工序站点图符的前清洗图符，采用电池片、箭头和手自身具有的视觉形象符号特征的组合，有方向性的指示操作，来表示流程中对电池片进行腐蚀清洗的操作。			

续表

<table>
<tr><th>图符
(主要工序)</th><th>喻体的能指</th><th>喻体的所指</th><th>本体的能指</th><th>本体的所指</th></tr>
<tr><td rowspan="3">扩散</td><td>电池片和太阳</td><td>太阳照着电池片</td><td>虚拟的数字信息</td><td>太阳对电池片进行高温照射的行为</td></tr>
<tr><td colspan="4">+ + =</td></tr>
<tr><td colspan="4">该图符为电池工序站点图符的扩散图符，采用电池片和太阳照射光线自身具有的视觉形象符号特征的组合，来表示将磷元素通过高温化学反应生成 PN 结，让电池片受太阳光照时获得能量，进行电子跃迁的操作流程。</td></tr>
<tr><td rowspan="3">后清洗</td><td>电池片、箭头和手</td><td>向右的箭头代表“后”，手在电池片上擦拭(清洗)</td><td>虚拟的数字信息</td><td>对电池片进行清洗</td></tr>
<tr><td colspan="4">+ + =</td></tr>
<tr><td colspan="4">该图符为电池工序站点图符的前清洗图符，采用电池片、箭头和手自身具有的视觉形象符号特征的组合，有方向性的指示操作，来表示流程中进行扩散流程后，再对电池片进行腐蚀清洗的操作。</td></tr>
<tr><td rowspan="3">PECVD
(镀膜)</td><td>电池片和相同形状的膜</td><td>复制并增加一片一样大小的贴膜</td><td>虚拟的数字信息</td><td>对电池片进行复制、镀膜</td></tr>
<tr><td colspan="4">+ =</td></tr>
<tr><td colspan="4">该图符为电池工序站点图符的镀膜图符，采用电池片和相同形状的膜自身具有的视觉形象符号特征的组合，来表示生产流程中对电池片进行镀膜的操作，以便于让它发电更加稳定。</td></tr>
</table>

续表

图符（主要工序）	喻体的能指	喻体的所指	本体的能指	本体的所指
 丝网印刷	网状物和印刷机	印刷机把网状物打印出来	虚拟的数字信息	对电池进行丝网印刷的操作

	该图符为电池工序站点图符的丝网印刷图符，采用网状物和印刷机自身具有的视觉形象符号特征的组合，来表示生产流程中其通过银浆、铝浆对电池片正反进行印刷的操作。			
功率测试	功率图和机器	机器里面显示功率	虚拟的数字信息	对电池片的功率进行测试的行为

	该图符为电池工序站点图符的功率测试图符，采用功率图和机器自身具有的视觉形象符号特征的组合，来表示生产流程中对单个电池片进行功率值测试的操作。			
 小包装	电池片和打开的箱子	电池片装入打开的箱子	虚拟的数字信息	把电池片进行包装的行为

	该图符为电池工序站点图符的小包装图符，采用电池片和打开的箱子自身具有的视觉形象符号特征的组合，来表示生产流程中对电池片一块一块叠起来，进行小盒包装的操作流程。			
 大包装	电池片和封好的箱子	打包好的电池片在封号的箱子里	虚拟的数字信息	对已包装好的小盒电池片进行大包装

	该图符为电池工序站点图符的大包装图符，采用电池片和封好的箱子自身具有的视觉形象符号特征的组合，来表示生产流程中用大包装把小包装电池片按固定数量包装，以便于入库的流程。			

续表

图符（主要工序）	喻体的能指	喻体的所指	本体的能指	本体的所指
 入库	房屋、方块和箭头	将方块按照箭头方向放入房屋中	虚拟的数字信息	车间数据库将大包装信息传到 ERP 数据库的行为

	该图符为电池工序站点图符的入库图符，采用房屋、方块和箭头自身具有的视觉形象符号特征的组合，有方向性的指示操作，寓意从车间数据库将大包装信息传到 ERP 数据库的行为操作流程。			

表 6-35 电池片工序站点图符设计过程

主要工序	作业说明	图符设计	统一规范	加框图符
前清洗	对电池片进行腐蚀清洗		考虑到图符整体规范性，为抽象出的元素统一加上风格统一的边框	
扩散	将磷元素通过高温化学反应生成 PN 结，让电池片受太阳光照时获得能量，进行电子跃迁的操作		考虑到图符整体规范性，为抽象出的元素统一加上风格统一的边框	
后清洗	扩散流程后，再对电池片进行腐蚀清洗		考虑到图符整体规范性，为抽象出的元素统一加上风格统一的边框	
镀膜	对电池片进行镀膜，使得它发电更加稳定		考虑到图符整体规范性，为抽象出的元素统一加上风格统一的边框	

续表

主要工序	作业说明	图符设计	统一规范	加框图符
丝网印刷	通过银浆、铝浆对电池片正反进行印刷		考虑到图符整体规范性，为抽象出的元素统一加上风格统一的边框	
功率测试	测试单个电池片的功率值		考虑到图符整体规范性，为抽象出的元素统一加上风格统一的边框	
小包装	包装电池片，一块一块叠起来，分别进行小盒包装。		考虑到图符整体规范性，为抽象出的元素统一加上风格统一的边框	
大包装	大包装把小包装电池片按固定数量再进行包装，以便于入库		考虑到图符整体规范性，为抽象出的元素统一加上风格统一的边框	
入库	将大包装信息从车间数据库传到ERP数据库		考虑到图符整体规范性，为抽象出的元素统一加上风格统一的边框	

本节提取某工业制造系统图符为设计样本，根据功能语义以及隐喻语义开展工业信息图符的优化设计。下面将开展优化后的工业信息图符操作员认知绩效实验，对基于语义关联设计的工业信息图符的可用性进行实验探究。

6.8　工业信息图符的认知绩效

6.8.1　工业信息图符的认知绩效实验

上一节中，对图符设计中语义的能指、所指，以及本体的能指、所指结合分析设计、可视化的视觉元素和图语义分析进行了研究。以某工业制造系统电池工序站点系统为样本，收集系统资料，了解其子系统内涵与意义，并基于所建立的图符语义与实体关联性模型，根据可视化过程与图符语义结合分析，对其子系统进行图符的可视化设计，同时也为接下来的行为实验提供实验素材。

本节选择图符设计的两个主要元素：颜色(纯蓝、纯黄、蓝多黄少、黄多蓝少)和背景(有无)探究其元素特征形式的最优组合方式，同时对上节所设计的图符进行优化。图符的两种设计元素的交叉组合形成的8种图符形式如图6-26所示(以前清洗子系统为例)。

图6-26　图符的8种特征形式(见彩图)

1. 实验目的

本实验主要目的在于研究图符的多种设计因素的交叉组合变化对被试信息获取效率的影响以及图符设计的合理性，主要通过以下两组自变量进行效率分析：图符组成的两个因素颜色(纯蓝、纯黄、蓝多黄少、黄多蓝少)和背景(有无)变化所形成的不同图符形式对用户信息获取效率的影响；所设计的9个子系统图符(前清洗、扩散、后清洗、镀膜、丝网印刷、功率测试、小包装、大包装、入库)的搜索效率。

2. 实验设计

(1)实验自变量(刺激变量)：图符的颜色(包含单色系与双色系)、背景、9个子系统图符。

(2)实验因变量(反应变量)：用户的反应正确率和反应时间。

(3)视觉搜索时间限定：为了防止被试因未看见或者忘记靶目标的文字(语义)描述而寻找不到靶目标图符，本实验设定需搜索的图符界面显示时间为8s。一旦用户8s后还未做出反应，实验界面将自动跳入下一靶目标的文字(语义)描述。

(4)因素水平：本实验有4个因素，即颜色(包含单色系与双色系)、背景以及9个子系统图符，颜色(包含单色系与双色系)和背景与某一图符(以前清洗为例)交互可得到8个不同形式的图符，8种形式再与9个不同图符交叉可得到72个不同图符，如图6-27所示。本实验的呈现组数为

9 组。每一组出现 9 张搜索图片和 9 张靶目标的文字图片。实验组别按照 9 个图符(前清洗、扩散、后清洗、PECVD(镀膜)、丝网印刷、功率测试、小包装、大包装、入库)与 3 个自变量(单色系、双色系、背景)交叉得出的 9 种形式来划分的，每种形式分为一组(如图 6-27 的每一竖列为一组)，8 组实验的搜索界面出现的规律如表 6-36 所示。

(5)实验流程：实验开始前，先让被试熟悉实验环境和任务材料，并介绍实验要求。进入实验，出现第一张实验导语界面，按空格键进入有 6 张图片搜索任务的实验练习阶段：首先出现有关工序站点的图符名称界面，4000ms(此界面也可按空格键进入下一界面)后出现 1000ms 的遮蔽界面(空白界面)，最后 8000ms 出现任务搜索界面，至此，结束一个流程的操作。界面上有 9 个图符，对应键盘上 1~9，如被试找到对应图符按下对应数字则自动跳入下一个图符名称界面，过程如图 6-28 所示。

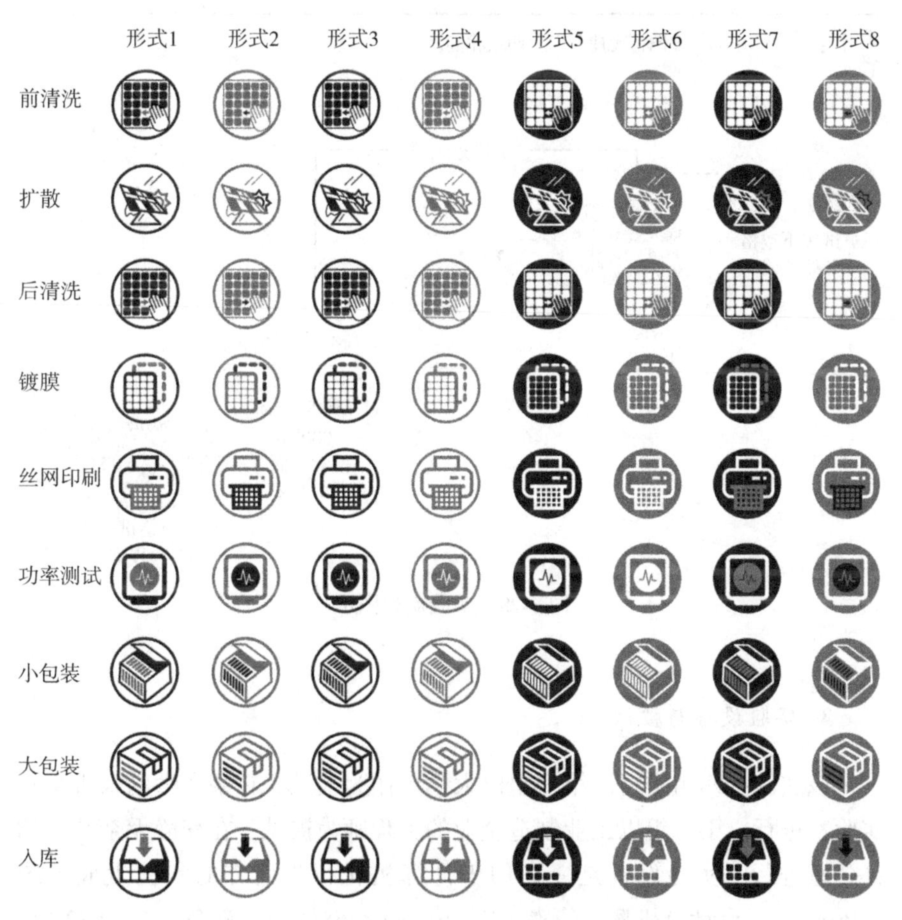

图 6-27　9 个图符与 8 种形式交互得到的 72 个图符(见彩图)

表 6-36 实验组别设置规律

	界面1	界面2	界面3	界面4	界面5	界面6	界面7	界面8	界面9	备注
第一组	+另7列随意抽取8个	+另7列随意抽取8个	+…	+…	+…	+…	+…	+…	+…	每组中被试的9个搜索任务顺序随机出现
第二组	+另7列随意抽取8个	+另7列随意抽取8个	+…	+…	+…	+…	+…	+…	+…	每组中被试的9个搜索任务顺序随机出现

注：其余7组的界面图符规律与以上两组相同。

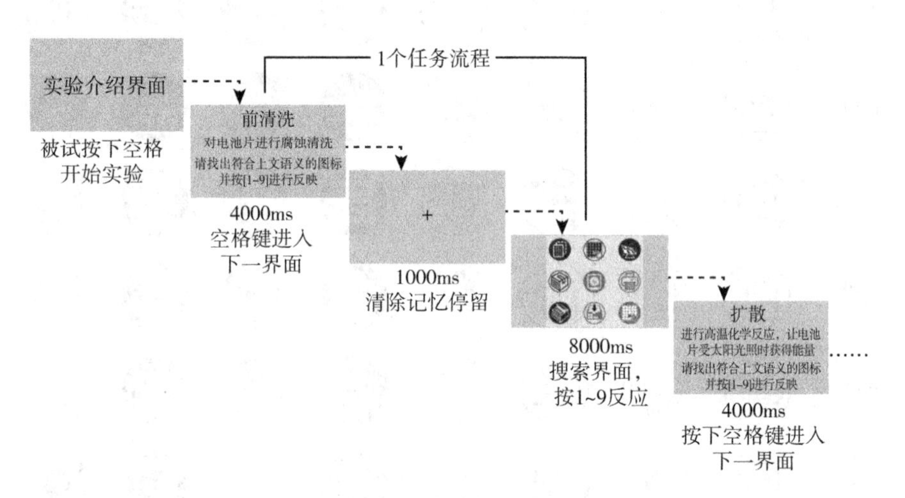

图 6-28 实验流程图示

3. 实验设备与被试

该实验分两组进行。第一组以大学生作为被试，在某大学的人机交互实验室进行；第二组以工业制造企业的工程师为被试，在安静无杂乱声的办公室进行。实验设备是一套用于计算机化行为研究的实验生成系统 E-Prime；一台计算机显示像素为 1366(px)×768(px)，颜色质量为 32 位，

刺激材料导入计算机，设定目标靶子和任务材料，以及间隔时间。选取 30 名(男 14 名、女 16 名)作为实验的被试，其中大学生和工程师各 15 名。年龄在 20~35 周岁之间，平均年龄 28 周岁，无色盲、色弱等。矫正视力在 1.0 以上。实验之前，要求被试在登记表上填写相关信息，包括姓名、性别、年龄、年级及专业(职位)，并使其熟悉实验材料，被试与屏幕中心的距离为 550~600mm。

4. 实验数据处理与分析

1)问卷数据分析

实验问卷共 20 份，共 20 份有效数据。问卷针对电池工序 9 个站点的图符，收集了名称和语义描述的被试理解程度，获得语义契合度分值。根据问卷调查结果可知，功率测试和小包装的图符设计与其语义契合度最高，这说明功率测试和小包装的图符设计良好；前清洗和后清洗的图符设计与其语义契合度相对较低，这说明前清洗和后清洗的图符设计较不符合。如图 6-29 所示。

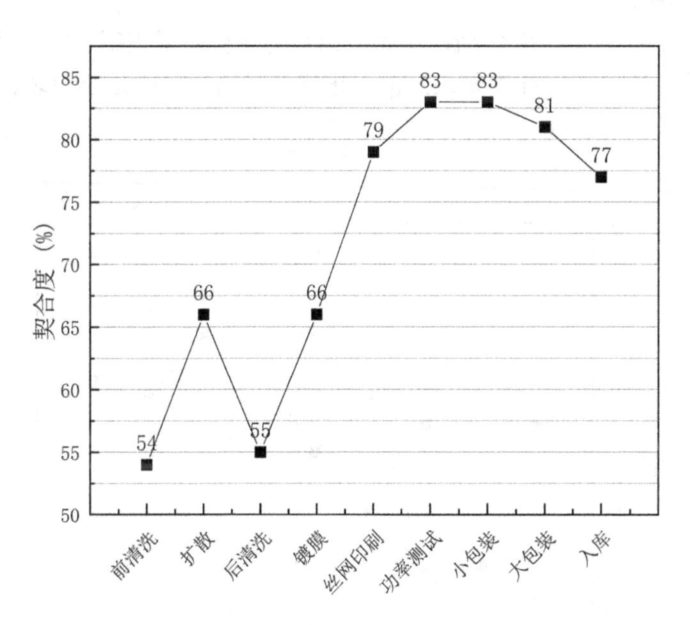

图 6-29　图符语义契合度对比图

问卷结果可知，图符形式 1 百分比最高，35%的被试认为其形式最能有效识别，如图 6-30 所示。

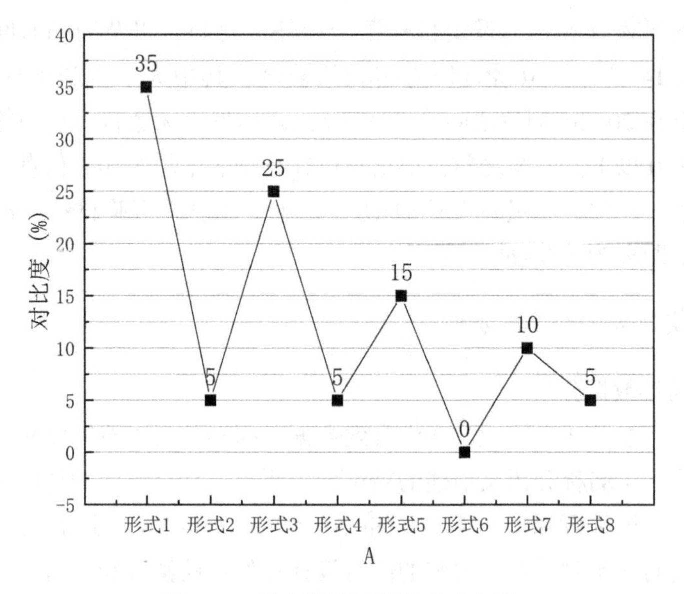

图 6-30 最有效的识别形式对比图

2) 正确率数据分析

正确率结果如图 6-31 所示。第一组行为实验结果表明，9 个图符中入库的名称与图符的匹配度是最好的，正确率最高，其次是小包装；而扩散

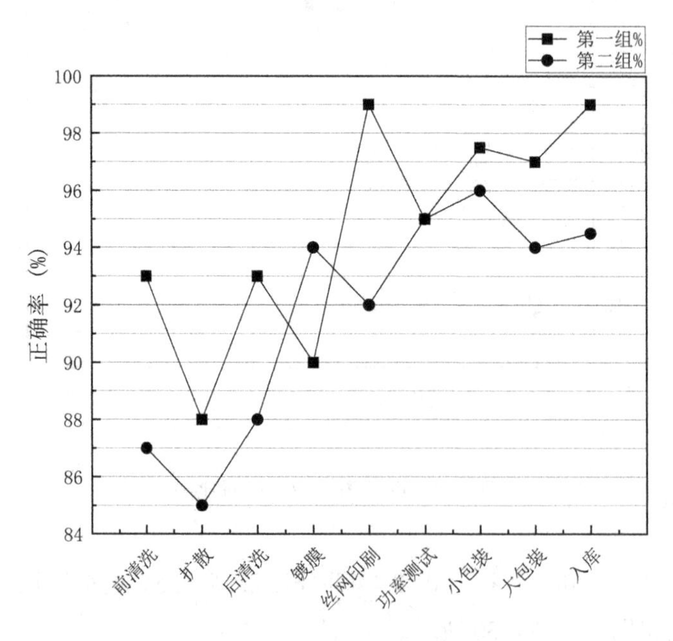

图 6-31 两组被试实验图符正确率对比图

的名称与图符的匹配情况相对识别率较低，其次是前清洗。第二组行为实验结果表明，9 个图符中入库的名称与图符的匹配度是最好的，正确率最高，其次是小包装；而扩散的名称与图符的匹配情况相对识别率较低，其次是前清洗。

通过比对分析两组被试的综合实验结果数据可知，语义符合度相对较高和相对较低的图符一致，实验的结果与问卷结果也相对一致。

3) 反应时数据分析

第一组实验结果数据表明，反应时显著性($P=0.950$)大于 0.05。因此，各组因变量误差方差相等这一原假设成立，满足方差齐性，可以进行下一步的方差分析。针对两种不同变量因素的反应时主体间效应检验，如表 6-37 所示。颜色变化对反应时具有极显著影响；有无背景对反应时具有极显著影响；2 种变量因素的交互影响不显著。

表 6-37　主体间效应检验

因变量：反应时

源	Ⅲ型平方和	自由度	均方	F	Sig.
校正模型	1696234.457	7	242319.208	3.649	0.002
截距	472495621.471	1	472495621.471	7115.209	0.000
颜色	975210.748	3	325070.249	4.895	0.004
背景	481647.306	1	481647.306	7.253	0.009
颜色×背景	239376.403	3	79792.134	1.202	0.316
误差	4250011.219	64	66406.425		
总计	478441867.148	72			
校正的总计	5946245.676	71			

注：$R^2=0.285$(调整 $R^2=0.207$)。

如图 6-32 所示，第 1 组数据结果可知，在颜色因素相同的情况下，无背景图符的反应时间均少于有背景的图符，以蓝色为主(蓝色无背景以及蓝多黄少无背景)的图符设计元素搭配的搜索效率相对以黄色为主(黄色和黄多蓝少)较高，而在满足蓝色为主的无背景条件下，蓝色无背景的图符设计元素搭配搜索效率最高。

第 2 组实验结果满足方差齐性，可以进行下一步方差分析。根据两种不同变量因素的反应时主体间效应检验可知，如表 6-38 所示，颜色变化对反应时具有显著影响；有无背景对反应时具有显著影响；两种变量因素交互影响不显著。

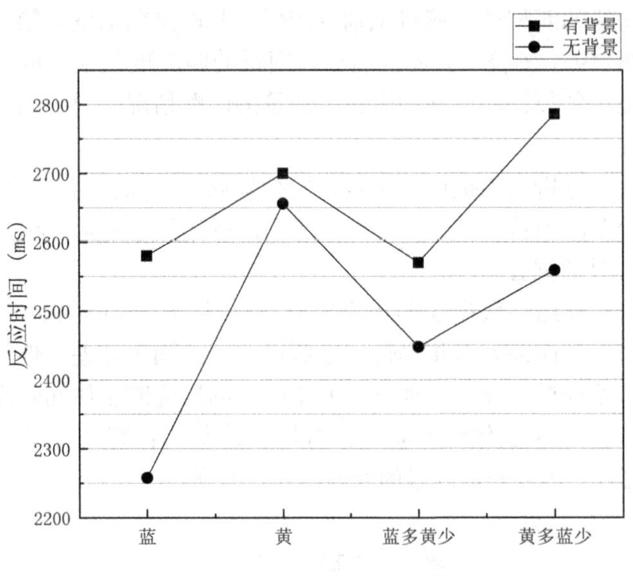

图 6-32　第 1 组实验反应时间

表 6-38　主体间效应检验

因变量：反应时

源	Ⅲ型平方和	自由度	均方	F	Sig.
校正模型	1643582.729	7	234797.533	1.990	0.070
截距	506075129.263	1	506075129.263	4288.728	0.000
颜色	1035180.431	3	345060.144	2.924	0.040
背景	523696.341	1	523696.341	4.438	0.039
颜色×背景	84705.956	3	28235.319	0.239	0.869
误差	7552077.149	64	118001.205		
总计	515270789.140	72			
校正的总计	9195659.877	71			

注：R^2=0.179(调整 R^2=0.089)。

如图 6-33 所示，通过对第 2 组的反应时发现，在颜色因素相同的情况下，无背景图符的反应时间均少于有背景的图符，并且通过综合对比分析，可得以蓝色为主(蓝色无背景以及蓝多黄少无背景)的图符设计元素搭配的搜索效率相对以黄色为主(黄色和黄多蓝少)较高，而在满足蓝色为主的无背景条件下，蓝多黄少无背景的图符设计元素搭配搜索效率最高。

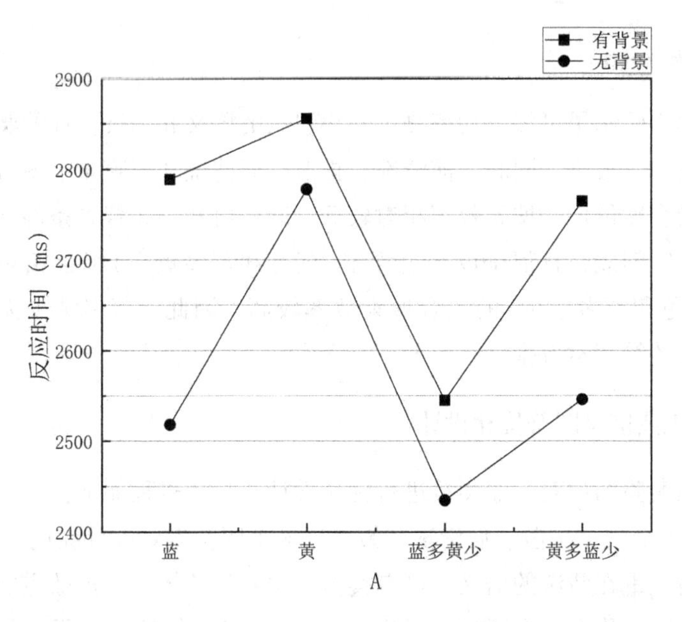

图 6-33　第 2 组实验反应时间

由此可知，无背景条件下反应时间短，搜索效率更高。进行无背景条件下的两组反应时间比较可知，蓝多黄少无背景组合下的工业图符，搜索效率最高，如图 6-34 所示。

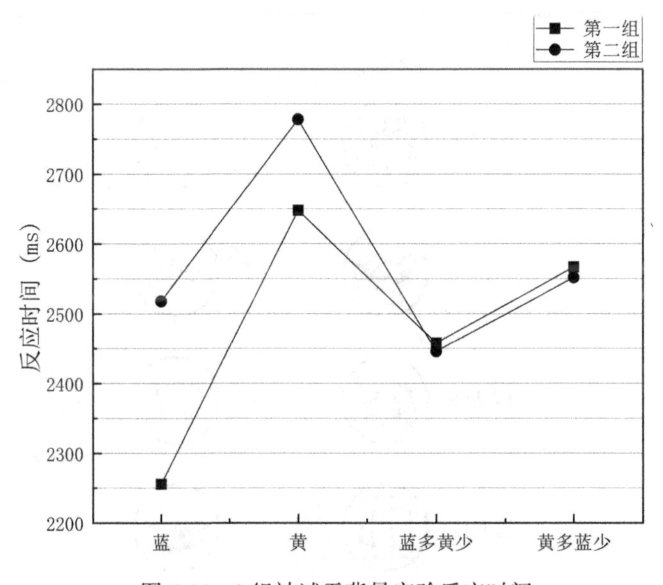

图 6-34　2 组被试无背景实验反应时间

5. 实验结论

根据实验结果可知，功率测试和小包装的语义和图符设计的契合素最高，搜索效率最高。同时，前清洗、扩散、后清洗和镀膜4个图符设计和语义的契合度最低，搜索效率相对较低。同样可知，无背景条件下的工业图符反应时间短，且都是以蓝色为主(蓝色和蓝多黄少)组合相对以黄色为主(黄色和黄多蓝少)的组合搜索效率较高。因此，蓝多黄少无背景组合的工业图符搜索效率最高。

6.8.2 工业信息图符优化设计

根据实验结论对工业图符进行优化设计，具体过程如下：

(1)前清洗、扩散、后清洗和镀膜这4个图符需要进行优化。

前清洗重在清洗的语义，可有类似喷水效果的体现。扩散主要应突出操作程序中，将磷元素通过高温化学反应生成PN结这一过程，从而再进行太阳光照，之前的设计有点喧宾夺主。后清洗的含义表示得不够明显，希望能够有类似喷水效果的体现。镀膜缺少一个动态的指示感觉，增强过程的指向性，语义图符的契合度就会更高，以便于提高搜索效率，4种图符的优化结果如图6-35所示。

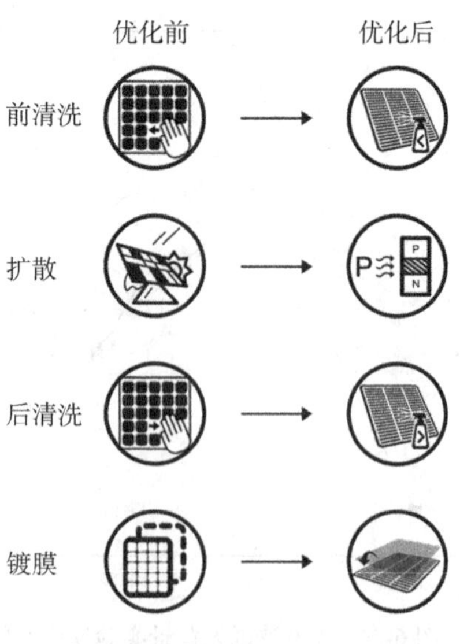

图6-35 图符样式优化前后对比

(2)蓝多黄少无背景组合的工业图符搜索效率最高。根据颜色设计优化后的工业图符如图6-36所示。

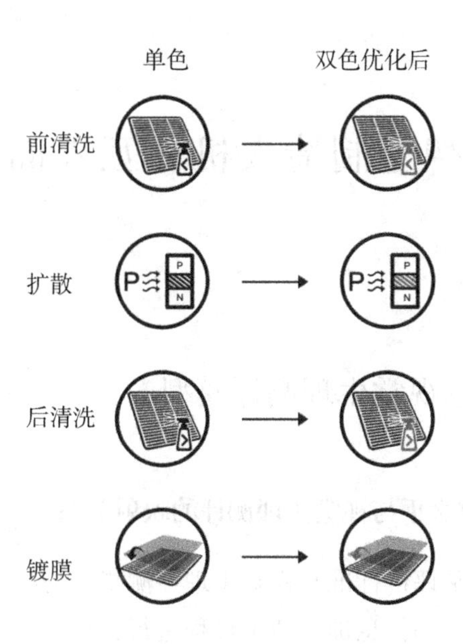

图6-36 图符颜色元素前后优化对比

最终优化后的工业图符设计方案如图6-37所示。

图6-37 最终图符设计形式的优化(见彩图)

本章小结

本章从智能制造人机系统的信息呈现关键要素入手，开展工业信息图符视觉标记的认知绩效实验，探究视觉搜索中不同抑制机制的关联性。从视觉标记中的位置抑制、特征抑制、范畴抑制、空间结构抑制出发，探究视觉标记的抑制机制与工业图符信息特征、语义范畴、空间布局之间的关系；并从工业信息图符的语义与实体关联性出发，探究提高工业信息图符认知绩效的信息呈现方式。

第 7 章　智能制造人机交互界面的认知绩效

7.1　工业信息视觉生理测评模型

7.1.1　认知绩效水平与视觉生理测评的映射关系

认知绩效水平评价标准与视觉生理评测指标的映射关系需要从视觉认知活动的信息获取和信息加工两个过程进行分析。

在视觉信息的搜索过程中，会大量调用操作员的注意资源。视觉信息的搜索过程中，经验丰富的专家通常比新手采用更多的深度优先搜索模式。深度优先搜索模式可以使个体更专注于对目标信息的深度加工，有效降低注意资源和工作记忆容量的消耗。操作员的搜索模式可以通过凝视点的数目和凝视路径长度来判定，凝视点数目少，说明操作员集中注意资源对某些信息进行了深度加工，此时操作员工作记忆中储存的信息减少，避免了认知资源和认知容量不足导致的认知负荷过载问题。当然，仅从资源投入量来衡量操作员的认知绩效水平会有一些片面，为了避免出现认知负荷较小但任务完成结果较差的情况，还需引入一个任务绩效指标，用来衡量操作员的搜索效率。相比于完成率、出错率等绩效指标，眼动生理评测法可以更好地记录时间维度的数据，因此，从操作员的搜索模式和时间绩效维度，衡量视觉认知活动中搜索质量的认知绩效水平，如图 7-1 所示。

操作员在信息加工过程中的认知绩效水平，可以从认知资源分配的角度分析，当操作员的认知资源更集中在对目标信息的加工时，无效认知负荷就会减少，信息加工过程中产生的认知负荷更多的是对认知活动有益的有效认知负荷。当有效认知负荷占比较大且内在认知负荷较小时，操作员完成目标信息的加工效率就越高，因此，可以通过测量有效认知负荷占比

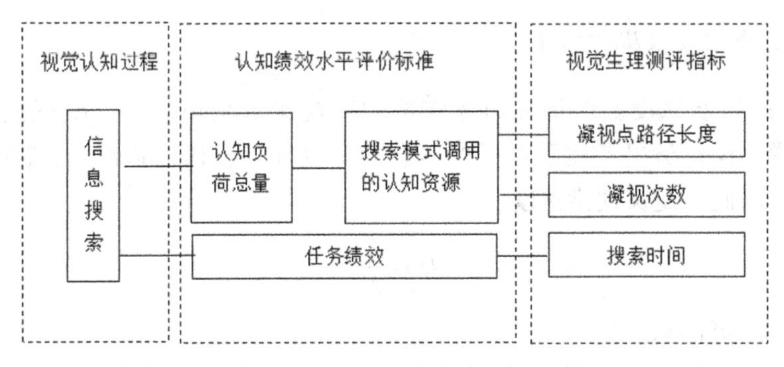

图 7-1　视觉搜索质量维度

和内在认知负荷大小来衡量视觉信息加工过程中操作员的认知绩效水平。操作员在视觉认知活动中的有效认知负荷占比可以通过目标兴趣区内凝视时间和凝视次数的占比来衡量。研究发现，凝视点的时间越长，与操作员解释视觉信息表征的耗时越长，代表信息加工难度也就越大。在研究认知负荷与瞳孔直径之间的联系时，让认知能力不同的被试完成同一组数学运算，发现认知能力高的被试瞳孔直径相对较小，从而得出瞳孔直径与认知能力呈负相关的结论。因此，从操作员的认知资源分配角度衡量信息界面视觉认知活动中信息加工的认知绩效水平，如图 7-2 所示。

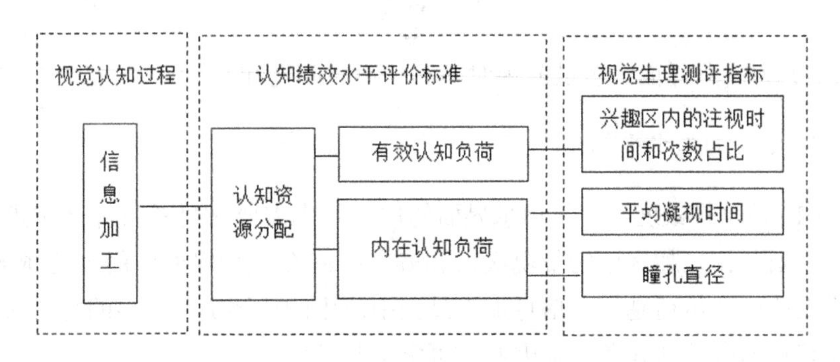

图 7-2　信息加工水平维度

7.1.2　认知绩效与视觉生理指标

基于人机交互界面认知绩效水平评价标准与视觉生理评测指标的映射关系，可从视觉搜索质量和信息加工水平两个维度建立智能制造系统信息界面认知绩效水平视觉生理评测指标体系，下面介绍相关指标。

1. 视觉搜索质量维度

（1）搜索深度：该指标与操作员的凝视次数呈负相关。凝视次数越少，说明操作员更专注于对目标信息的深度加工，认知资源（注意）消耗越少，因此，定义搜索深度：

$$D = \frac{1}{N}$$

式中，N 为注视次数。

（2）搜索广度：该指标与被试凝视路径长度有关，凝视路径长度是指被试在搜索目标信息时所有凝视点之间的距离之和，当凝视点较多且空间布局散乱时，凝视路径长度越长，表明操作员采用了更多的广度搜索策略，认知资源和认知容量消耗较多。搜索广度与凝视路径长度成正比，因此，定义搜索广度：

$$S = \sum L$$

式中，L 为时间序列上相邻的两个凝视点距离。

（3）搜索效率：相同认知任务中，当以较少的时间搜索到更多的目标信息时，说明操作员搜索绩效越高，因此可定义搜索效率：

$$\eta = \frac{1}{\sum T}$$

式中，T 为信息界面内被试凝视时间和扫视时间之和。

2. 信息加工水平维度

（1）界面收敛度：衡量信息界面的加工效率需要对材料目标区域进行兴趣区划分，兴趣区中的凝视次数和凝视时间在整个界面中的占比越大，表明无效认知负荷越少，信息加工过程中产生的认知负荷更多的是对认知活动有益的有效认知负荷。因此，可定义收敛度：

$$\mathrm{IN} = \frac{N_a \times T_a}{N \times T}$$

式中，N_a 为被试在兴趣区内的凝视次数；N 为信息界面内的总凝视次数；T_a 为被试在兴趣区域内的凝视时间；T 为信息界面内的凝视时间和扫视时间之和。

（2）界面发散度：凝视点的持续时长代表操作员理解视觉信息表征花费的时间，与视觉信息的认知难度有关，凝视点持续时间越长，表明产生的内在认知负荷越高，对操作员的认知活动阻碍性越强。因此，定义发散度：

$$\mathrm{DI} = \frac{T_a}{N_a}$$

式中，T_a 为兴趣区域的凝视时间；N_a 为兴趣区域内的凝视次数。

(3)心理努力程度：瞳孔直径与操作员在视觉认知活动中消耗的心智努力程度有关，当信息界面认知负荷较大时，操作员瞳孔直径会随着增大；反之，认知负荷较小时，瞳孔直径也会相应减小。因此，定义心理努力程度：

$$\mathrm{DP} = \bar{d}$$

式中，d 为凝视点左右瞳孔直径均值。

7.1.3　认知绩效水平的优选度排序

基于对认知负荷相关理论的研究，前文从视觉搜索质量和信息加工水平维度构建了认知绩效水平视觉生理评测指标体系。而在评估不同视觉认知活动任务时，视觉生理评测指标对评价结果的重要度是存在差异的，对综合评价分析结果的作用也不一样。为此，本节将基于 AHP 层次分析法、Vague 集算法和 TOPSIS 优选度排序法，构建智能控制系统信息界面综合认知绩效水平优选度排序组合算法。

1. 视觉生理评测指标的赋权

在 20 世纪 70 年代中期，美国运筹学家 T. L. Saaty 提出 AHP 层次分析法，该方法属于定性和定量结合的、系统化的、层次化的分析方法，主要用于解决多因素复杂系统的权重计算，尤其是判定无法定量描述的因素集合权重时。层次分析法计算权重是通过对每个指标之间进行两两对比，分析单个指标与其他指标的相对重要程度，再运用归一化公式求出最后的权重系数。

考虑到认知绩效与涉及的视觉生理评测指标需要专家对认知心理学、信息界面设计原则、视觉生理评测技术均有较强的专业知识，所以认知绩效水平生理评测指标重要度比较问卷主要针对熟悉相关知识的高校老师和研究人员发放。

1)认知绩效水平生理评测指标重要度比较问卷设计

本书采用 1~9 级标度法对不同层级指标进行重要度比较，打分数值的含义如表 7-1 所示。

例如：A 对 B 的重要度打分时是 5，那么 B 对 A 的重要性就是 1/5。

通过专家打分表，如表 7-2～表 7-4 所示，可以得到判断矩阵，再经过一系列的归一化运算就能得到最终的权重系数。

表 7-1　标度含义说明

重要性级别	含义	说　明
1	同样重要	表示两个指标相比，具有同等重要性
3	稍微重要	表示两个指标相比，第一个比第二个略微重要
5	明显重要	表示两个指标相比，第一个比第二个重要
7	非常重要	表示两个指标相比，第一个比第二个很重要
9	极端重要	表示两个指标相比，第一个比第二个绝对重要
2、4、6、8		表示上述重要性级别中相邻的中间值

表 7-2　一级指标比较打分表

指标 A	评分	指标 B
视觉搜索质量		信息加工水平

表 7-3　二级指标——视觉搜索质量维度打分表

指标 A	评分	指标 B
搜索深度		搜索广度
搜索深度		搜索效率
搜索广度		搜索效率

表 7-4　二级指标——信息加工水平维度打分表

指标 A	评分	指标 B
界面收敛度		界面发散度
界面收敛度		心理努力程度
界面发散度		心理努力程度

2）信息界面认知绩效视觉生理评测指标赋权计算流程

首先构建两两比较矩阵。

在对指标进行打分时，需要结合评价指标和任务目的（衡量综合认知绩效水平)之间的关系，依据专家的评估结果和建议，形成评价指标的比较矩阵 A：

$$A=\begin{bmatrix} 1 & a_{12} & \cdots & a_{1m} \\ a_{21} & 1 & \cdots & a_{2m} \\ \vdots & \vdots & & \vdots \\ a_{n1} & a_{i2} & \cdots & a_{nm} \end{bmatrix} \tag{7.1}$$

其中，A 为比较矩阵，a_{ij} 是 i 指标与 j 指标重要度比较结果，且有如下关系：

$$a_{ij}=\frac{1}{a_{ji}} \tag{7.2}$$

根据式(7.2)对比较矩阵 A 的每一列向量分别进行归一化处理，得到矩阵 W：

$$W_i=\frac{A_{ij}}{\sum_{i=1}^{n} A_j} \tag{7.3}$$

根据式(7.3)求出每一行元素之和：

$$\overline{W}_i=\sum_{j=1}^{n}\bar{a}_{ij}\quad(i=1,\ 2,\ \cdots,\ n) \tag{7.4}$$

根据式(7.4)将矩阵 $\overline{W}$ 归一化得到指标权重值：

$$W'_i=\frac{\overline{W}_i}{\sum_{j=1}^{n}\overline{W}_i}\quad(i=1,\ 2,\ \cdots,\ n) \tag{7.5}$$

在得出权重值后，需要对得到的权重值后进行一致性检验，确认指标重要程度是否符合逻辑，避免发生A比B重要，B比C重要，而C却比A重要的自相矛盾。计算流程如下：

(1) 对判断矩阵进行一致性检验：

$$\mathrm{CI}=\frac{\lambda-n}{n-1} \tag{7.6}$$

其中，$\lambda=\frac{1}{n}\sum_{i=1}^{n}\frac{(Aw'_j)_i}{w'_j}$，CI 为一致性指标，只有当 $\mathrm{CI}=0$ 时，才能判定矩阵 A 通过一致性检验，CI 值越大，说明矩阵 A 的检验结果越不一致。

(2) RI 为随机一致性指标，可以通过查询表7-5得到。

(3) 一致性比率 $\mathrm{CR}=\frac{\mathrm{CI}}{\mathrm{RI}}$，当 $\mathrm{CR}<0.1$，可以判断矩阵 A 的一致性在

容许范围内，通过一致性检验。

表 7-5 随机一致性指标 RI 查询表

N	1	2	3	4	5	6	7	8	9	10	11
RI	0	0	0. 58	0. 90	1. 12	1. 24	1. 32	1. 41	1. 45	1. 49	1. 51

2. 计算信息界面设计方案 Vague 值

Vague 集是 Gau 和 Bueher 于 1993 年提出的一种新的处理模糊信息的模糊理论。Vague 集作为一种对评选方案进行模糊评价的方法，已得到了广泛应用，通过使用 Vague 集函数，可以计算出设计方案中 6 个评价指标对于设计方案的支持与反对程度，进而使用 TOPSIS 优选排序思想对智能控制系统信息界面设计方案综合认知绩效水平进行排序。

1) Vague 集基本理论

集合 U 是讨论对象的空间(论域)，其中所有元素都可以用 x 来表示，即 $U=(x_1, x_2, \cdots, x_n)$，并用 t_v 支持函数和 f_v 反对函数分别代表集合 U 中的 Vague 函数，即 $t_v: U\rightarrow[0, 1]$，$f_v: U\rightarrow[0, 1]$，其中，$t_v(x)$ 是从支持 x 的证据所得出的肯定隶属度下界，$f_v(x)$ 是从反对 x 的证据所得出的否定隶属度下界，且 $t_v(x)+f_v(x)\leqslant 1$。这两个界构成了 $[0, 1]$ 的一个子区间 $[t_v(x), 1-f_v(x)]$，称为 x 在 V 中的 Vague 值。$\pi_v(x)=1-t_v(x)-f_v(x)$，称为 x 关于 V 的犹豫度，是 x 不确定性的度量，$0\leqslant\pi_v(x)\leqslant 1$。当 $t_v(x)+f_v(x)=1$，即 $\pi_v(x)=0$ 时，V 退化为普通模糊集。

对于 Vague 集 V，当 U 是连续的时候，可以记为

$$V=\int_v \frac{[t_v(x), 1-f_v(x)]}{x}, \quad x\in U \tag{7.7}$$

当 U 是离散的时候，记作

$$V=\sum_{i=1}^{n} \frac{[t_v(x_i), 1-f_v(x_i)]}{x_i}, \quad x_i\in U \tag{7.8}$$

2) 计算步骤

(1) 根据实验得出的视觉生理评测指标数据构建目标优属矩阵 $\gamma=[\gamma_{ij}]_{m\times n}$，得到理想值接近水平 γ_{ij}。

对于“搜索广度”“界面收敛度”“心理努力程度” 成本型(越小越好) 的

评价指标它们的相对优属度γ_{ij}可以表示为

$$\gamma_{ij}=\begin{cases}1-\dfrac{a_{ij}}{a_{j\max}},\ a_{j\min}=0\\ \dfrac{a_{j\min}}{a_{ij}},\ a_{j\min}\neq 0\end{cases} \tag{7.9}$$

对于“搜索深度”“搜索效率”“界面收敛度”效益型(越大越好)的评价指标，它们的相对优属度γ_{ij}表示为

$$\gamma_{ij}=\frac{a_{ij}}{a_{j\max}} \tag{7.10}$$

(2) 由评价者定义可以接受的数据满意度下限λ^U和可以允许的不满意度上限λ^L，通过矩阵γ得到的矩阵值，筛选出设计方案的支持指标集S、反对指标集O和中立指标集N。

$S_i=\{a_j\in a\mid \gamma_{ij}\geqslant\lambda^U\}$ $(i=1, 2, \cdots, m; j=1, 2, \cdots, n)$为第$i$个评价方案的支持指标集，表示评价方案中的第$j$个数据是支持评价方案$i$的。

$O_i=\{a_j\in a\mid \gamma_{ij}\leqslant\lambda^L\}$ $(i=1, 2, \cdots, m; j=1, 2, \cdots, n)$为第$i$个评价方案的反对指标集，表示评价方案中的第$j$个数据是反对评价方案$i$的。

$N_i=\{a_j\in a\mid \lambda^L\leqslant\gamma_{ij}\leqslant\lambda^U\}$ $(i=1, 2, \cdots, m; j=1, 2, \cdots, n)$为第$i$个评价方案的中立指标集，表示评价方案中的第$j$个数据对评价方案$i$既不支持也不反对。

(3) 带入层次分析法得到的指标权重值$w=\{w_1, w_2, \cdots, w_n\}$，构建 Vague 集评价矩阵$D$：

$$D=\begin{vmatrix}[t_1, 1-f_1]\\ [t_2, 1-f_2]\\ \vdots\\ [t_m, 1-f_m]\end{vmatrix} \tag{7.11}$$

式中，t_i表示该评价方案满足评价指标的程度，f_i表示该评价方案不满足评价指标的程度。

方案i符合评价者要求的程度v_i可通过式(7.11)用 Vague 数表示为

$$v_i=[t_i, 1-f_i]=\left[\frac{\sum\limits_{j\in\eta_1}w_j\gamma_{ij}}{\sum\limits_{j=1}^{n}w_j\gamma_{ij}}, 1-\frac{\sum\limits_{j\in\eta_2}w_j\gamma_{ij}}{\sum\limits_{j=1}^{n}w_j\gamma_{ij}}\right] \tag{7.12}$$

式中，$\eta_1 = \{j \mid a_j \in S_i\}$，$\eta_2 = \{j \mid a_j \in O_i\}$；$i = 1, 2, \cdots, m$；$j = 1, 2, \cdots, n$。

3. 信息界面设计方案的 TOPSIS 优选度排序

TOPSIS 优选度排序法由 C. L. Hwang 和 K. Yoon 于 1981 年提出，现已广泛应用于设计方案的优劣评价。TOPSIS 优选度排序思路首先是：选定一个理想综合认知绩效水平 Vague 值和一个负理想值，然后计算每个设计方案与理想水平的接近度，当与理想综合认知绩效水平 Vague 值接近度值越大时，说明对应的设计方案综合认知绩效水平越高，进而衡量设计方案的综合认知绩效水平优劣。其计算步骤如下：

（1）对一组 Vague 数 $X(i = 1, 2, \cdots, m)$，确定信息界面设计方案 Vague 值的正负理想值 X^+ 和 X^-：

$$\left.\begin{aligned} X^+ &= \left[\max_{i=1,2,\cdots,m} t_i, 1 - \min_{i=1,2,\cdots,m} f_i\right] \\ X^- &= \left[\min_{i=1,2,\cdots,m} t_i, 1 - \max_{i=1,2,\cdots,m} f_i\right] \end{aligned}\right\} \tag{7.13}$$

（2）设计方案的 Vague 值与正负理想值之间的距离可以通过 Vague 距离公式计算，每个设计方案 X_i 和 X^+ 的距离 d^+、X_i 与 X^- 的距离 d^- 计算公式为：

$$d_i^+ = d(X_i, X^+) = \sqrt{(t_i - t^+)^2 + (f_i - f^+)^2} \tag{7.14}$$

$$d_i^- = d(X_i, X^-) = \sqrt{(t_i - t^-)^2 + (f_i - f^-)^2} \tag{7.15}$$

（3）计算每个设计方案定量指标值到理想值的相对贴近指数：

$$\mu_i = \frac{d^-}{d^+ + d^-} \tag{7.16}$$

根据优劣法的思想，各设计方案的 X_i 越接近 X^+ 并远离 X^-，则说明数据对评价方案的支持隶属度越大，即 μ_i 值越大，说明设计方案越接近理想认知绩效水平，据此可对信息界面评价方案进行优选度排序。

7.2 工业数据信息的认知绩效实验研究

在智能制造系统数据信息图表的认知任务中，影响认知绩效的因素包括作业任务、信息容量大小、数据呈现的特征和方式等。数据图表的认知难度越大，认知负荷水平就相对越高，对应的认知绩效就越差。如何根据认知过程中的行为及眼动评价指标变化规律，针对性地进行数据图表设计改进极其重要。本节主要研究内容为探究任务种类、数据形式以及呈现方式等影响因素下的人机系统数据信息图表任务中行为绩效指标及视觉生理评价指标的变化规律。

7.2.1 不同认知难度数据信息的认知绩效实验

1. 实验目的

围绕工业生产制造中数据图表的视觉搜索，通过设定不同数据形式及任务种类变量因素，如柱状图、子弹图和雷达图等不同数据形式，以及任务种类的完成难度等，探讨行为反应指标的变化规律是否能反映数据形式和任务的认知难易程度。

2. 实验材料

选用某企业工业生产制造过程中的损失工时数据作为实验材料。损失工时的大小直接影响到的生产率，是生产数据监控中关注的重要数据。实验数据形式以柱状图、子弹图、气泡图三种数据图表形式展示数据。柱状图一般用于展示二维数据，能从垂直方向上表示各项内容的差别和明细。柱状图广泛应用于各类信息管理可视化系统中，能展现各类直采数据、系统状态及日常事务等。实验所选取的损失工时数据一般只需要重点关注数值大小，多采用传统柱状图表达。子弹图除了单一的数据比较功能之外，还可以通过添加合理的度量标尺显示更精确的阶段性数据信息，在工业数据表达方面极具应用价值。雷达图作为一种多维数据可视化比较的有效工具，可以集中展现出各个数据的权重高低情况，并且可以通过雷达图形的面积大小对对象进行多方位诊断评价。实验中，每张数据图表材料设计展示4种类型损失工时数据，包括质量问题、人员问题、物料问题和工程问题。每个问题下的细分小类事件在数据图表中用编号代码表示，4种数据图表形式实验材料如图7-3所示。

3. 实验设计与程序

1）实验变量

实验自变量因素：数据图表形式（3组）和任务种类（2组），其中数据图表形式因素包括：柱状图、子弹图、雷达图3种水平，任务种类包括2种水平，具体任务内容如下：

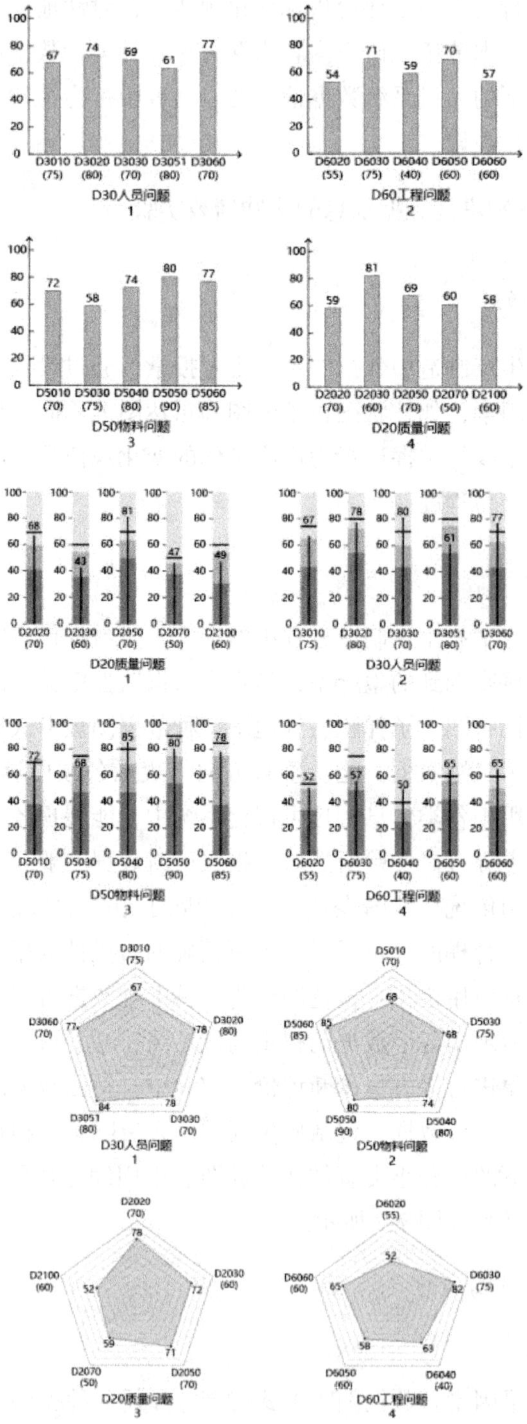

图 7-3　4 种数据图表形式实验材料

任务一：数值对比任务(找到所有数据组中导致损失工时数值最大的分类是哪一个)。

任务二：数值状态判断任务(判断某一组数据中超过其对应警戒值的分类有多少个)。

实验因变量：反应时间、正确率。

数据图表形式因素每组设计随机性实验材料 8 个，本次实验共包含 8 ×3 个刺激材料，24 个刺激材料在 2 种任务种类下分别进行实验，总共需要进行试验 48 次。

2)实验设备与被试

实验设备为 1 台 15.6 英寸的计算机，用于呈现刺激，屏幕分辨率为 1366px×768px，实验程序采用 E-prime 编写。被试为某大学研究生和本科生，共计 22 名(男女各 11 人)，均为工科背景，平均年龄 23 周岁，无色弱、色盲等，矫正视力在 1.0 以上。

3)实验流程设计

正式实验过程根据实验任务分为 2 个模块，每个模块包含 24 个试验，3 种数据图表形式随机出现，每个试验中，首先于空屏中央呈现"十"字视觉引导中心 1000ms，随后呈现判断界面，被试在界面出现后立马观察做出判断并按键反应。正式实验开始前，设置练习环节，帮助被试熟悉实验任务环境和数据图表形式的认知特点。实验流程如图 7-4 所示。

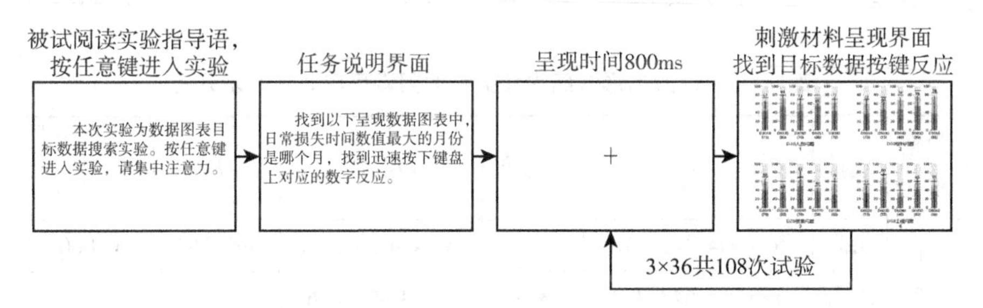

图 7-4　实验流程图

4. 实验数据处理与分析

实验被试 22 人中，获取 20 人有效数据样本。删除组内反应时平均数上下 2 个标准差之外的异常数据，最后一共删除了 3.4%的数据。

对反应时间数据进行方差齐性检验，任务一条件下数据形式($P=0.066$，$P>0.05$)，任务二条件下数据形式($P=0.196$，$P>0.05$)，以及柱状图下任务种类($P=0.698$，$P>0.05$)，子弹图下任务种类($P=0.971$，$P>0.05$)，雷达图下任务种类($P=0.411$，$P>0.05$)，显著性均大于0.05，即方差齐性假设成立，因此可以对数据进行下一步方差分析。

对两组任务中数据形式变量进行单因素方差分析，结果显示，任务一($P=0.00$，$P<0.01$)和任务二($P=0.00$，$P<0.01$)组内，数据形式对反应时间均具有显著性影响，见表7-6。对3种数据形式组内任务种类变量进行单因素方差分析，显示3种数据形式组(柱状图：$P=0.00$，$P<0.01$；子弹图：$P=0.00$，$P<0.01$；雷达图：$P=0.00$，$P<0.01$)内不同任务种类对反应时间均具有显著性影响，见表7-7。对反应时间和正确率数据进行统计，如图7-5所示。

表7-6　不同任务组内数据形式因素反应时间方差分析

任务	组	平方和	自由度	均方	F	P
任务一	组间	156 163 574.199	2	78 081 787.100	23.930	0.000
	组内	1 530 284 913.019	469	3 262 867.618	—	—
	总计	1 686 448 487.218	471	—	—	—
任务二	组间	924 938 633.870	2	462 469 316.935	324.091	0.000
	组内	660 688 735.977	463	1 426 973.512	—	—
	总计	1 585 627 369.848	465	—	—	—

表7-7　不同数据形式组内任务种类因素反应时间方差分析

数据形式	组	平方和	自由度	均方	F	P
柱状图	组间	663 474 242.278	1	663 474 242.278	462.386	0.000
	组内	456 295 543.394	318	1 434 891.646	—	—
	总计	1 119 769 785.672	319	—	—	—
子弹图	组间	112 763 817.753	1	112 763 817.753	82.859	0.000
	组内	432 771 679.219	318	1 360 917.230	—	—
	总计	545 535 496.972	319	—	—	—
雷达图	组间	276 877 750.878	1	276 877 750.878	164.704	0.000
	组内	534 577 140.594	318	1 681 060.191	—	—
	总计	811 454 891.472	319	—	—	—

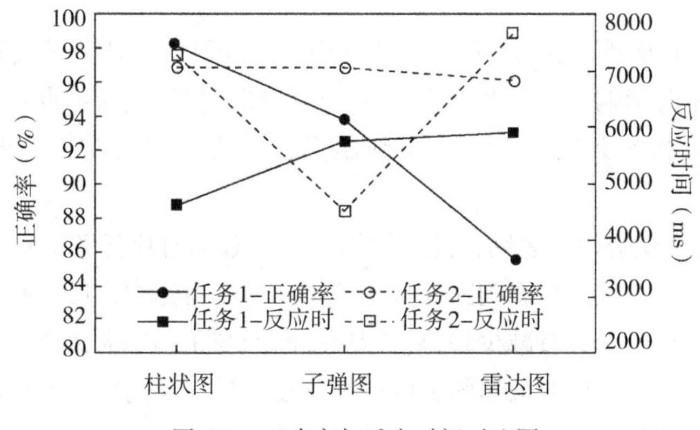

图 7-5　正确率与反应时间对比图

1) 反应时间分析

反应时间数据表明，任务一数值对比任务中，随着数据形式从柱状图到雷达图中，3 种任务完成难度逐渐变难，反应时间也随之变长；任务二数值状态判断任务中，随着数据形式从子弹图、柱状图到雷达图中任务完成难度的增加，反应时间也呈增长趋势。

对比同一数据形式组内不同任务的反应时间，柱状图和雷达图任务二反应时间均明显长于任务一，说明柱状图和雷达图由于图形形式无明显数值状态定性标识，在数值状态识别任务中需要花费更多的努力进行认知加工，反应时间变长。子弹图中，任务二反应时间短于任务一，表示子弹图更适合数值状态识别任务。

2) 正确率分析

正确率数据显示，在任务一数值对比任务中，从柱状图到雷达图，正确率逐渐降低，与反应时间数据成反比，即反应时间越长，正确率越低。任务二数值状态判断任务中，不同数据形式正确率差别不明显，表明由于任务情景不同，任务二相较于任务一更需要集中注意力逐一观察数据判断，反应时间较任务一更长，正确率却都能保持在较高水平，因此，正确率数据在不同任务情景中的变化敏感度具有差别。

同一数据图表形式下，子弹图形式在不同任务下正确率与反应时成反比；雷达图形式任务二下正确率更高，而反应时间更长；柱状图形式下，两组任务正确率均保持较高水平，未表现出明显差异，任务一正确率稍高于任务二，与反应时间数据成反比。

5. 实验结论

(1)在工业制造系统数据图表任务中，数据形式和任务种类对行为反应指标有显著影响。数值对比任务下，柱状图数据形式简单直观，更易于识别；数值状态判断任务下，子弹图形式具有度量标记，判断数值更容易。

(2)行为反应数据表明，随着数据形式在数值对比任务下从柱状图到雷达图，再由在数值状态判断任务下从子弹图到雷达图，反应时间呈明显递增趋势，正确率具有减少趋势，即反应时间与正确率大致成反比。说明行为反应指标能够反映数据图表的认知难度，反应时间敏感度更高，正确率指标在不同任务情景下的变化敏感度具有差别。

7.2.2　不同认知难度数据信息与生理指标关联性实验

1. 实验目的

以数据呈现方式和颜色为变量因素，通过记录被试在数值比较任务中的凝视时间及瞳孔直径指标，分析呈现方式和颜色因素影响下的不同认知难度数据图表的视觉指标变化规律。

2. 实验材料

实验同样采用某企业工业制造系统数据集中的异常损失工时数据，设计呈现12个月各类异常损失时间数据。呈现方式变量包含5个水平，具体如下：

呈现方式1：采用单柱状图形式，包含1组数据(异常损失时间)。

呈现方式2：采用气泡图形式，包含2组数据(异常损失时间及其占比)。

呈现方式3：采用双折线图形式，包含2组数据(异常损失时间及其占比)。

呈现方式4：采用双柱状图形式，包含2组数据(异常损失时间及其占比)。

呈现方式5：采用柱状折线结合图形式，包含4组数据(异常损失时间及其占比、正常损失时间、未记录时间)。

从呈现方式1到呈现方式5，呈现的数据信息量变大，且呈现形式变复杂，认知难度之间具有一定的差异。颜色变量设置两种水平：

灰色：采用灰度对数据组进行区分和标注。

彩色：采用颜色对数据组进行区分和标注。

颜色作为变量是刺激材料设计的重要因素之一，考虑到工业系统中数据图表常用状态颜色，选取红、黄、绿三色作为实验中彩色形式数据图形用色。实验材料的设计按相同概率交替出现三种颜色的刺激材料，不考虑不同色彩对视觉认知的影响。但考虑到不同明度、饱和度的交替出现可能影响到眼动数据，对选取的红、黄、绿 3 种基础色进行 HSB 调和，调整明度、饱和度保持一致，具体调整后的 RGB 数值如表 7-8 所示。具体实验材料如图 7-6 所示。

表 7-8　实验材料颜色设定

颜色	HSB	RGB
红	0/80/70	179/36/36
黄	60/80/70	179/175/36
绿	150/80/70	36/179/107

3. 实验设计与程序

1)实验变量设计

实验自变量因素：数据图表呈现方式(5 组)和颜色(2 组)，其中数据图表呈现方式包含 5 个水平：单柱状图、气泡图、双折线图、双柱状图、柱状折线结合图。颜色因素包含 2 个水平：灰色和彩色。其中，每组设计随机性实验材料 3 个，因此本次实验共包含 5×2×3 个刺激材料。

实验因变量：凝视总时间、瞳孔直径大小。

实验任务：数值比较任务(寻找呈现数据图表中异常损失时间最少的月份)。

2)实验设备与被试

实验眼动设备使用瑞典 Tobii 公司生产的用于人因工程及心理学领域的 Tobii1 X120 眼动仪，采样频率为 120Hz，注视定位精度为 0.4 度，采用双眼采集方式，头部运动范围为 44cm×22cm×30cm；一台计算机，显示器分辨率为 1920px×1080px，颜色质量为 32 位。被试总人数为 16 人，其中男生 8 人、女生 8 人，年龄在 22~28 周岁之间，平均年龄 24 周岁，均为右利手，视力或矫正视力正常。

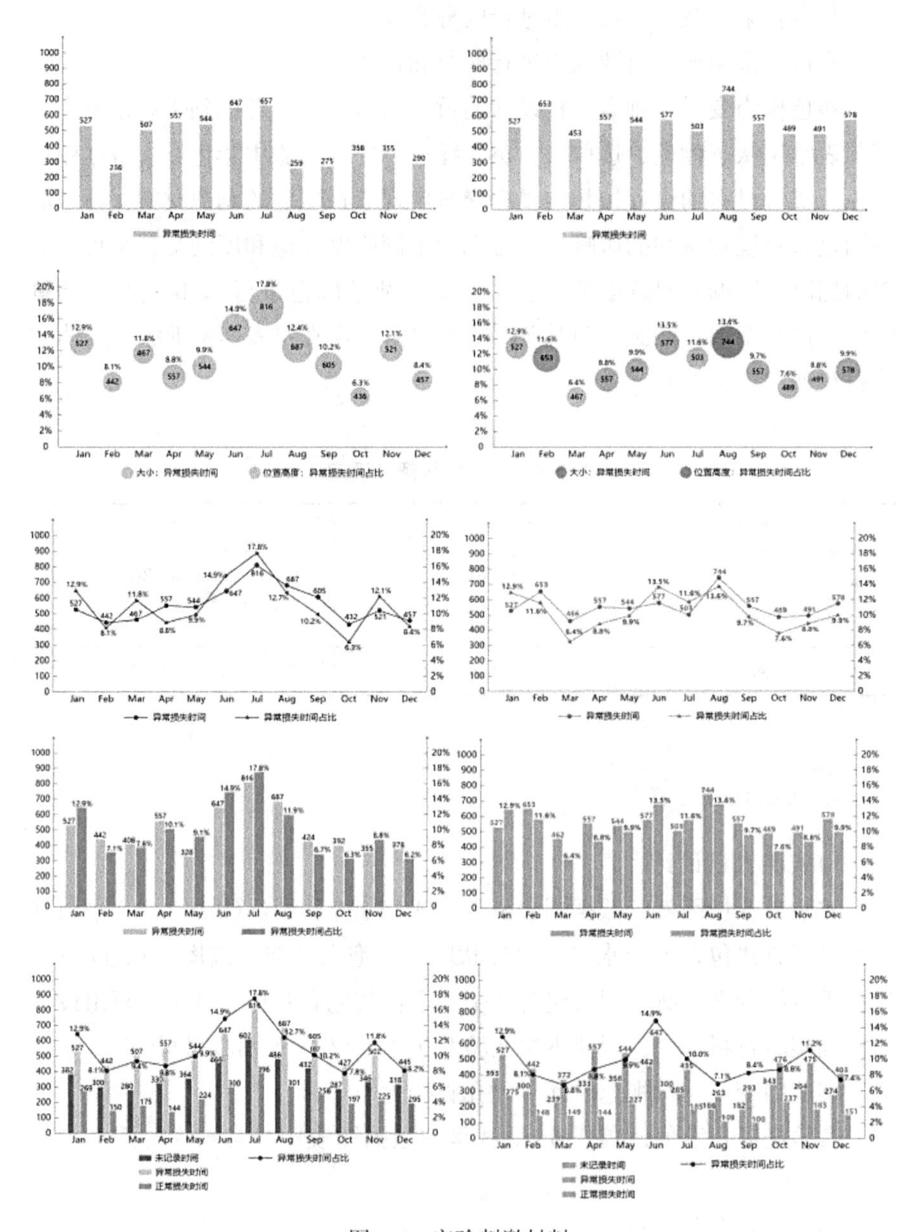

图 7-6 实验刺激材料

3）实验流程设计

图 7-7 所示为被试任务流程示意图。首先被试阅读实验引导语，理解任务要求；然后点击鼠标跳转；接着屏幕呈现视觉中心引导界面，800ms 后屏幕自动呈现刺激界面，被试找到目标数据，迅速点击鼠标左键反应；最后设置呈现问卷界面，被试需对任务完成结果进行选择，防止被试任务

完成过程中注意力不集中，认真程度低，导致实验数据可信度不高。

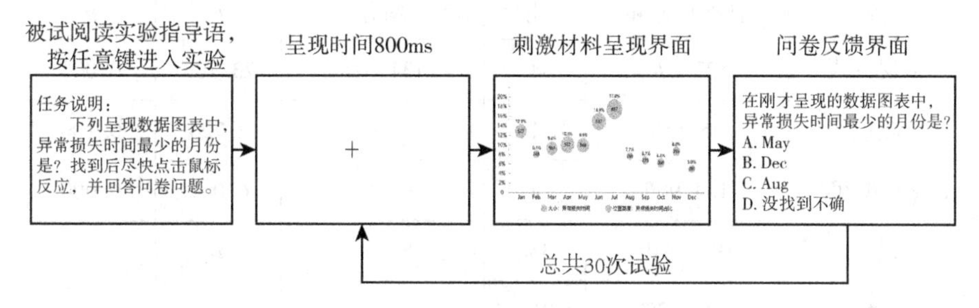

图 7-7　实验流程图

实验总共包含有 5×2 种刺激材料，每种刺激材料设计随机图片 3 张，刺激图片尺寸为 1920px×1080px，格式为 jpg，位深度为 24，实验总共需要记录被试反应 30 次。正式实验之前设置练习，使被试熟悉每种数据呈现方式，达到实验所需的正常认知操作水平。由于刚开始实验阶段，被试相对放松，未进入实验状态，瞳孔直径一般会偏大，因此设置练习环节，此时数据不做记录，排除此类因素对实验数据的干扰。

4. 实验数据处理和分析

实验被试共 16 人，选取信息采集率大于 90%的 12 人数据。并剔除组内反应时平均数上下 2 个标准差之外的异常数据，最后一共保留了 94.4%的数据，用于最终实验分析。

1) 凝视总时间

对凝视总时间进行方差齐性检验（$P=0.125$，$P>0.05$）的显著性大于 0.05，即方差齐性假设成立，因此可以对数据进行下一步方差分析。

对凝视总时间进行多因素方差分析，得到呈现方式主体间效应均显著（$F=23.703$，$P=0.000$，$P<0.01$），颜色因素主体间效应不显著（$F=2.724$，$P=0.1$，$P>0.05$）；呈现方式与颜色因素交互效应显著（$F=6.067$，$P=0.000$，$P<0.01$），如表 7-9 所示。

表 7-9　呈现方式与颜色因素的主体间效应检验

因变量：凝视总时间

源	Ⅲ类平方和	自由度	均方	F	P
修正模型	677.390	9	75.266	13.534	0.000
截距	9352.893	1	9352.893	1681.813	0.000

续表

源	Ⅲ类平方和	自由度	均方	F	P
呈现方式	527.274	4	131.818	23.703	0.000
颜色	15.150	1	15.150	2.724	0.100
呈现方式×颜色	134.966	4	33.742	6.067	0.000
误差	1946.419	350	5.561		
总计	11976.702	360			
修正后总计	2623.808	359			

注：$R^2=0.258$（调整后 $R^2=0.239$）。

凝视总时间数据如图 7-8 所示，可以看出，从单柱状图呈现方式到柱状折线结合呈现方式，随着呈现方式变复杂，凝视总时间变长。针对呈现方式因素进一步进行凝视总时间的 LSD 验后多重比较检验，分析呈现方式之间的具体差异，结果如表 7-10 所示。气泡图、双折线图和双柱状图之间凝视总时间没有显著性差异，即 3 种呈现方式在凝视总时间上并未体现出难度差异性。

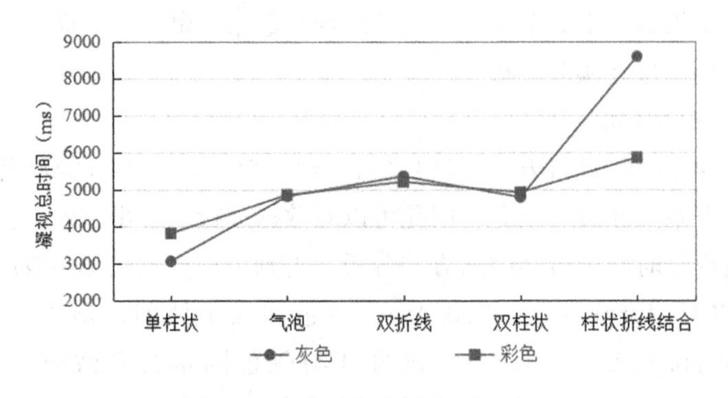

图 7-8　数据图表凝视总时间对比

针对颜色因素，通过结合图 7-8 和对数据图表呈现方式进行的分组颜色单因素方差分析，见表 7-11，可以得到柱状折线结合图中彩色形式凝视总时间显著短于灰色形式，彩色形式由于对数据组区分较灰色形式更明显，所以在对数据进行分辨处理时难度更低；单柱状图中彩色形式凝视总时间显著长于灰色形式，其他 3 种呈现方式下基本没有差异。

表 7-10　呈现方式的凝视总时间 LSD 验后多重比较检验

因变量：凝视总时间

(I)呈现方式	(J)呈现方式	均值差(I-J)	标准误	显著性	95%置信区间	
					下限	上限
单柱状	气泡	-1.34625	0.40503	0.001	-2.1428	-0.5497
	双折线	-1.91514	0.40503	0.000	-2.7117	-1.1186
	双柱状	-1.35917	0.40503	0.001	-2.1557	-0.5626
	柱状折线结合	-3.73708	0.40503	0.000	-4.5336	-2.9405
气泡	单柱状	1.34625	0.40503	0.001	0.5497	2.1428
	双折线	-0.56889	0.40503	0.161	-1.3654	0.2277
	双柱状	-0.01292	0.40503	0.975	-0.8095	0.7836
	柱状折线结合	-2.39083	0.40503	0.000	-3.1874	-1.5943
双折线	单柱状	1.91514	0.40503	0.000	1.1186	2.7117
	气泡	0.56889	0.40503	0.161	-0.2277	1.3654
	双柱状	0.55597	0.40503	0.171	-0.2406	1.3525
	柱状折线结合	-1.82194	0.40503	0.000	-2.6185	-1.0254
双柱状	单柱状	1.35917	0.40503	0.001	0.5626	2.1557
	气泡	0.01292	0.40503	0.975	-0.7836	0.8095
	双折线	-0.55597	0.40503	0.171	-1.3525	0.2406
	柱状折线结合	-2.37792	0.40503	0.000	-3.1745	-1.5814
柱状折线结合	单柱状	3.73708	0.40503	0.000	2.9405	4.5336
	气泡	2.39083	0.40503	0.000	1.5943	3.1874
	双折线	1.82194	0.40503	0.000	1.0254	2.6185
	双柱状	2.37792	0.40503	0.000	1.5814	3.1745

注：均值差的显著性水平为 0.05。

表 7-11 数据图表呈现方式组内颜色单因素方差分析

因变量：凝视总时间

		平方和	自由度	均方	F	P
单柱状	组间	9.563	1	9.563	6.079	0.016
	组内	110.116	70	1.573		
	总数	119.679	71			
气泡	组间	0.060	1	0.060	0.011	0.916
	组内	373.117	70	5.330		
	总数	373.176	71			
双折线	组间	0.502	1	0.502	0.076	0.784
	组内	465.076	70	6.644		
	总数	465.577	71			
双柱状	组间	0.240	1	0.240	0.047	0.829
	组内	357.593	70	5.108		
	总数	357.834	71			
柱状折线结合	组间	139.751	1	139.751	15.273	0.000
	组内	640.517	70	9.150		
	总数	780.269	71			

2)瞳孔直径

取左右眼瞳孔大小的平均直径作为瞳孔直径大小的分析数据进行方差齐性检验($P=0.085$，$P>0.05$)的显著性大于 0.05，即方差齐性假设成立，因此可以对数据进行下一步方差分析。

对瞳孔直径大小进行多因素方差分析，得出数据图表呈现方式主效应显著($F=887.303$，$P=0.000$，$P<0.01$)；颜色主效应显著($F=4623.044$，$P=0.000$，$P<0.01$)；呈现方式与颜色交互效应显著($F=264.714$，$P=0.000$，$P<0.01$)，如表 7-12 所示。

瞳孔直径数据如图 7-9 所示，可知呈现方式随着数据图表复杂程度从单柱状图到柱状折线结合图，瞳孔直径逐渐增大，柱状折线结合图呈现方式瞳孔直径明显大于其他呈现方式，与凝视总时间变化趋势一致。针对呈现方式因素进一步进行凝视总时间的 LSD 验后多重比较检验，结果如表 7-13 所示。显示气泡图、双折线图和双柱状图呈现方式瞳孔直径数据之间差异性均具有显著性。瞳孔直径数据反映出在这 3 种表达同等信息量的呈现方式中，折线图更具优势，瞳孔直径相对更小，认知难度最低。

表 7-12　瞳孔直径的呈现方式与颜色因素的主体间效应检验

因变量：左右眼平均瞳孔直径大小

源	Ⅲ类平方和	自由度	均方	*F*	*P*
修正模型	970. 855a	9	107. 873	1476. 062	0. 000
截距	1332550. 617	1	1332550. 617	18233758. 786	0. 000
呈现方式	259. 382	4	64. 845	887. 303	0. 000
颜色	337. 859	1	337. 859	4623. 044	0. 000
呈现方式×颜色	77. 383	4	19. 346	264. 714	0. 000
误差	10868. 244	148714	0. 073		
总计	1525110. 538	148724			
修正后总计	11839. 099	148723			

注：$R^2=0.082$（调整后 $R^2=0.082$）。

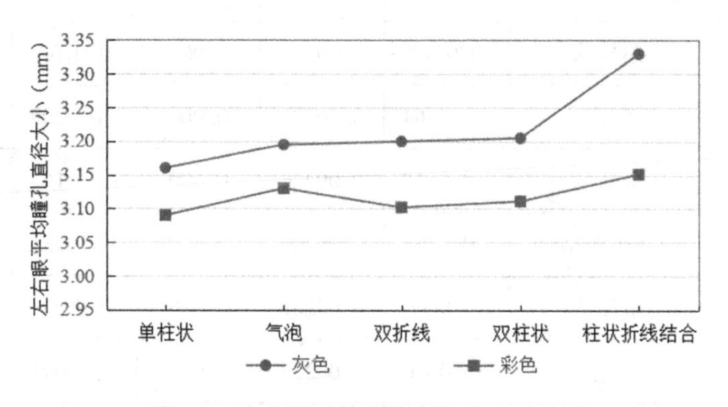

图 7-9　左右眼平均瞳孔直径大小对比图

针对颜色因素，通过结合图 7-9 和对数据图表呈现方式分组进行的颜色单因素方差分析结果表 7-14 的分析，可以看出，灰色形式瞳孔直径明显大于彩色形式，5 种呈现方式组内灰色形式瞳孔直径大小与彩色形式瞳孔直径大小均存在显著性差异。表明在数据图表的呈现中，采用颜色区分数据组别和进行数值标注相较于采用灰度区分数据组别，在目标数据认读搜索任务中，能够明显的降低认知难度（认知负荷），提高认知绩效水平。

表 7-13　呈现方式的左右眼平均瞳孔直径大小 LSD 验后多重比较检验

因变量：左右眼平均瞳孔直径大小

(I)呈现方式	(J)呈现方式	平均值差值（I-J）	标准误差	显著性	95%置信区间	
					下限	上限
单柱状	气泡	-0. 0378	0. 00264	0. 000	-0. 0430	-0. 0326
	双折线	-0. 0214	0. 00264	0. 000	-0. 0265	-0. 0162
	双柱状	-0. 0332	0. 00261	0. 000	-0. 0383	-0. 0281
	柱状折线结合	-0. 1408	0. 00243	0. 000	-0. 1456	-0. 1360
气泡	单柱状	0. 0378	0. 00264	0. 000	0. 0326	0. 0430
	双折线	0. 0164	0. 00229	0. 000	0. 0119	0. 0209
	双柱状	0. 0046	0. 00226	0. 041	0. 0002	0. 0091
	柱状折线结合	-0. 1030	0. 00205	0. 000	-0. 1070	-0. 0990
双折线	单柱状	0. 0214	0. 00264	0. 000	0. 0162	0. 0265
	气泡	-0. 0164	0. 00229	0. 000	-0. 0209	-0. 0119
	双柱状	-0. 0118	0. 00226	0. 000	-0. 0162	-0. 0074
	柱状折线结合	-0. 1194	0. 00205	0. 000	-0. 1234	-0. 1154
双柱状	单柱状	0. 0332	0. 00261	0. 000	0. 0281	0. 0383
	气泡	-0. 0046	0. 00226	0. 041	-0. 0091	-0. 0002
	双折线	0. 0118	0. 00226	0. 000	0. 0074	0. 0162
	柱状折线结合	-0. 1076	0. 00201	0. 000	-0. 1116	-0. 1037
柱状折线结合	单柱状	0. 1408	0. 00243	0. 000	0. 1360	0. 1456
	气泡	0. 1030	0. 00205	0. 000	0. 0990	0. 1070
	双折线	0. 1194	0. 00205	0. 000	0. 1154	0. 1234
	双柱状	0. 1076	0. 00201	0. 000	0. 1037	0. 1116

注：平均值差值的显著性水平为 0. 05。

表 7-14　瞳孔直径大小呈现方式组内颜色单因素方差分析

因变量：左右眼平均瞳孔直径大小

		平方和	自由度	均方	F	显著性 P
单柱状	组间	22.315	1	22.315	381.767	0.000
	组内	987.657	16897	0.058		
	总数	1009.972	16898			
气泡	组间	27.892	1	27.892	466.162	0.000
	组内	1663.996	27811	0.060		
	总数	1691.887	27812			
双折线	组间	64.578	1	64.578	1195.223	0.000
	组内	1499.816	27759	0.054		
	总数	1564.394	27760			
双柱状	组间	62.245	1	62.245	1162.199	0.000
	组内	1571.612	29344	0.054		
	总数	1633.857	29345			
柱状折线结合	组间	351.162	1	351.162	3201.171	0.000
	组内	5145.162	46903	0.110		
	总数	5496.324	46904			

5. 实验讨论与结论

1)凝视总时间与瞳孔直径反应灵敏度比较

呈现同等信息量的 3 种数据形式之间，以及其灰色和彩色形式之间的认知难度差异，在凝视总时间数据中未反映出。

瞳孔直径数据显示在呈现同等信息量下的 3 种呈现方式中，折线图呈现方式下瞳孔直径明显小于气泡图和双柱状图形式。同时，在颜色因素对比中，反映出彩色数据形式瞳孔直径整体均小于灰色数据形式，具有显著性差异。

因此，在数据图表数值对比任务中，瞳孔直径大小指标变化相较于凝视总时间灵敏度更高，并体现出对颜色因素的反应显著性。

2)凝视总时间与瞳孔直径变化的一致性讨论

将左右眼的平均瞳孔直径作为自变量 X，凝视总时间作为因变量 Y，将实验中 30 个刺激材料的瞳孔直径和凝视总时间数据绘制散点图，如图

7-10 所示。随着自变量瞳孔直径的逐渐增大，因变量 Y 凝视总时间也整体呈现出同样的变化趋势。根据图中圆点位置可以看出，认知难度最小的是彩色的柱状图数据呈现(X：3.0326，Y：3609)，认知难度最大的是灰色的多维数据呈现(X：3.4577，Y：9067)，与单独指标分析得出的结果一致。实验中，随着数据图表认知难度增加，瞳孔直径随之增加，凝视时间也变长，表现出一致性的变化。

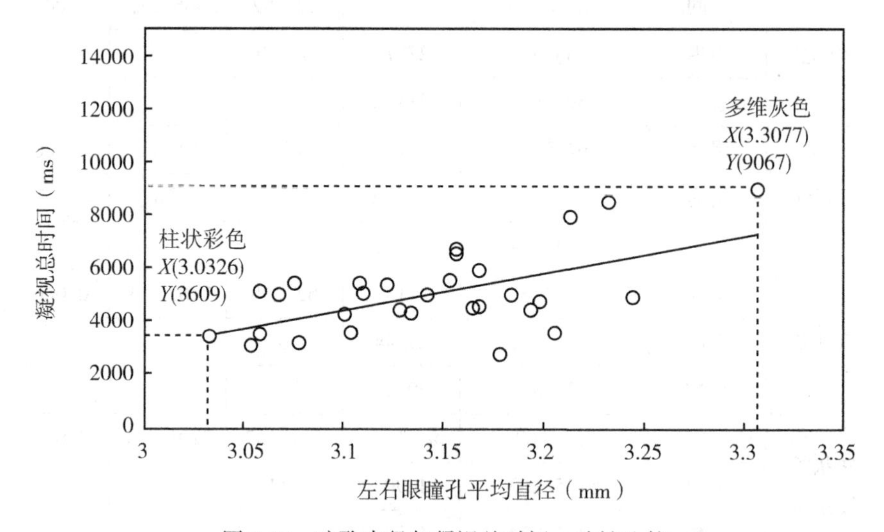

图 7-10 瞳孔直径与凝视总时间一致性比较

3)实验结论

在数据图表数值比较实验任务中，数据图表呈现方式和颜色因素对凝视总时间和瞳孔直径变化指标均有显著性影响。随着数据图表呈现方式变复杂，信息量变大大，寻找目标信息时的干扰信息项随之变多，需要更多的认知资源用于信息加工，导致认知难度增加，凝视总时间与瞳孔直径都随之增大。其中，瞳孔直径变化指标反映出，在呈现信息量相当的情况下，折线图对于数据认知更具优势。

在实验中数据图表数值对比任务下，相较于凝视时间，瞳孔直径变化指标具有更高的变化敏感度，且瞳孔直径变化数据反映，颜色因素是影响数据图表认读中认知绩效的重要因素。在数据图表呈现信息量较大时，通过颜色区分数据类别和标注关键数据能极大地提高认知绩效，降低数据搜索任务难度。

数据图表数值对比任务中，瞳孔直径变化幅度与凝视总时间指标变化具有一致性。随着数据图表认知难度从彩色单柱状图呈现方式到灰色柱状折线结合图呈现方式，瞳孔直径与凝视时间变化呈线性递增趋势，具有一致性变化效应。

7.2.3 工业数据信息认知绩效的视觉生理反应规律实验

本实验选取某企业工业制造系统数据集中的效率数据原始呈现方式为材料，重点针对数据图表呈现方式中的具体设计元素，设计不同呈现方式材料，在不同任务情景下完成实验。对实验材料设计元素进行提取和量化编码，通过偏最小二乘回归法，分析呈现方式设计元素与眼动指标之间关系，以及眼动指标的变化规律。

1. 实验目的

以不同呈现方式下的人机系统数据集中效率数据为实验材料，进行数据图表数值对比与目标搜索任务。分析不同呈现方式设计元素变量下凝视总时间、瞳孔直径以及凝视点占比等指标的变化规律，以及指标间的相互关系。

2. 实验材料

实验以某企业工业制造系统数据集中的效率数据作为实验材料，如图7-11所示。呈现包含产出工时/实际效率-出勤时间、加班时间占总出勤比率、实际效率和效率目标值4组数据。其中，产出工时/实际效率表示去年同期出勤时间，减去当前出勤时间，即产出工时/实际效率-出勤时间表示相比去年同期的节省出勤时间。

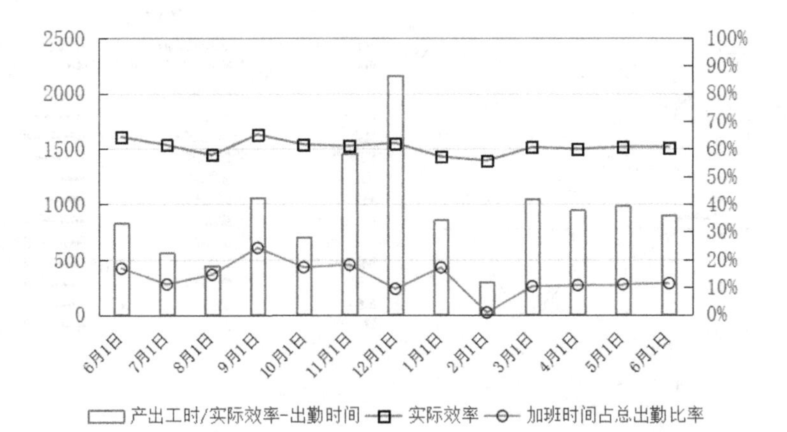

图7-11 工业系统效率数据

4组数据均为工业制造系统数据中与生产效率相关的数据，同时呈现用于综合判断不同时期生产状态是否优良。从数据组本身之间的联系来看，除了实际效率数据与效率目标值数据需要同时呈现以判断效率是否达到目标值，(产出工时/实际效率-出勤时间)与(加班时间/总出勤时间率)之间并无直接联系，因此可以考虑将不同的数据组分开呈现的方式。同时，通过对数据图原有呈现方式中的可视化形式、颜色、字符等进行不足分析，通过调整数据形式、颜色、字符等设计另外4种呈现方式材料，加上效率数据原始图表，一共有5种呈现方式材料，如图7-12所示。

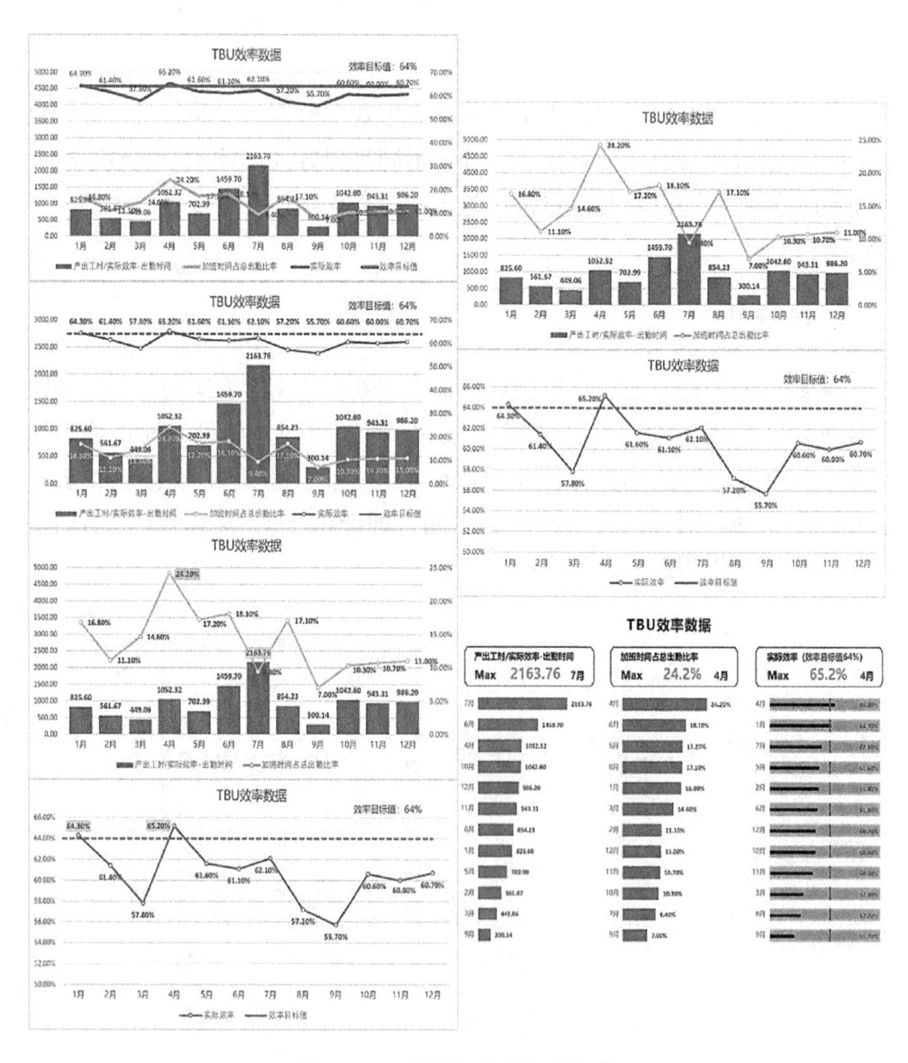

图 7-12　5 种数据呈现方式材料

实验研究变量为数据呈现方式中的设计元素，因此，针对图 7-12 中的 5 种数据呈现方式中的设计要素进行对比和分析，提取研究的数据呈现方式设计元素如表 7-15 所示。同时，数据呈现方式材料为不同设计元素定性变量的组合，需要将其转化为定量变量。5 种数据呈现方式同一设计元素的设计形态是定性变量，且取值是唯一的，根据数量化 I 类理论，用 0 和 1 来表达不同的变量。数据 1 代表该样本材料中有此元素形态，数据 0 表示没有。结合表 7-15 提取的设计元素，对 5 种数据呈现方式材料进行 0-1 编码，得到的 0-1 编码表如表 7-16 所示。

表 7-15　数据图表材料设计元素提取

设计元素(项目)		元素水平(种类)		
可视化形式(ABC)	产出工时组(A)	柱状(A1)	条形(A2)	
	加班时间组(B)	折线(B1)	条形(B2)	
	实际效率组(C)	折线+实线(C1)	折线+虚线(C2)	子弹(C3)
数值标签样式(D)		常规黑(D1)	颜色统一/加粗(D2)	
数据提示方式(E)		无(E1)	高亮背景 (E2)	放大置顶突显(E3)
布局方式(F)		集中呈现(F1)	分 2 组(F2)	分 3 组(F3)

表 7-16　数据图表材料的 0-1 编码表

呈现方式	A1	A2	B1	B2	C1	C2	C3	D1	D2	E1	E2	E3	F1	F2	F3
1	1	0	1	0	1	0	0	1	0	1	0	0	1	0	0
2	1	0	1	0	0	1	0	0	1	1	0	0	1	0	0
3	1	0	1	0	0	1	0	0	1	1	0	0	0	1	0
4	1	0	1	0	0	1	0	0	1	0	1	0	0	1	0
5	0	1	0	1	0	0	1	0	1	0	0	1	0	0	1

3. 实验设计与程序

1) 实验变量

实验自变量因素：呈现方式设计元素。

实验因变量：瞳孔直径大小、凝视时间、凝视次数。

2)实验任务

实验分别在如下两种任务类型环境下进行：

任务类型1(数值对比任务)：在呈现的数据图表中，找到某项数据(包括产出工时/实际效率-出勤时间、加班时间占总出勤比率、实际效率)12个月中该项数据值最大月份。

任务类型2(目标数据搜索任务)：在呈现的数据图表中，找到某项数据(包括产出工时/实际效率-出勤时间、加班时间占总出勤比率、实际效率)具体某月的数值或判断其状态。

3)实验设备与被试

实验眼动设备使用瑞典Tobii公司生产的用于人因工程及心理学领域的Tobii1 X120眼动仪，采样频率120Hz，注视定位精度为0.4度，双眼采集方式，头部运动范围为44cm×22cm×30cm；一台计算机，显示像素为1920px×1080px，颜色质量32位。被试为某大学共14名(男女各7人)研究生和本科生，均为工科背景，平均年龄23周岁，无色弱、色盲等现象，矫正视力在1.0以上。

4)实验流程设计

图7-13所示为被试任务流程示意图。首先被试阅读实验引导语，理解任务要求，然后点击鼠标跳转，接着屏幕呈现视觉中心引导界面，800ms后屏幕自动呈现刺激界面，被试完成当前任务后，点击鼠标进行反应，进入问题选择反馈界面进行选择。正式实验之前设置练习环节，让被试尽快进入实验状态。

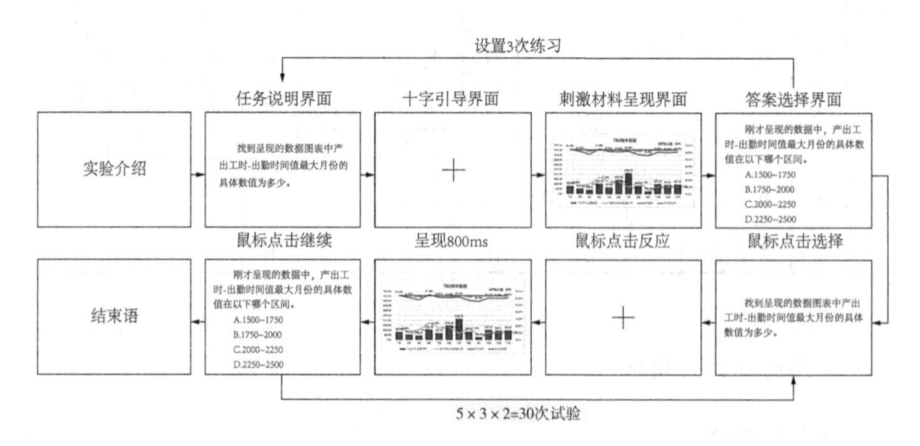

图7-13　实验流程图

实验材料总共包含有 5 种呈现方式，需要分别完成 2 种任务类型，每种任务类型下包含 3 个小任务。共需要被试反应 5×2×3＝30 次，预计每个被试需要 5～7min 完成实验内容。

4. 实验数据处理和分析

在上述编码的基础上，运用偏最小二乘回归法分别建立两组不同任务下数据图表呈现方式设计元素与眼动指标的关系模型，分析不同设计元素变量对眼动指标影响。

首先对两组任务条件下的凝视时间、兴趣区凝视点占比及瞳孔直径数据分别进行方差齐性检验，显著性均大于 0.05，其中数值对比任务（凝视时间：$P=0.268$；兴趣区凝视点占比：$P=0.309$；瞳孔直径：$P=0.924$），目标数据搜索任务（凝视时间：$P=0.253$；兴趣区凝视点占比：$P=0.286$；瞳孔直径：$P=0.920$），即方差齐性假设成立，因此可以对数据进行下一步分析。

不同任务下，呈现方式的主体间效应比较如表 7-17 所示。总凝视时间是完成任务所有凝视持续的总时间，可以反映处理信息的难度。凝视时间的方差分析表明，两种任务下不同呈现方式的主效应均显著。兴趣区设置为目标数据所在区域，其中的凝视点占比表示搜索的效率，反映搜索目标数据的难度。兴趣区凝视点占比的方差分析表明，两种任务下不同呈现方式的主效应均显著。瞳孔直径大小能在一定程度上反映认知负荷水平。瞳孔直径的方差分析表明，两种任务下不同呈现方式的主效应具有显著性。总凝视时间、兴趣区凝视点占比以及瞳孔直径大小的方差齐性检验的显著性均大于 0.05，且主体间效应的显著性均小于 0.05，因此均可用于回归建模分析。

表 7-17　呈现方式凝视时间、兴趣区凝视点占比和瞳孔直径数据的主体间效应比较

任务	凝视时间		兴趣区凝视点占比		瞳孔直径	
	F	P	F	P	F	P
数值对比任务	11.141	0.000	8.521	0.000	2.914	0.022
目标数据搜索任务	10.799	0.000	19.726	0.000	4.714	0.010

1）基于偏最小二乘法的设计元素与眼动指标回归分析原理

偏最小二乘法用于在变量存在多重相关，以及变量数多于样本数的情况下进行回归分析。实验中，以数据图表呈现方式中的多种设计元素为自变量，通过5个数据图表呈现方式样本为实验材料，以实验任务中记录的凝视总时间、兴趣区凝视点占比以及瞳孔直径大小为因变量，通过偏最小二乘回归建模分析设计元素与指标间的关系，以及设计元素水平变化下的指标变化规律。若假定设计元素自变 量为 X，记录眼动指标为 Y，数据矩阵 $X=(x_{ij})_{n\times p}$ 和 $Y=(y_{ij})_{n\times q}$ 均已做过标准化处理。偏最小二乘回归法建模步骤如下：

（1）分别提取两变量组的第1成分，并使之相关性达最大。

记 $t_1=Xw_1$ 和 $u_1=Yv_1$ 分别是自变量和因变量的第1成分。在 $\|w_1\|=\|v_1\|=1$ 条件下，相当于要求 t_1 与 u_1 的协方差 $\mathrm{Cov}(t_1, u_1)=w_1^{\mathrm{T}}X^{\mathrm{T}}Yv_1$ 达到最大。最后问题归结为计算矩阵 $X^{\mathrm{T}}YY^{\mathrm{T}}X$ 的特征值和特征向量。w_1 是 $X^{\mathrm{T}}YY^{\mathrm{T}}X$ 的最大特征值 θ_1^2 所对应的单位特征向量，而 v_1 是 $Y^{\mathrm{T}}XX^{\mathrm{T}}Y$ 的最大特征值 θ_1^2 所对应的单位特征向量，v_1 可通过 w_1 计算得到：$v_1=Y^{\mathrm{T}}Xw_1/\theta_1$，$w_1$ 称为因子 t_1 的权重，把样本值代入 $t_1=Xw_1$ 后得到的向量称为因子 t_1 的得分向量。

（2）建立 X 对 t_1 的回归及 Y 对 t_1 的回归。

回归模型为：

$$X=t_1c_1^{\mathrm{T}}+E_1,\quad Y=t_1d_1^{\mathrm{T}}+F_1$$

其中，$c_1=\dfrac{X^{\mathrm{T}}t_1}{t_1^{\mathrm{T}}t_1}$，$d_1=\dfrac{Y^{\mathrm{T}}t_1}{t_1^{\mathrm{T}}t_1}$ 分别是回归模型 X 对 t_1 以及 Y 对 t_1 中的系数向量，c_1 称为因子 t_1 的载荷，d_1 为标量；E_1，F_1 分别是回归模型的残差阵。

（3）用残差阵 E_1 和 F_1 代替 X 和 Y 重复以上步骤。

如果残差阵 F_1 中的元素的绝对值近似为0，说明用第1成分建立的回归式满足精度要求了，可以停止成分的抽取；否则，用残差阵 E_1 和 F_1 分别代替 X 和 Y 重复以上步骤。假设 X 的秩是 r，则可以得到一系列成分对 (t_i, u_i) 和回归系数向量 c_i，$d_i(i=1, \cdots, r)$。这样就得到两个回归式：

$$X=t_1c_1^{\mathrm{T}}+t_2c_2^{\mathrm{T}}+\cdots+t_rc_r^{\mathrm{T}}+E_r$$

$$Y=t_1d_1^{\mathrm{T}}+t_2d_2^{\mathrm{T}}+\cdots+t_rd_r^{\mathrm{T}}+F_r$$

由于 t_1，t_2，…，t_r 是标准化变量 x_1^*，x_2^*，…，x_p^* 的线性组合，因此最终可以得到每个因变量 y_1 关于自变量 x_1，x_2，…，x_p 的多元线性回归方程。

表 7-18　数值对比任务中设计要素与眼动指标的回归系数

设计元素	水平	编号	凝视总时间系数	范围及排序	兴趣区凝视点占比系数	范围及排序	瞳孔直径大小系数	范围及排序
可视化形式(产 A)	柱状	A1	0. 07829	0. 15658（5）	−0. 01002	0. 02004（5）	0. 01315	0. 0263（5）
	条形	A2	−0. 07829		0. 01002		−0. 01314	
可视化形式(加 B)	折线	B1	0. 07829	0. 15658（5）	−0. 01002	0. 02004（5）	0. 01314	0. 0263（5）
	条形	B2	−0. 07829		0. 01002		−0. 01314	
可视化形式(实 C)	折线+实线	C1	0. 13457	0. 26914（3）	−0. 0194	0. 0388（3）	0. 01929	0. 03858（2）
	折线+虚线	C2	−0. 05629		0. 00939		−0. 00614	
	子弹	C3	−0. 07829		0. 01002		−0. 01314	
数值标签样式(D)	常规黑	D1	0. 13457	0. 26914（3）	−0. 0194	0. 0388（3）	0. 01929	0. 03858（2）
	颜色统一/加粗	D2	−0. 13457		0. 0194		−0. 01929	
数据提示方式(E)	无	E1	0. 32414	0. 64828（1）	−0. 05611	0. 11222（1）	0. 04007	0. 08014（1）
	高亮背景	E2	−0. 24586		0. 04609		−0. 02693	
	放大置顶突显	E3	−0. 07829		0. 01002		−0. 01314	
布局方式(F)	集中呈现	F1	0. 19414	0. 38828（2）	0. 02374	0. 06752（2）	0. 01407	0. 02814（4）
	分 2 组	F2	−0. 11586		−0. 03376		−0. 00093	
	分 3 组	F3	−0. 07829		0. 01002		−0. 01314	

下面数据分析过程中的运用偏最小二乘法建立多元线性回归方程，均通过 Python 软件编程实现。

2)数值对比任务

以表 7-16 中 A~F(设计元素)为自变量，分别以凝视总时间、兴趣区凝视点占比以及瞳孔大小直径的样本平均值为因变量，通过 Python 运用偏最小二乘法得到设计元素的系数如表 7-18 所示，系数是设计元素变量在眼动指标上的权重，数值绝对值的大小代表对眼动指标影响程度的高低。不同指标系数对比如图 7-14 所示。

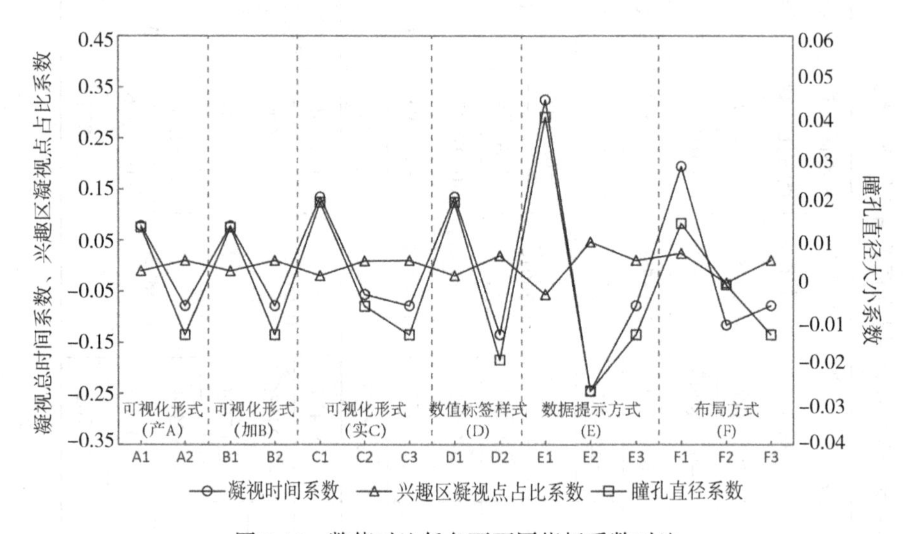

图 7-14　数值对比任务下不同指标系数对比

凝视总时间越长，表示在数值对比任务中，用于信息处理的时间越长，认知难度越高，任务效率低。即：设计元素变量系数为负值且数值越大，说明认知绩效越好；相反，系数为正值且绝对值越大，则表示认知绩效低。

兴趣区凝视点占比，是指目标数据所在区域的所有凝视点数目占整个呈现数据图表材料的总凝视点数目的比例。兴趣区凝视点占比越高，表示搜索效率越好，有效搜索越高。因此，设计元素变量系数为正且数值越大，表示绩效水平越好。

瞳孔直径大小变化，能反映被试在认知过程中的认知资源分配情况，一定程度反映出任务完成过程中的心理负荷水平。设计元素变量系数为负且绝对值越大，表示认知负荷较低，认知绩效更好。

从图 7-14 中可以看出，凝视时间系数变化幅度与瞳孔直径系数变化幅度基本正向一致，与兴趣区凝视点占比变化幅度基本反向一致。如在数值标签样式设计元素从 D1(常规黑)到 D2(颜色统一/加粗)、在数据提示方式设计元素从 E1(无)到 E3(黄色背景高亮)再到 E2(放大置顶突显)，凝视时间系数与瞳孔直径系数依次减少，而兴趣区凝视点占比系数升高，表明设计元素种类对应的认知绩效水平变高。

在布局方式设计元素中，兴趣区凝视点占比系数反映集中呈现方式认知绩效更优，而凝视时间系数与瞳孔直径系数则反映分组呈现方式更优，这可能与指标衡量的维度不同有关，集中呈现布局方式下视觉数据呈现相对分组呈现更聚合，使得扫视路径更短，兴趣区内的有效凝视点更多，因此兴趣区凝视点占比更大。

同时，表 7-17 中凝视时间、瞳孔直径和兴趣区凝视点占比系数范围即影响权重均体现出数据提示方式(E)设计元素是数值比较任务下影响认知绩效的主要因素，且采用黄色背景高亮(E2)提示方式认知绩效最佳。

3)目标数据搜索任务

以表 7-18 中 A~F(设计元素)为自变量，分别以凝视总时间、兴趣区凝视点占比以及瞳孔大小直径的样本平均值为因变量，通过 Python 运用偏最小二乘法得到设计元素的系数见表 7-19，不同指标系数对比如图 7-15 所示。

在目标数据搜索任务下，可以看出凝视时间系数与瞳孔直径系数大致体现为正向相关，与兴趣区凝视点占比大致为负向相关。例如，在产出工时可视化形式(A)设计元素从柱状(A1)到条形(A2)、实际效率可视化形式(C)设计元素从折线+实线(C1)到折线+虚线(C2)，凝视时间与瞳孔直径系数变小，兴趣区凝视点占比系数变大，表明认知效果更好。

不同指标变化反映的差异性在其中也有所体现。在实际效率可视化形式(C)设计元素中，兴趣区凝视点占比系数反映出认知绩效最差的是子弹形式(C3)，而凝视时间与瞳孔直径系数反映出其中认知绩效最差的是折线+实线形式(C1)；在布局方式(F)设计元素中，采用集中呈现(F1)布局方式时兴趣区凝视点占比系数最高，认知效果最好，而凝视时间与瞳孔直径系数体现为分 2 组(F2)呈现的布局方式最佳。这与呈现材料信息布局的紧密程度对兴趣区凝视点占比的影响程度较大有关。

同样，在表 7-19 系数范围权重中，实际效率可视化形式设计元素(C)对凝视时间与瞳孔直径指标的影响最大，体现为采用折线+虚线(C2)时最佳；而数据提示方式(E)设计元素对兴趣区凝视点占比的影响最大，其中黄色背景高亮(E2)时认知效果最好。

表 7-19 目标数据搜索任务中设计要素与眼动指标的回归系数

设计元素	水平	编号	凝视总时间系数	范围及排序	兴趣区凝视点占比系数	范围及排序	瞳孔直径大小系数	范围及排序
可视化形式(产 A)	柱状	A1	−0.06486	0.12972 (4)	0.02329	0.04658 (4)	−0.01909	0.0398 (5)
	条形	A2	0.06486		−0.02329		0.01909	
可视化形式(加 B)	折线	B1	−0.06486	0.12972 (4)	0.02329	0.04658 (4)	−0.01909	0.0398 (5)
	条形	B2	0.06486		−0.02329		0.01909	
可视化形式(实 C)	折线+实线	C1	0.30129	0.73228 (1)	−0.00353	0.05362 (3)	0.03373	0.10562 (1)
	折线+虚线	C2	−0.36614		0.02681		−0.05281	
	子弹	C3	0.06486		−0.02329		0.01909	
数值标签样式(D)	常规黑	D1	0.30129	0.60258 (3)	−0.00353	0.00706 (6)	0.03373	0.06746 (2)
	颜色统一/加粗	D2	−0.30129		0.00353		−0.03373	
数据提示方式(E)	无	E1	0.27757	0.68486 (2)	−0.03226	0.11108 (1)	0.00796	0.05408 (3)
	高亮背景	E2	−0.34243		0.05554		−0.02704	
	放大置顶突显	E3	0.06486		−0.02329		0.01909	
布局方式(F)	集中呈现	F1	−0.00743	0.12972 (4)	0.04454	0.08908 (2)	0.00246	0.04308 (4)
	分 2 组	F2	−0.05743		−0.02126		−0.02154	
	分 3 组	F3	0.06486		−0.02329		0.01909	

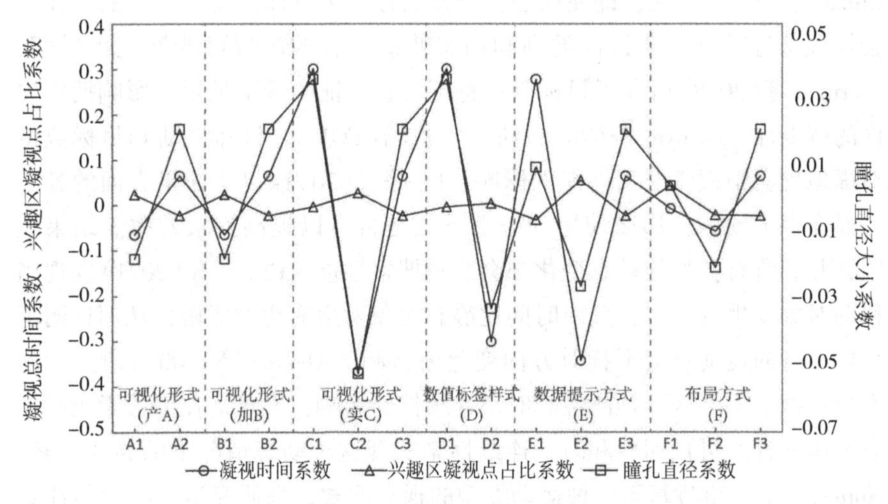

图 7-15　目标数据搜索任务下不同指标系数对比

5. 实验结论

从两种任务下眼动绩效指标可以看出，凝视时间、瞳孔直径以及兴趣区凝视点占比趋势变化具有一致性，表现为凝视时间与瞳孔直径变化趋势正向相关，与兴趣区凝视点占比负向相关。

实验结果表明，数值对比任务下，数据提示方式设计元素对凝视时间、瞳孔直径以及兴趣区凝视点占比指标影响最大，其中黄色背景高亮的提示方式认知绩效最优；目标数据搜索任务下，实际效率可视化形式对凝视时间和瞳孔直径影响最大，表现为采用折线+虚线认知效果最佳，而数据提示方式对兴趣区凝视点占比的影响权重最大，其中黄色背景高亮提示方式兴趣区凝视点占比最高。

7.2.4　动态信息呈现方式的认知绩效实验

在动态视觉搜索方面的相关研究中，Franconeri 等(2004)发现动态事件获得搜索优先级，这表明一些动态刺激以刺激驱动的方式捕获注意力。Rui-feng 等(2015)测试了人在动态视觉搜索中采用的视觉搜索策略，并研究了界面移动速度对搜索时间和检测精度的影响。Tong 等(2021)通过眼动生理指标，研究了运动方向和速度对屏幕视觉搜索的影响，发现屏幕上速度的增加对视觉搜索性能有负面影响。Tong 等(2022)研究了不同任务难度(高、低)和不同移动速度(低、高)下视觉搜索眼动指数的变化。

Kunar 等(2021)发现，即使动态特征并没有定义目标，动态特征的存在也会导致参与者对每个目标类别和动态特征组合的出现可能性变得敏感。Scarince 等(2018)研究了目标具有特定动态特征的频率是否会影响搜索失误的可能性。Grinyer 等(2022)研究了视场(FOV)、目标移动和目标数量对虚拟现实中视觉搜索性能的影响。Fu 等(2020)探讨了如果界面的各个方面变得可预测，那么使用动态上下文是否可以提高搜索效率。结果表明，并非所有类型的动态变化都会影响搜索性能。Crowe 等(2021)发现当移动对象发生变化时，反应时间比静态对象发生变化时要慢，从而证明了目标本身的运动也会干扰对方向变化的检测。Alvarez 等(2007)研究了动态显示搜索中结构可预测性和时空连续性的影响，发现潜在的搜索机制可以利用配置的可预测性和时空连续性来实现这种动态情况下的高效搜索。Horowitz 等(2007)基于 3 种运动类型的视觉搜索，来研究运动类型与注意力的影响，结果表明，视觉系统不能通过运动类型来引导注意力。胡波等(2019)探究动态视觉搜索任务中显示移动速度对搜索绩效的影响。刘娜等(2017)探究动态视觉搜索任务中显示移动速度对视觉疲劳的影响。以上学者从任务难度、动态特征、目标移动、运动类型、移动速度、视野形状等方面对动态视觉搜索进行了研究，表明了动态视觉搜索任务对认知绩效影响的重要性。

1. 实验目的

根据工业智能制造数据常用的动态效果呈现形式，选取常用的滚动呈现图表进行视觉搜索，通过单组块滚动信息的不同数量与滚动速度的具体变量设置，探讨单组块滚动信息数量与速度之间的关系，并得出其信息数量与速度组合的绩效最优呈现方式。实验假设：不同的信息数量与不同级别运动速度的视觉搜索存在显著性影响。随着运动速度级别的增加，任务搜索绩效越低。

2. 实验设计

选取生产制造过程中生产数据信息作为实验材料。生产数据直接影响产线的生产率，是产线数据监控中关注的重要数据。表格滚动形式主要有字符与图形，而实验数据主要以字符的形式展示，生产数据滚动材料展示主要包括人员编号、生产数量、生产批次、已用时间、运用机器，由字母与数字组成，实验材料如图 7-16 所示。实验数据呈现在深蓝色(RGB：0，8，29)背景上，以随机顺序出现滚动信息，通过正确率与反应时间数据来获取视觉搜索绩效评价指标，经过数据分析来探索信息数量与运动速度之间组合的最优呈现方式。

人员编号	生产数量	生产批次	已用时间
A006	56	ZF67	60min
C008	52	ZF58	57min
B005	45	CB65	30min
G003	40	DU34	36min
F001	38	CB26	25min

4×6表格

人员编号	生产数量	生产批次	运用机器	已用时间
H010	28	CF45	P6	30min
T009	35	PU24	R6	20min
B016	56	UD08	B2	45min
H021	41	BC62	H9	38min
N004	28	DC54	G6	29min

5×6表格

人员编号	生产数量	生产批次	已用时间
A006	56	ZF67	60min
C008	52	ZF58	57min
B005	45	CB65	30min
G003	40	DU34	36min
F001	38	CB26	25min
B012	46	UE35	32min

4×7表格

人员编号	生产数量	生产批次	运用机器	已用时间
H010	28	CF45	P6	30min
T009	35	PU24	R6	20min
B016	56	UD08	B2	45min
H021	41	BC62	H9	38min
N004	28	DC54	G6	29min
V007	15	GB30	F4	19min

5×7表格

图 7-16　4 种表格数据实验材料

3. 实验流程

实验选取表格行列为 4 个 4×6、5×6、4×7、5×7(大小分别为 600px×300px、650px×300px、600px×350px、650px×350px)运动速度为 3 个(25pt/s、50pt/s、80pt/s)相同时间呈现 10s，因变量为反应时间与正确率。通过具体的实验任务，首先提供被试线索，刺激以白色向上轮播循环滚动的方式呈现，除其中第一行的位置固定不变，刺激形成单组块呈现在屏幕中心，每个试次刺激中的内容随机，实际共有 10 行数据，靶刺激的位置设置固定范围(第 7 行±1)。如图 7-17 所示，首先让被试者阅读实验的相关注意事项与指导语，按键盘任意键进行 5 次练习。练习结束后，按任意键开始正式实验。每次实验的过程如下：屏幕中央首先出现注视点“+”，并在短暂的 500ms 的黑屏以后，出现搜索画面。当被试找到目标后，通过键盘输入相应数字后，自动进入下一个实验。若被试在刺激呈现超过 10s 后没有做出反应，则会自动进入到下一个实验。实验由 4 个 block 组成，每个 block 有 15 个 trail，每个 block 完成后都设置 2min 的休息时间。共有 60 试次，整个实验持续时间 20~25min。

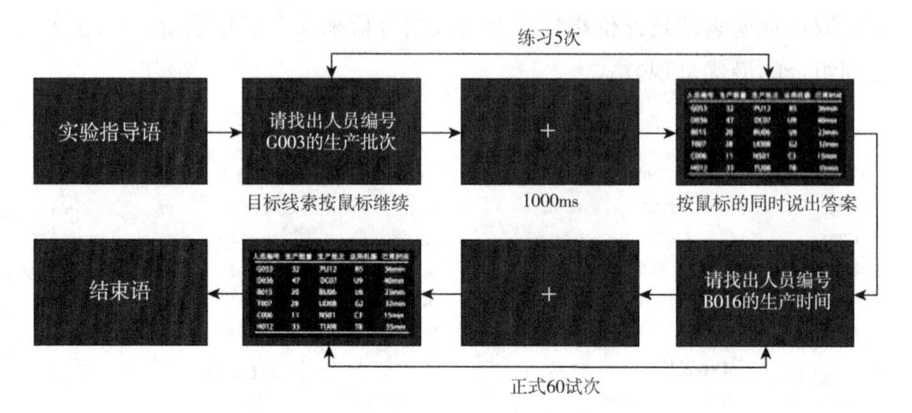

图 7-17　实验流程

4. 实验设备与被试

实验设备为一台 15.6 英寸的计算机用于呈现刺激，屏幕分辨率为 1280pt×720pt，实验程序采用 E-prime 编写。被试为南京理工大学在校研究生与本科生，共计 15 人(男 7 人、女 8 人)，均为工科背景，平均年龄 23 周岁，无色弱、色盲等，矫正视力在 1.0 以上。

5. 实验结果

在实验被试 15 人中，获取了 15 人的有效数据样本。删除反应时超过 10s 的试次，删除组内反应时间平均数上下两个标准差之外的异常数据。

对反应时间数据进行方差齐性检验发现，运动速度为 25pt/s($P=0.221$，$P>0.05$)、运动速度为 50pt/s($P=0.106$，$P>0.05$)、运动速度为 80pt/s($P=0.113$，$P>0.05$)、4×6 表格($P=0.230$，$P>0.05$)、4×7 表格($P=0.912$，$P>0.05$)、5×7 表格($P=0.135$，$P>0.05$)的显著性 P 均大于 0.05，即方差齐性假设成立，因此可以对数据进行下一步方差分析。对 4 组表格呈现变量进行单因素方差分析，结果显示，在速度 25pt/s、速度 50pt/s 和速度 80pt/s 组内，表格呈现对反应时间均具有显著性影响，见表 7-20。对 3 种运动速度组内表格呈现变量进行单因素方差分析，发现 3 种表格呈现组内不同运动速度对反应时间均具有显著性影响，见表 7-21。对反应时间和正确率数据进行统计，见图 7-18。由于 5×6 表格($P=0.001$，$P<0.05$)的显著性小于 0.05，为了得知具体是哪些速度组存在显著差异，在方差不齐性的情况下，进行了事后韦尔奇检验，用 Tamhane

(塔姆黑尼)多重均数比较结果显示 50pt/s 与 80pt/s 速度的 5×6 表格呈现之间不存在显著差异(P=0. 065>0. 05)，见表 7-22。

表 7-20　不同运动速度组内表格呈现数量因素反应时间方差分析

运动速度	组	平方和	自由度	均方	F	P
速度25pt/s	组间	121235758. 267	3	40411919. 422	114. 418	0. 000
	组内	19778936. 469	56	353195. 294	—	—
	总计	141014694. 736	59	—	—	—
速度50pt/s	组间	40578519. 352	3	13526173. 117	101. 333	0. 000
	组内	7475015. 877	56	133482. 426	—	—
	总计	48053535. 229	59	—	—	—
速度80pt/s	组间	25168552. 397	3	8389517. 466	49. 335	0. 000
	组内	9522958. 827	56	170052. 836	—	—
	总计	34691511. 223	59	—	—	—

表 7-21　不同表格呈现数量组内运动速度因素反应时间方差分析

表格呈现	组	平方和	自由度	均方	F	P
4×6表格	组间	77637831. 447	2	38818915. 724	172. 324	0. 000
	组内	9461208. 005	42	225266. 857	—	—
	总计	87099039. 452	44	—	—	—
4×7表格	组间	14794315. 845	2	7397157. 923	44. 493	0. 000
	组内	6982690. 763	42	166254. 542	—	—
	总计	21777006. 608	44	—	—	—
5×7表格	组间	11658326. 722	2	5829163. 361	21. 890	0. 000
	组内	11184446. 715	42	266296. 350	—	—
	总计	22842773. 436	44	—	—	—

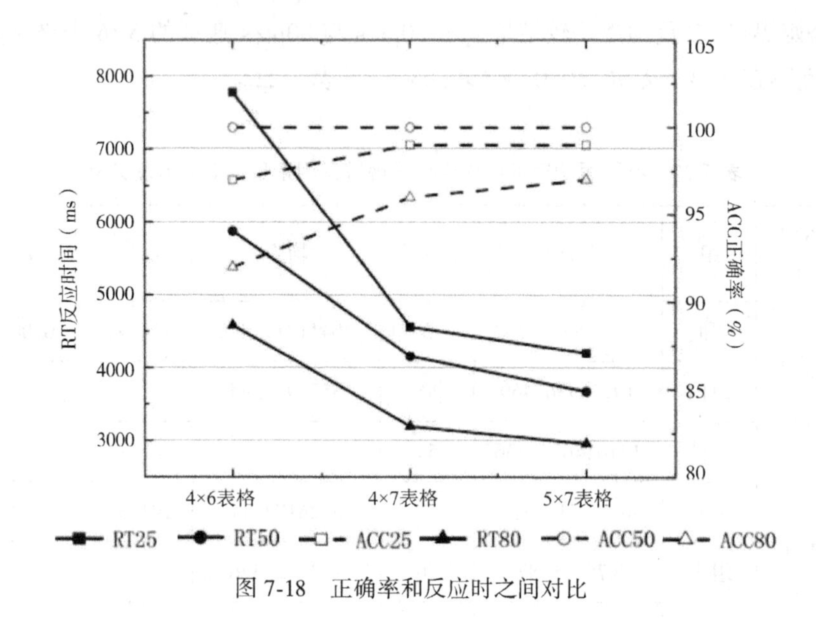

图 7-18 正确率和反应时之间对比

表 7-22 5×6 表格不同速度事后韦尔奇检验多重比较分析

(I)速度			平均值差值（I-J）	标准错误	*P*	95%置信区间	
						下限	上限
Bonferroni 邦弗伦尼	25	50	505.0667*	170.4203	0.015	80.095	930.038
		80	853.6800*	170.4203	0.000	428.709	1278.651
	50	25	-505.0667*	170.4203	0.015	-930.038	-80.095
		80	348.6133	170.4203	0.141	-76.358	773.585
	80	25	-853.6800*	170.4203	0.000	-1278.651	-428.709
		50	-348.6133	170.4203	0.141	-773.585	76.358
Tamhane 塔姆黑尼	25	50	505.0667*	163.7524	0.020	71.983	938.150
		80	853.6800*	202.0934	0.001	339.493	1367.867
	50	25	-505.0667*	163.7524	0.020	-938.150	-71.983
		80	348.6133	139.5443	0.065	-17.667	714.894
	80	25	-853.6800*	202.0934	0.001	-1367.867	-339.493
		50	-348.6133	139.5443	0.065	-714.894	17.667

注：平均值差值的显著性水平为 0.05。

1) 反应时间分析

根据反应时间数据表明，时间不变的情况下，随着速度从25pt/s到80pt/s级别增加，搜索的反应时间随之变短。速度为25pt/s相较于其他两组速度反应时间波动变化较大，随着表格呈现从4×6、4×7到5×7，信息数量呈现范围增加，反应时间也呈现减少趋势。

对比同一运动速度组内不同表格呈现的反应时间，4×6表格呈现所用的搜索时间均长于4×7表格和5×7表格，这由于靶刺激的位置相对固定(第7行±1)且刺激数量呈现范围有限，在速度相同时，4×6表格呈现范围小于其他表格组，所用的搜索反应时间变长。5×7的表格呈现反应时间短于4×6表格与4×7表格，表明5×7表格更适合滚动速度呈现任务。

2) 正确率分析

根据正确率数据显示，在速度为25pt/s与80pt/s在4×6到5×7表格呈现下，正确率数据趋势起伏显著，并且正确率与反应时间数据成反比，即反应时间越长，正确率越低。而在速度为50pt/s在4×6到5×7表格呈现下，不同表格呈现的正确率差别不明显，表明由于靶刺激的位置相对固定(第7行±1)且刺激呈现范围有限，随着速度的增加所用反应时间逐渐变短。但速度为50pt/s的正确率与其他两个速度不同，前者都能保持在较高水平，表示50pt/s速度呈现更适合表格滚动呈现。

同一表格呈现形式下，在4×6表格不同速度下的正确率与反应时间成反比；在4×7表格与5×7表格下的3组速度组正确率均保持较高水平，未表现出明显差异，并且4×7表格与5×7表格正确率稍高于4×6表格，与反应时间数据成反比。

6. 实验结论

(1)在生产数据任务中，滚动表格数量呈现和运动速度对行为反应指标有显著影响。在3种速度下5×7表格呈现组与其他组相比，均使用反应时间较短，准确率较高。而速度为50pt/s时的正确率高于其他速度组，且趋向平缓，趋于稳定。表明在速度为50pt/s滚动时5×7表格数量呈现范围最优。

(2)行为反应数据表明，随着表格信息数量在不同速度任务下，从4×6表格到5×7表格以及速度25pt/s到80pt/s，反应时间呈明显递减趋势，正确率具有增加趋势，即反应时间与正确率大致呈反比。说明行为反应指标能够反映动态信息数量呈现范围的搜索绩效，反应时间敏感度更高，正确率指标在不同速度情景下的变化敏感度具有差别。该结论为智能制造工业界面数据滚动动效提供了数量呈现与运动速度的依据，从而改善智能工厂信息化系统界面的认知绩效。

7.3 工业信息特征与视觉生理反应的关联效应

7.3.1 相关视觉特性的生理反应指标

视觉生理反应指标主要通过眼动追踪技术进行提取。作为智能制造人机系统执行任务过程中的重要感觉通道，对视觉生理指标的分析能够反映用户在任务阶段的认知绩效情况。国际标准化组织(international organization for standardization，ISO)于2002年将视觉生理指标分为：凝视(fixation)、眼跳(saccade)和闭眼(eye closure)。除了以上3个基本的视觉生理行为，还有常被用于视觉行为分析的指标分别为扫视(glance)和瞳孔(pupil)。扫视是视觉搜索寻找目标的过程。当用户在搜索目标时，眼睛的运动表现为扫视。瞳孔的大小是由收缩肌和扩张肌控制，瞳孔直径大小变化可以反映对工业信息认知特征。可以通过凝视、扫视和瞳孔变化分析工业信息视觉搜索的视觉认知效率。

人类的眼睛(视觉通道)感知一个复杂视场(包含大量信息的界面可称为一个复杂视场)，要经历复杂的凝视与扫视过程(吴晓莉，2017)。在目标搜索过程中发生“凝视—扫视—凝视”的浏览路径，并伴随着认读、辨识、判断选择和决策，然后进入下一个目标搜索任务。Yarbus(1967)认为，特征承载的信息越多，双眼停留其上的时间就越长。凝视是认知处理信息的过程，而扫视是搜索信息的过程。认知处理主要在于辨别信息的自身属性，如颜色、大小、形状、方位等(Treisman，1969)。凝视与扫视反映了视觉搜索过程的认知加工过程。因此，信息单元的复杂程度及图标辨别的难易程度将影响到视觉搜索的凝视/扫视生理反应指标。而在凝视过程中，瞳孔直径大小变化与目标信息的兴趣、心理的负荷有关。瞳孔的放大往往意味着认知处理(凝视时间)需要更大的负荷或心理努力(Verney，2004)。瞳孔放大后，如果持续一定负荷水平的加工，瞳孔直径的大小将会得到维持。在疲劳程度上，Lowenstein 和 Loewenfeld(1964)发现，当一个人在充分休息后，其瞳孔直径最大，随着人的疲劳程度加深，瞳孔直径逐渐缩小。同时，瞳孔大小会随着思考有所变化(Duque，2014)。Kahneman 和 Scott(1969)研究发现，在实验开始到结束整个过程中，被试的瞳孔直径不断地缩小。Cacioppo 提出，避免连续地呈现刺激，疲劳导致瞳孔直径缩小。李勇、陈国恩(2004)通过阅读文本设定不同疲劳程度，发现疲劳会使瞳孔缩小，心理负荷增大会使瞳孔放大，一定的心理负荷可以起到维持瞳孔大小不变的作用。因此，视觉搜索过程的凝视/扫视指标与瞳孔幅度会随着信息特征与呈现方式的不同，可能表现出规律性变化。

7.3.2　工业信息特征视觉搜索实验

1. 实验目的及假设

本节将围绕智能制造系统人机交互界面的视觉搜索，通过设定不同信息特征及呈现方式变量因素，如图符形态的辨别难度及相似性特征，单一图符、彩色图符和信息块不同呈现方式等，探讨生理反应指标的变化规律，特别是瞳孔幅度变化是否与凝视/扫视指标具有一致性效应，是否能够作为优化界面信息设计的重要指标。因此，以图符特征、信息块等作为变量，探讨凝视与扫视的变化规律及瞳孔的幅度变化时，提出假设如下：

(1)搜索复杂信息单元比简单信息单元瞳孔变化大，凝视时间长，扫视路径复杂；

(2)图符形态特性特征对瞳孔幅度变化及凝视/扫视影响显著；

(3)凝视时间与扫视路径能够有效反应信息认读的效率，瞳孔直径的幅度变化，也具有一致性效应。

2. 实验设计

工业信息交互界面中的信息特征多以图符、字符为基本元素，以信息组块的形式分布在固定的显示界面中。例如，某工业安注系统的监控任务界面，有较多的工业专业符号，并以相应的输出数值、指示色彩状态组成信息块，如图 7-19 所示。

在实验中，将提取具有代表性的符号作为信息特征元素，如表 7-23 所示。考虑视觉搜索实验执行的合理性，选取了阀门、泵、风扇等 6 个典型图符作为实验材料。按照典型图符的形状特性和语义特性分为 2 组，命名为图符形态组 A 和图符形态组 B，作为信息特征的一个变量。其中，图符形态组 A(1 检查阀、2 气动阀、3 电动阀)语义相近，形状较为相似，

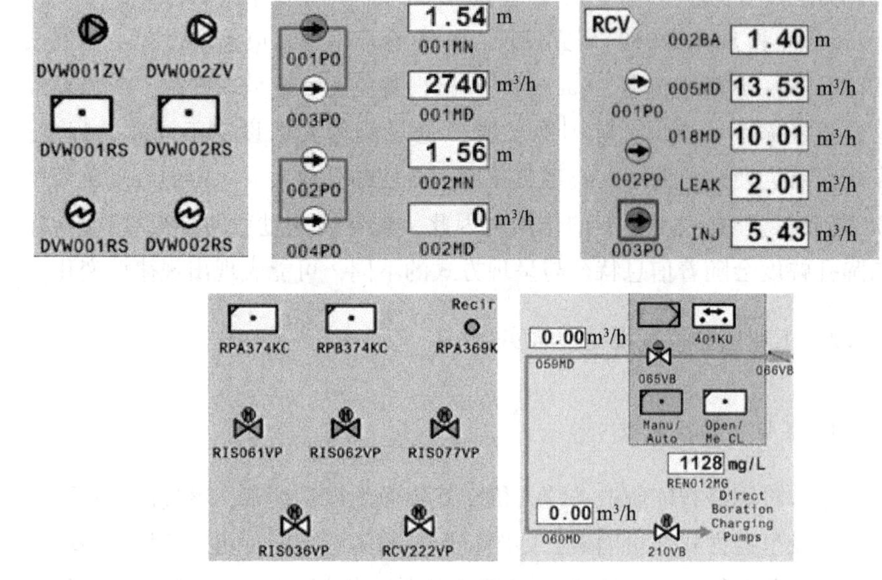

图 7-19　安注系统信息界面中不同图符信息块表达

表 7-23　安注系统提取的实验图符

图符形态组 A			图符形态组 B		
检查阀	气动阀	电动阀	风扇	加热器	泵

图符形态组 B(4 风扇、5 加热器、6 泵)以圆形态为主，也较为相似，但语义差别大。这两组图符在识别的复杂程度具有差异性，作为考察对象。第 2 个变量考虑图符呈现特性，以单一图符、彩色图符以及信息块图符 3 种不同呈现方式，作为考察对象。主要考察图符以信息块方式呈现时，被试进行目标搜索的视觉生理反应差异性。图 7-20 所示为图符呈现特性的信息块表达。

颜色是刺激材料设计的重要因素之一。考虑到实验材料来源于工业安注系统，选取灰色为背景基础色，蓝、黄、绿 3 色作为图符符号的常用色分别设定无色(单一图符)、彩色(彩色图符和信息块)。实验材料的设计按相同概率交替出现 3 种颜色图符，不考虑不同色彩对视觉认知的影响。

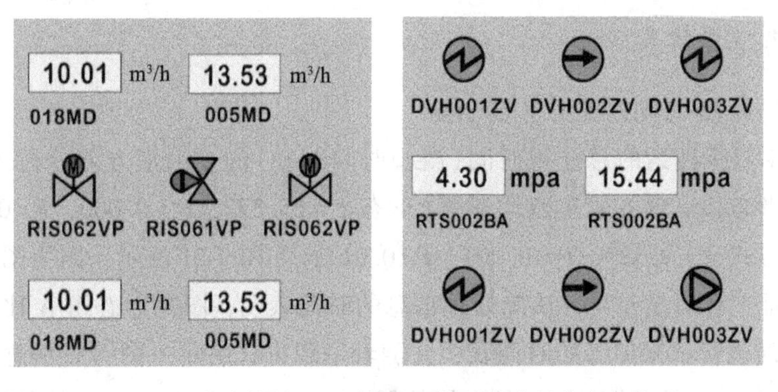

图 7-20　实验材料——图符呈现特征因素的信息块表达

但考虑到不同明度、饱和度的图符交替出现可能影响到瞳孔大小的变化，对安注界面选取的蓝、黄、绿 3 种基础色进行 HSB 调和，在色相与原始图符尽量相近原则下，调整明度、饱和度保持一致，具体调整前后的 CMYK 数值如表 7-24 所示。

表 7-24　实验材料色彩设定

色标	系统提取色值		调整后色值	
	HSB（基于色度）	CMYK	HSB（基于色度）	CMYK
蓝色图符	207，43，64	69，44，28，0	197，97，87	76，18，0，0
黄色图符	44，94，98	6，34，90，0	46，97，87	15，36，100，0
绿色图符	158，72，75	70，0，59，0	165，97，87	64，0，49，0

3. 实验设备与程序

该实验程序以图符形态特性(2 组)和图符呈现特性(3 组)作为变量因素，其中每组特性设计随机性实验材料 6 个，本次实验共包含 6×3×2 个刺激材料。刺激材料导入眼动跟踪设备 Tobii X120 的 Studio 系统，设定目标靶子和任务材料，以及间隔时间。该实验在某大学人机交互实验室进行，选取 22 名工科背景大学生作为被试，眼动跟踪记录被试每个任务材料的搜索时间以及相关眼动生理反应指标。

4. 实验结果

1）凝视-认知处理信息的时间

对目标搜索的总注视时间（凝视时间总和）的多因素方差分析表明，图符形态和呈现方式主效均显著（形态 $F=65.377$，$P=0.000$，$P<0.01$；呈现方式 $F=9.327$，$P=0.001$，$P<0.01$），如图 7-21 所示。因为图符形态特征上有明显差异，认知处理信息的时间表明，图符形态组 A 比形态组 B 所进行认知加工的时间长，并随着呈现方式由单一图符到信息块呈增长趋势。图符形态组 A-信息块的凝视时间超过了 1400ms，说明以信息块呈现方式下，图符形态组 A 需要更多的努力负荷进行认知加工。

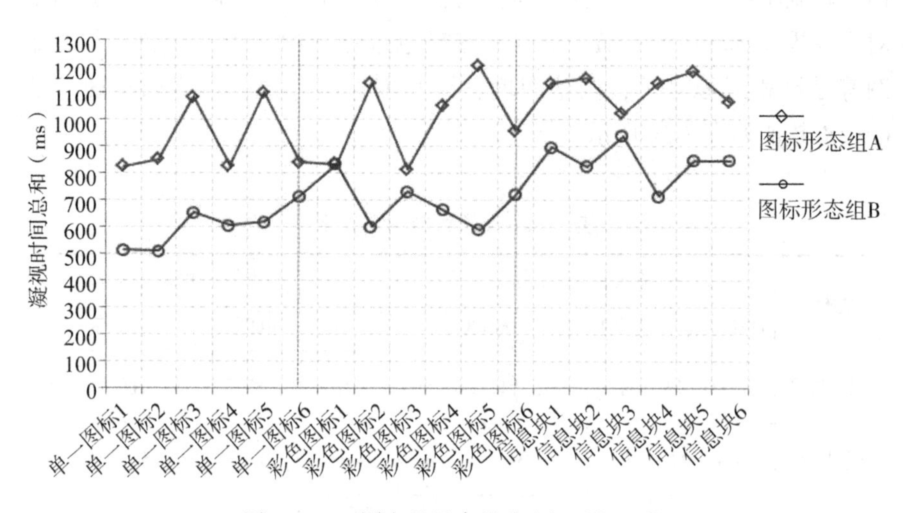

图 7-21 不同变量因素的总注视时间比较

对呈现方式特征进行 LSD 的验后多重比较检验，结果如表 7-25 所示，信息块与单一图符、彩色图符特征的总注视时间之间有显著性差异，而彩色图符和单一图符之间没有显著性差异。

2）扫视路径——搜索信息的过程

对两种不同变量因素（图符形态、呈现方式）进行凝视次数与扫视次数的主体间效应检验，如表 7-26 可知，图符形态对视觉搜索目标的凝视次数和扫视次数均有显著性影响（凝视次数 $F=52.815$，$P=0.000$，$P<0.01$，扫视次数 $F=47.873$，$P=0.000$，$P<0.01$）；呈现方式对视觉搜索目标的凝视次数和扫视次数均有显著性影响（凝视次数 $F=10.799$，$P=$

0.000，$P<0.01$，扫视次数 $F=19.638$，$P=0.000$，$P<0.01$）。同时，对图符形态与呈现方式的交互效应进行方差检验，凝视次数影响不显著（$F=1.080$，$P=0.353$，$P>0.05$），而扫视次数的交互效应较为显著（$F=$ 47.8733.348，$P=0.049$，$P<0.05$）。

表 7-25　呈现方式特征的凝视总时间 LSD 验后多重比较检验

项目	评估指标		均值差值	标准误差	*P*	95%置信区间	
	Feature (I)	Feature(J)	(I-J)			下限	上限
凝视总时间	单一图符	彩色图符	-89.0913	59.33572	0.144	-210.2710	32.0884
		信息块	-252.6416*	59.33572	0.000	-373.8213	-131.4619
	彩色图符	单一图符	89.0913	59.33572	0.144	-32.0884	210.2710
		信息块	-163.5503*	59.33572	0.010	-284.7300	-42.3705
	信息块	单一图符	-89.0913	59.33572	0.144	-210.2710	32.0884
		彩色图符	-252.6416*	59.33572	0.000	-373.8213	-131.4619

注：* 均值差值在 0.05 级别上较显著。

表 7-26　凝视次数与扫视次数的主体间效应检验

源	凝视次数					扫视次数				
	Ⅲ型平方和	自由度	均方	*F*	*P*	Ⅲ型平方和	自由度	均方	*F*	*P*
校正模型	57.240a	5	11.448	15.315	0	460.889b	5	92.178	18.769	0
截距	1789.572	1	1789.572	2394.026	0	27777.778	1	27777.778	5656.109	0
形态	39.480	1	39.480	52.815	0	235.111	1	235.111	47.873	0
呈现方式	16.145	2	8.073	10.799	0	192.889	2	96.444	19.638	0
形态×呈现方式	1.614	2	0.807	1.080	0.353	32.889	2	16.444	3.348	0.049
误差	22.425	30	0.748		147.333	30	4.911			
总计	1869.237	36			28386.000	36				
校正的总计	79.665	35			608.222	35				

注：$R^2=0.758$（调整 $R^2=0.717$）。

因此，可以通过绘制双坐标轴，比较凝视次数与扫视次数的相关性，如图 7-22 所示。凝视次数与扫视次数在图符形态与呈现方式上，呈现出相同的变化趋势。扫视次数远高于凝视次数，对于图符形态组 A，需要花费更多的扫视才能完成目标搜索。

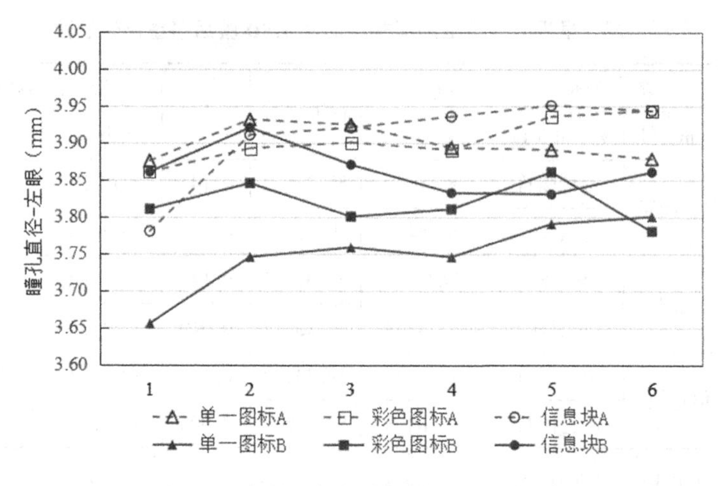

图 7-22　凝视与扫视次数的双坐标轴比较

根据主体间效应检验结果，可进一步分析两种变量的扫视路径。根据搜索过程所有凝视点的 x、y 坐标，可绘制出 16 个被试的叠加扫视路径。如表 7-27 分析结果可知，凝视次数和扫视路径均有显著性差异，图符形态组 A 的路径明显多于图符形态组 B。说明图符形态组 B 易于辨认，花费的心理负荷小，搜索目标用时短。而从呈现方式特征分析可知，凝视次数与扫视次数均值呈递增趋势，信息块扫视路径最多（信息块 A 次数 33. 67，信息块 B 次数 28. 34）。

3）瞳孔大小变化

对目标搜索的瞳孔直径大小的多因素方差分析表明，图符形态主效应显著（左眼的瞳孔直径 $F=60.760$，$P=0.000$，$P<0.01$，右眼的瞳孔直径 $F=62.125$，$P=0.000$，$P<0.01$）；呈现方式主效应较为显著（左眼的瞳孔直径 $F=8.577$，$P=0.002$，$P<0.05$，右眼的瞳孔直径 $F=4.313$，$P=0.029$，$P<0.05$）。瞳孔直径数据表明，搜索图符形态组 A 比图符形态组 B 的瞳孔直径放大更明显，并随着呈现方式由单一图符到信息块幅度逐渐增高，如图 7-23、图 7-24 所示。

表 7-27　凝视次数及扫视路径比较

典型被试轨迹	16个被试叠加后的凝视点与扫视路径
单一图符A 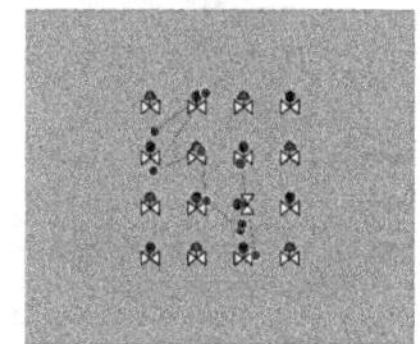 平均凝视次数7.42 平均扫视次数27.13	 wxlhd_hdsy_icon1sti_01.bmp_Full_recordings_All_Participants.png  wxlhd_hdsy_icon1sti_02.bmp_Full_recordings_All_Participants.png 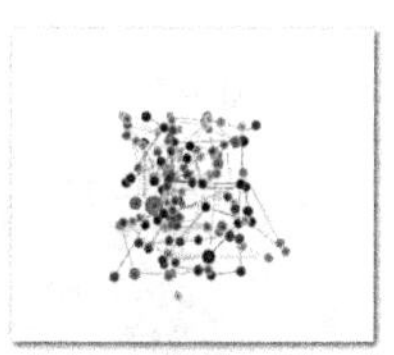 wxlhd_hdsy_icon1sti_03.bmp_Full_recordings_All_Participants.png 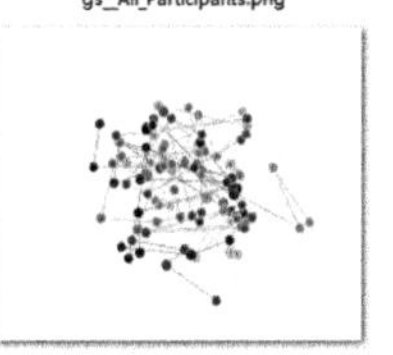 wxlhd_hdsy_icon1sti_04.bmp_Full_recordings_All_Participants.png 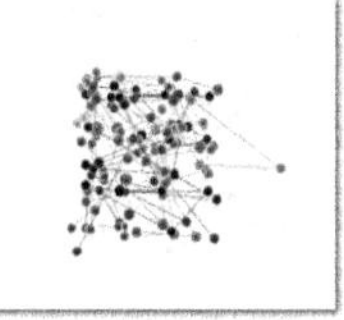 wxlhd_hdsy_icon1sti_05.bmp_Full_recordings_All_Participants.png 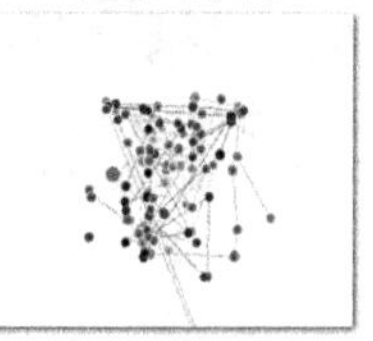 wxlhd_hdsy_icon1sti_06.bmp_Full_recordings_All_Participants.png
单一图符B 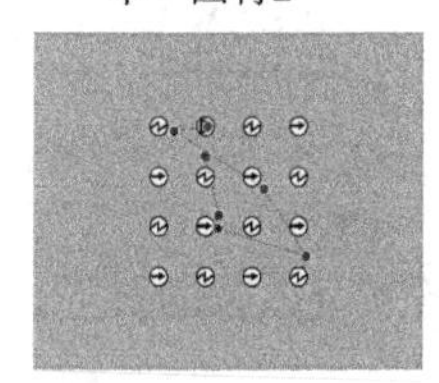 平均凝视次数5.17 平均扫视次数24.41	 wxlhd_hdsy_icon2sti_01.bmp_Full_recordings_All_Participants.png  wxlhd_hdsy_icon2sti_02.bmp_Full_recordings_All_Participants.png 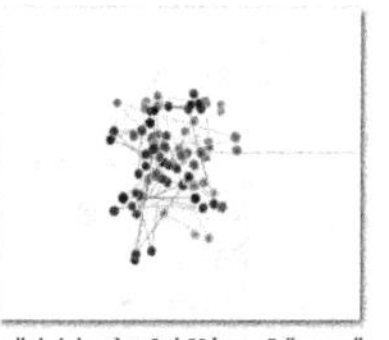 wxlhd_hdsy_icon2sti_03.bmp_Full_recordings_All_Participants.png 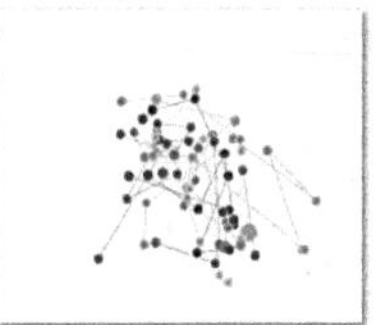 wxlhd_hdsy_icon2sti_04.bmp_Full_recordings_All_Participants.png 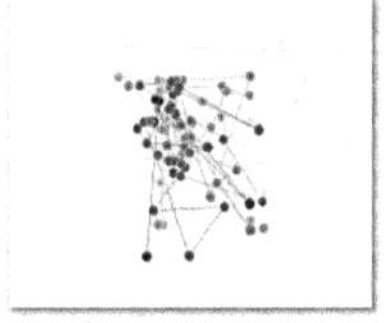 wxlhd_hdsy_icon2sti_05.bmp_Full_recordings_All_Participants.png 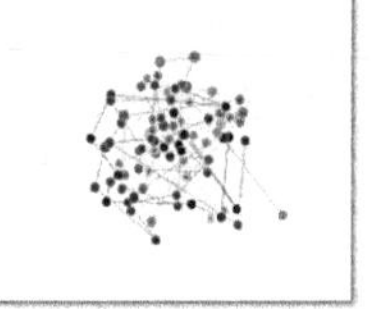 wxlhd_hdsy_icon2sti_06.bmp_Full_recordings_All_Participants.png
彩色图符A 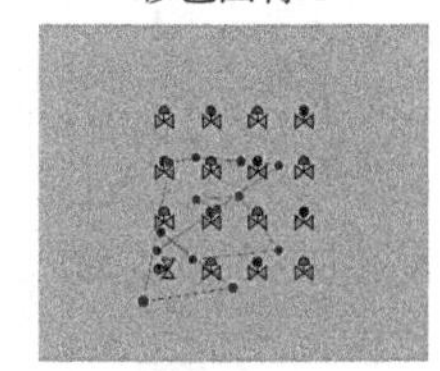 平均凝视次数8.19 平均扫视次数30.19	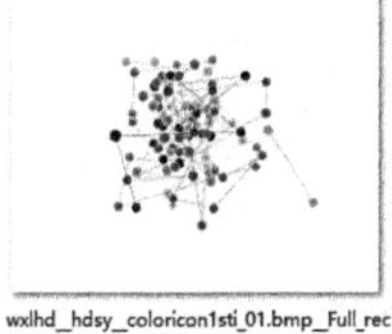 wxlhd_hdsy_coloricon1sti_01.bmp_Full_recordings_All_Participants.png 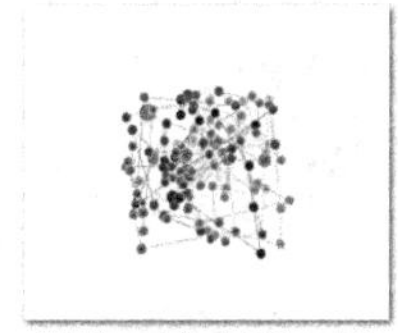 wxlhd_hdsy_coloricon1sti_02.bmp_Full_recordings_All_Participants.png 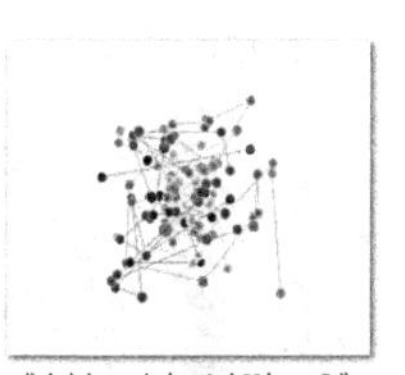 wxlhd_hdsy_coloricon1sti_03.bmp_Full_recordings_All_Participants.png 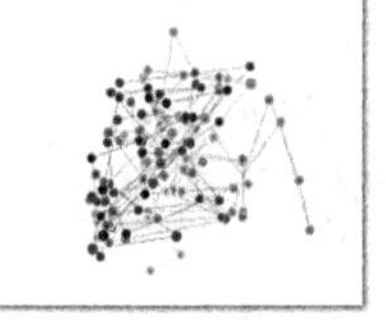 wxlhd_hdsy_coloricon1sti_04.bmp_Full_recordings_All_Participants.png 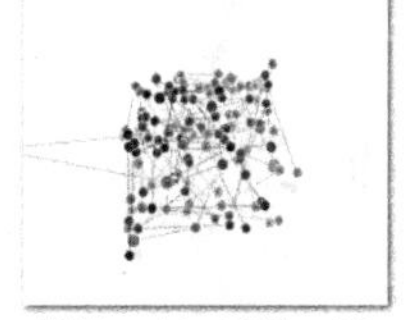 wxlhd_hdsy_coloricon1sti_05.bmp_Full_recordings_All_Participants.png 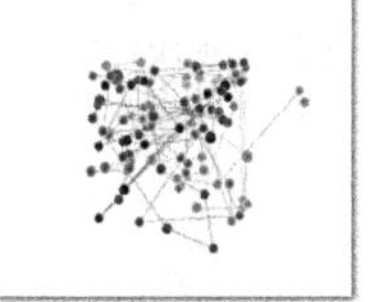 wxlhd_hdsy_coloricon1sti_06.bmp_Full_recordings_All_Participants.png

续表

典型被试轨迹	16个被试叠加后的凝视点与扫视路径		
彩色图符B 平均凝视次数5.67 平均扫视次数22.84	 wxlhd_hdsy_coloricon2sti_01.bmp_Full_recordings_All_Participants.png	 wxlhd_hdsy_coloricon2sti_02.bmp_Full_recordings_All_Participants.png	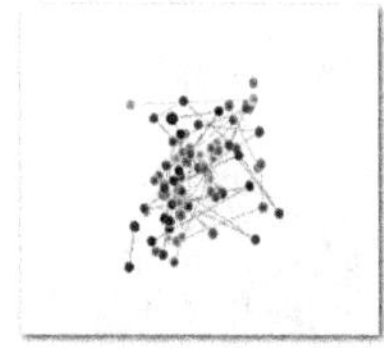 wxlhd_hdsy_coloricon2sti_03.bmp_Full_recordings_All_Participants.png
	wxlhd_hdsy_coloricon2sti_04.bmp_Full_recordings_All_Participants.png	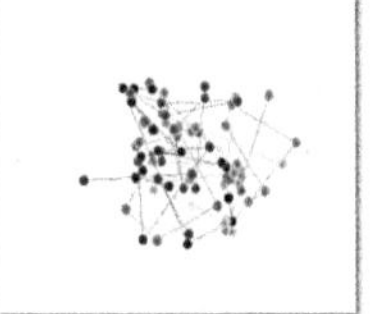 wxlhd_hdsy_coloricon2sti_05.bmp_Full_recordings_All_Participants.png	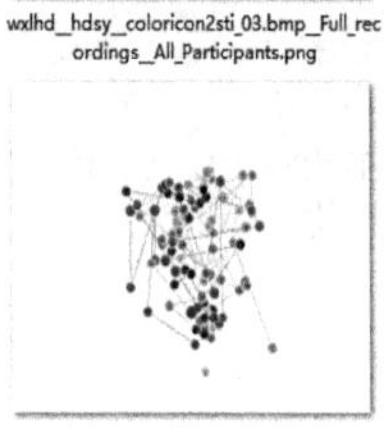 wxlhd_hdsy_coloricon2sti_06.bmp_Full_recordings_All_Participants.png
信息块A  平均凝视次数8.68 平均扫视次数33.67	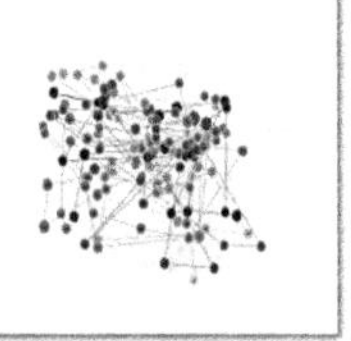 wxlhd_hdsy_block1sti_01.bmp_Full_recordings_All_Participants.png	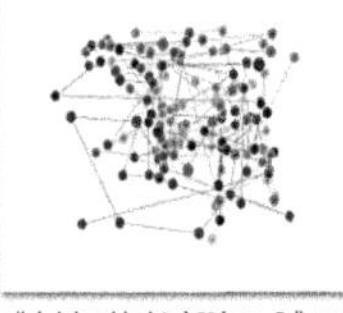 wxlhd_hdsy_block1sti_02.bmp_Full_recordings_All_Participants.png	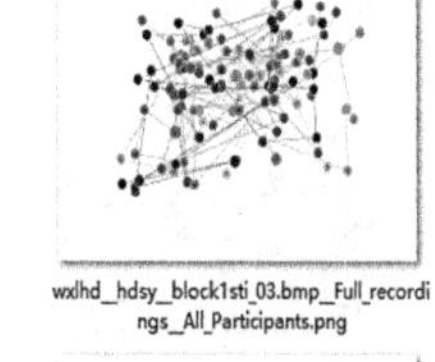 wxlhd_hdsy_block1sti_03.bmp_Full_recordings_All_Participants.png
	 wxlhd_hdsy_block1sti_04.bmp_Full_recordings_All_Participants.png	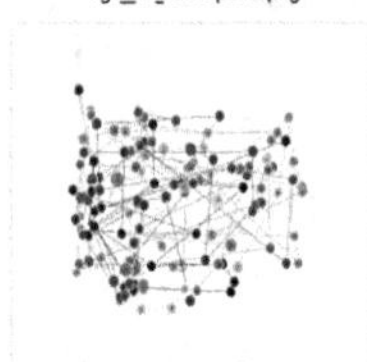 wxlhd_hdsy_block1sti_05.bmp_Full_recordings_All_Participants.png	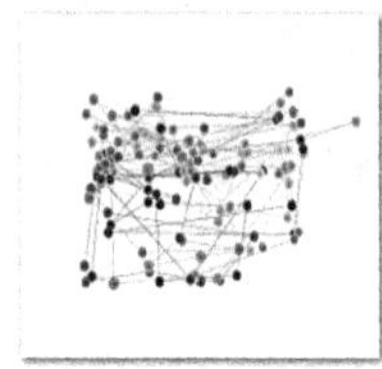 wxlhd_hdsy_block1sti_06.bmp_Full_recordings_All_Participants.png
信息块B 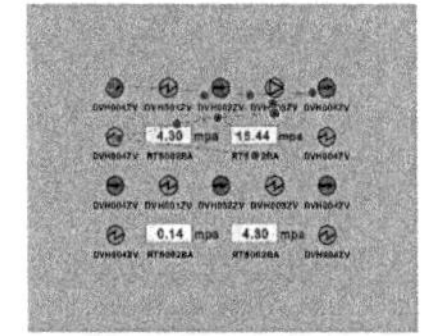 平均凝视次数7.16 平均扫视次数28.34	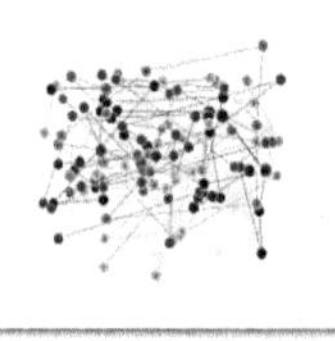 wxlhd_hdsy_block2sti_01.bmp_Full_recordings_All_Participants.png	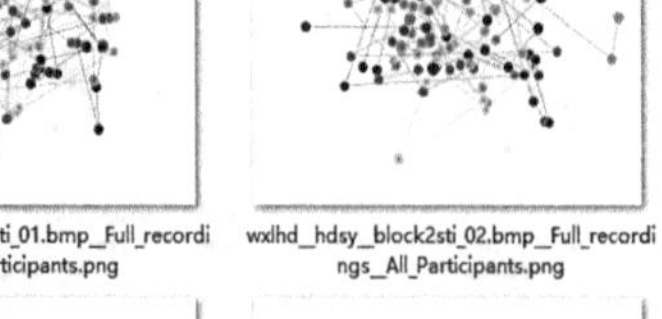 wxlhd_hdsy_block2sti_02.bmp_Full_recordings_All_Participants.png	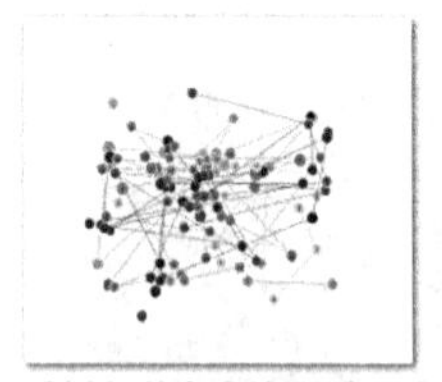 wxlhd_hdsy_block2sti_03.bmp_Full_recordings_All_Participants.png
	wxlhd_hdsy_block2sti_04.bmp_Full_recordings_All_Participants.png	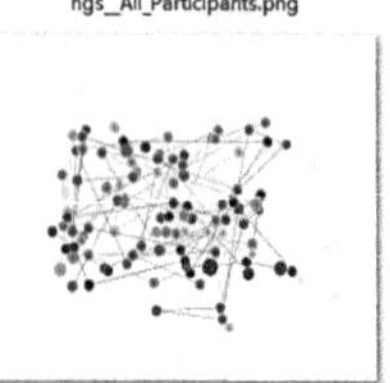 wxlhd_hdsy_block2sti_05.bmp_Full_recordings_All_Participants.png	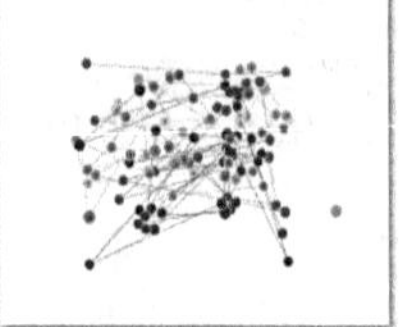 wxlhd_hdsy_block2sti_06.bmp_Full_recordings_All_Participants.png

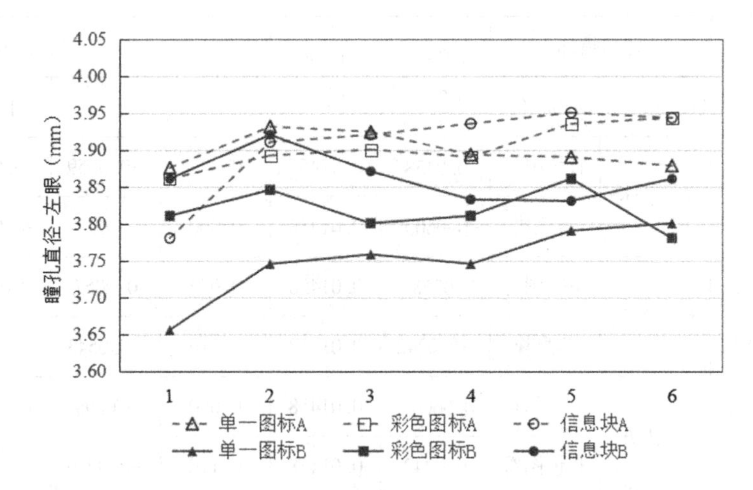

图 7-23　不同图符形态和呈现方式的左眼瞳孔直径

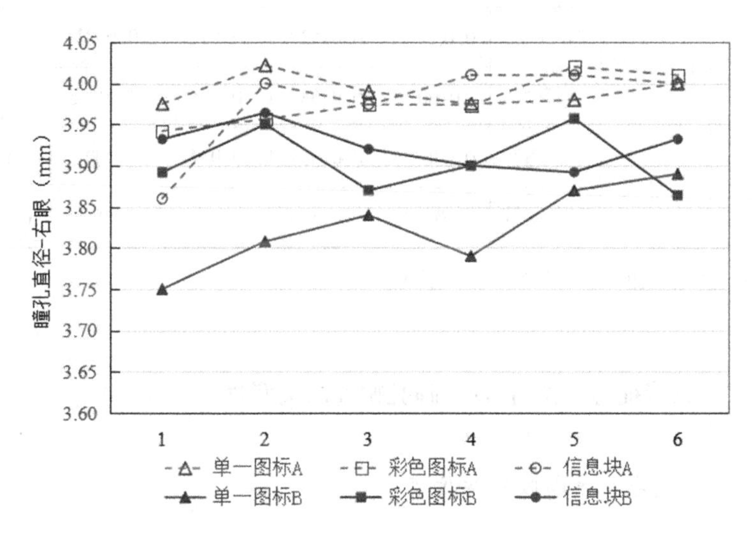

图 7-24　不同图符形态和呈现方式的右眼瞳孔直径

对呈现方式特征进行 LSD 的验后多重比较检验，结果如表 7-28 所示，单一图符与彩色图符、信息块特征的瞳孔幅度变化有显著性差异，而彩色图符和信息块之间没有显著性差异。比较凝视总时间的检验结果可知，单一图符与信息块之间具有一致性显著效应。

表 7-28　呈现方式特征的瞳孔直径 LSD 验后多重比较检验

项目	评估指标		均值差值（I-J）	标准误差	*P*	95%置信区间	
	Feature（I）	Feature(J)				下限	上限
瞳孔直径（左眼）	单一图符	彩色图符	-0.0358*	0.01458	0.022	-0.0659	-0.0057
		信息块	-0.0600*	0.01458	0.000	-0.0901	-0.0299
	彩色图符	单一图符	0.0358*	0.01458	0.022	0.0057	0.0659
		信息块	-0.0242	0.01458	0.110	-0.0543	0.0059
	信息块	单一图符	0.0600*	0.01458	0.000	0.0299	0.0901
		彩色图符	0.0242	0.01458	0.110	-0.0059	0.0543
瞳孔直径（右眼）	单一图符	彩色图符	-0.0350*	0.01537	0.032	-0.0667	-0.0033
		信息块	-0.0408*	0.01537	0.014	-0.0725	-0.0091
	彩色图符	单一图符	0.0350*	0.01537	0.032	0.0033	0.0667
		信息块	-0.0058	0.01537	0.708	-0.0375	0.0259
	信息块	单一图符	0.0408*	0.01537	0.014	0.0091	0.0725
		彩色图符	0.0058	0.01537	0.708	-0.0259	0.0375

注：* 均值差值在 0.05 级别上较显著。

7.3.3　信息特征与凝视/扫视、瞳孔幅度的关联性

1. 信息复杂程度与瞳孔幅度变化

根据交互效应的方差检验，图符形态和呈现方式两个因素的瞳孔数据分析表明，如图 7-25 所示，图符形态组 A 搜索过程的瞳孔直径扩张大(均值：左 3.90mm，右 3.98mm)，而图符形态组 B 的瞳孔直径明显小(均值：左 3.81mm，右 3.89mm)。瞳孔直径变化幅度反映了视觉认知的努力负荷，说明图符形态组 A 的认知加工要比 B 努力程度大，这与凝视时间相一致，以圆形态为主、语义差别大的图符辨别性更强。

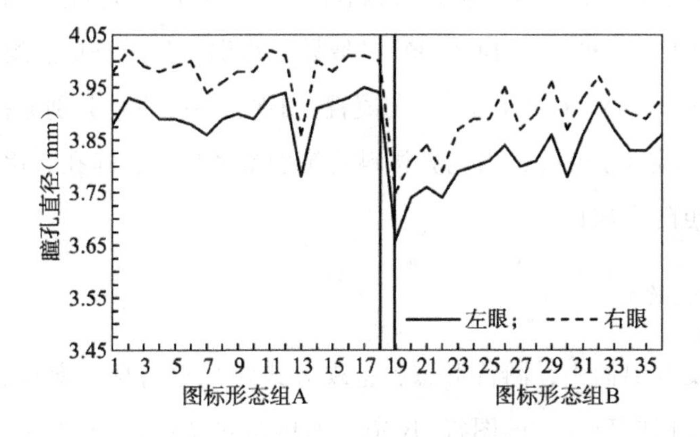

图 7-25　不同图符形态组的瞳孔直径变化

2. 凝视时间与瞳孔幅度的一致性效应

瞳孔直径变化幅度反映了努力负荷程度，这正是认知处理信息的过程。因此，可比较凝视时间与瞳孔幅度的相关性，验证被试在图符搜索过程凝视时间总和与瞳孔直径大小的一致性变化。将两眼的平均瞳孔直径作为自变量 X，将凝视时间作为因变量 Y，将 36 个刺激材料的瞳孔直径和凝视时间数据绘制散点图，根据图 7-26 所示数据点的分布情况，自变量 X 和

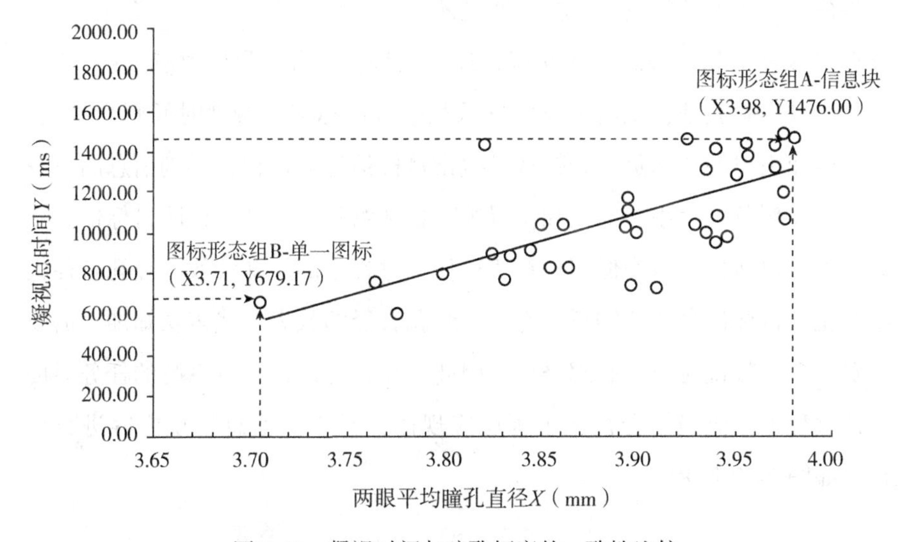

图 7-26　凝视时间与瞳孔幅度的一致性比较

因变量 Y 有着同样的变化趋势。可以看出，辨别难度最大的是图符形态组A-信息块(X：3.98，Y：1476.00)，最易于辨别的是图符形态组 B-单一图符(X：3.71，Y：679.17)，这与凝视/扫视、瞳孔直径分别分析的数据结果一致。验证了假设，当刺激材料的辨别难度加大，瞳孔会逐渐放大，凝视时间也随之加长。

3. 关联效应

信息交互界面中，图符形态和呈现方式对视觉信息搜索有显著性影响。实验中以圆形为主的图符(风扇、加热器和泵)语义差别大，较语义相近的图符组(检查阀、气动阀和电动阀)易于辨认；当图符以单色、彩色以及信息块 3 种方式呈现在实验材料中，单一图符的目标搜索较为容易，而信息块需要更多的努力负荷，视觉信息搜索难度最大。

视觉生理反应数据表明，图符形态组 B 较图符形态组 A 凝视时间短、扫视路径少，瞳孔变化幅度小，并随着单一图符、彩色图符以及信息块呈现特性呈递增趋势。说明视觉认知反应的生理指标能够反映图符的理解性及呈现的复杂程度。

在视觉信息搜索过程中，瞳孔变化幅度与凝视/扫视指标相同，均可作为视觉认知绩效的灵敏指标。通过两个指标的相关性比较，单一图符-形态组 B 到信息块形态组 A 呈线性递增趋势，具有一致性效应。

经过实验验证，说明工业信息承载的特征越多，凝视时间则会越久，越会增加用户的认知负荷。扫视是搜索目标信息的过程，辨别信息的自身属性，如颜色、大小、形状和位置等，扫视路径越繁杂，说明目标信息不易于被用户捕捉，会降低用户在执行任务过程中的认知绩效。瞳孔直径大小变化与目标信息的认知负荷有关，瞳孔直径的放大，代表认知加工需要耗费更多的凝视时间和心理努力。因此，在智能制造人机系统的任务界面设计过程中，应当结合视觉生理反应规律，对工业信息呈现内容进行设计，如图 7-27 所示。

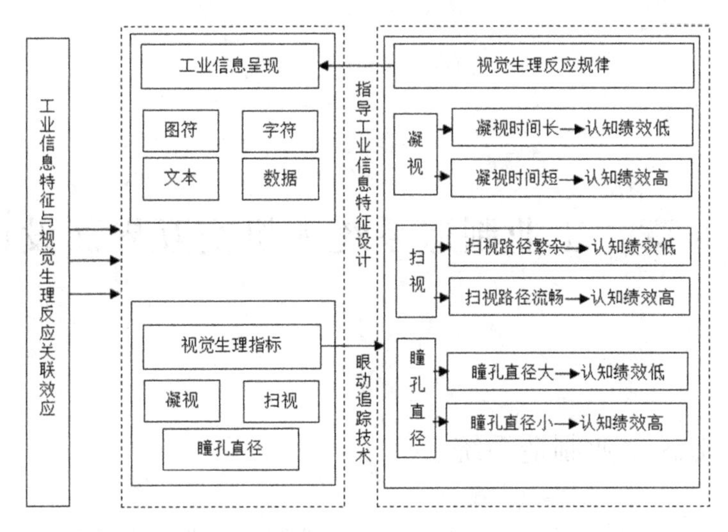

图 7-27　工业信息特征与视觉生理反应关联效应

本章小结

本章从工业信息视觉生理层面深入解析智能制造人机系统的认知绩效问题。基于认知绩效水平及视觉生理测量之间的映射关系构建工业信息视觉生理测评模型；展开了不同认知难度工业数据信息的认知绩效实验，得到了工业数据信息认知绩效的视觉生理反应规律，建立了工业信息特征与视觉生理反应的关联效应。

第 8 章　工业制造系统人机交互界面设计

8.1　MES 工业制造系统

MES(manufacturing execution system)即制造企业生产过程执行系统，由美国 AMR 公司于 20 世纪 90 年代提出，是一套面向制造企业车间执行层的生产信息化管理系统。MES 在制造企业中广泛使用。MES 作为生产过程中的核心自动化大脑，通过信息分析和实时监控，自行判断处理问题，相较于一般自动化产线，MES 在信息采集和整理方面有着巨大的优势。

(1)在生产和装配流程中，通过传感器自动进行数据采集，实现对生产的有效管理，确实落实在整个生产制造流程中对人、物料的追踪与流程状况的管控，如图 8-1 所示。

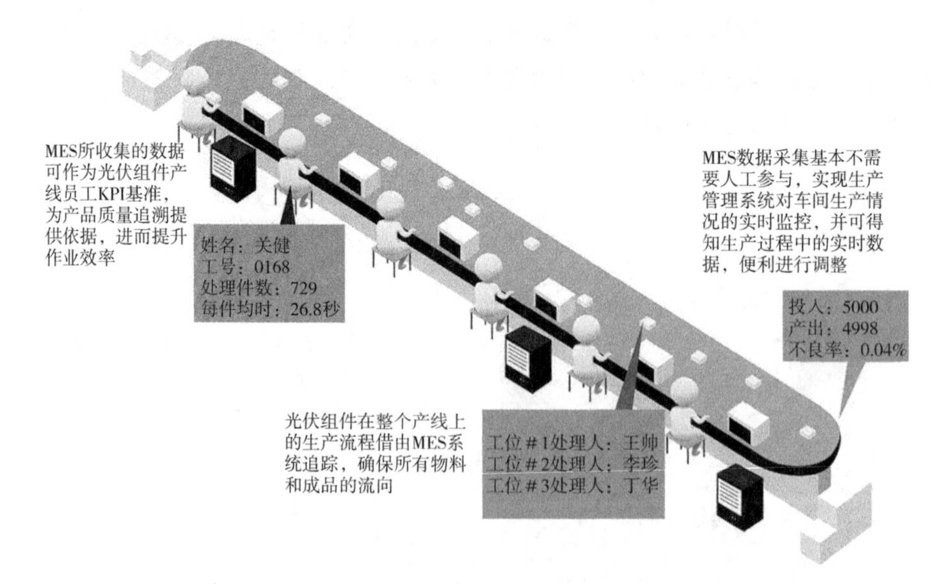

MES所收集的数据可作为光伏组件产线员工KPI基准，为产品质量追溯提供依据，进而提升作业效率
姓名：关健
工号：0168
处理件数：729
每件均时：26.8秒
MES数据采集基本不需要人工参与，实现生产管理系统对车间生产情况的实时监控，并可得知生产过程中的实时数据，便利进行调整
投入：5000
产出：4998
不良率：0.04%
光伏组件在整个产线上的生产流程借由MES系统追踪，确保所有物料和成品的流向
工位＃1处理人：王帅
工位＃2处理人：李珍
工位＃3处理人：丁华

图 8-1　工业制造系统组装线管理

(2)各站点实时监控，一旦出现在制品存在质量问题，立刻阻止流向下一工序，提升成品的合格率，避免不必要的经济损失。

(3)信息实时上传入库或者整理为电子报表，实现对物料、在制品和成品的可追溯性，作为售后的追溯和持续改善产线的数据支持。

本章以某企业的 MES 工业制造系统为例。随着计算机技术的发展和产线升级扩张的影响，该 MES 工业制造系统已难以适应企业当前对信息收集、整理、分析和追溯的需求。

通过实地调研和对操作员进行访谈，得到光伏组件产线段存在的问题，如表 8-1 所示。

表 8-1　MES 工业制造系统的光伏组件产线段问题分析

问题类别	问题描述	举例
信息需求	一部分信息收集依赖人工输入，耗时耗力，且容易出错	分选和层压工作站，物料批号等信息由操作员手工输入
	MES 系统和各工作站机器控制系统是两套独立的系统，由工作站机器获取的信息无法直接录入 MES 系统	测试工序在 MES 系统内没有工作站，测试数据由测试机器记录，无法同步录入系统。层压后检验工序、叠层后 EL 检验工序，虽然有工作站，但也存在相同问题
	系统只导出表格形式的电子报表，没有经过数据梳理，增加数据接收方的工作量和工作难度	—
可视化需求	系统可视化程度较低，大部分信息使用文字形式传达，操作员在工作时长期处于高认知负荷状态	—
	系统的操作提示以文字形式呈现，不直观，较难理解，对新手操作员不友好	各工作站讯息功能区，以文字形式提示操作员操作流程和操作错误
可视化需求	图符设计有年代感，没有辨识度，操作员仍依靠文字识别其功能意义	首页的“设备模块”“作业站模块”等模块对应图符
	各子系统与天智工业互联网平台之间由于设计时间不同，设计风格之间存在较大差异	MES 生产管理系统设计风格与天智工业互联网平台不统一

续表

问题类别	问题描述	举例
交互需求	系统层级划分不适当	各工作站界面为常用界面，但层级较深，操作员需跳转页面多次才能进入
	信息反馈设计不醒目	4种签核状态在切换时，界面几乎没有变化，操作员几乎接收不到信息反馈

通过用户特征分析，获得用户需求描述如下：

(1)简化信息层级结构。操作员的常用界面——分选、叠层等工作站层级深，从首页出发至少需跳转页面5次才能到达，需简化相关的信息层级结构，或者建立快捷通道。

(2)导航设计。原产线控制系统没有设计导航栏，对新手用户的使用非常不友好。

(3)讯息设计。工作站页面在讯息框内以文字形式提示操作员下一步操作内容，本意是指导新手用户操作，但文字形式不直观，操作员需一段时间领悟提示，并寻找操作信息块位置，作用效果低。且对普通用户和专家用户意义不大。

(4)防出错设计。原产线控制系统在信息保存、页面退出等易出错方面没有防出错设计，易造成操作员发生错误后一无所知，不能及时改正。

(5)改进图符设计。原系统图符为拟物化设计风格，图符语义辨识性差，设计风格未统一，美感度不高。

(6)改进页面布局设计。原页面特别是工作站页面布局较为混乱，造成页面空间浪费，重点信息没有得到突出。

8.2 MES工业制造系统的信息呈现

8.2.1 信息结构设计

MES工业制造系统的包括MES产线空置、产线监控和各工作站机器控制系统，其中MES系统包括设备模块、作业站模块、在制品管理模块等 14 个子模块。通过实地调研和对操作员的用户研究和需求分析，发现在众多子模块中，在制品管理模块和多站点监控模块使用频度最高、功能最重要。本节将以这两个子系统为例，展开信息结构设计。具体人机交互界面的功能架构如图 8-2 和图 8-3 所示。

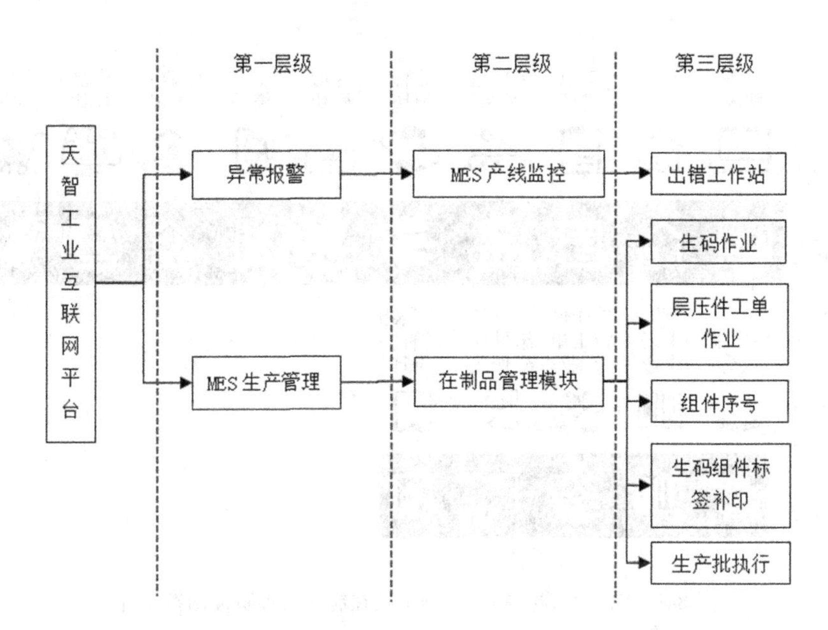

图 8-2　MES 工业制造系统部分功能架构第一至第三层级

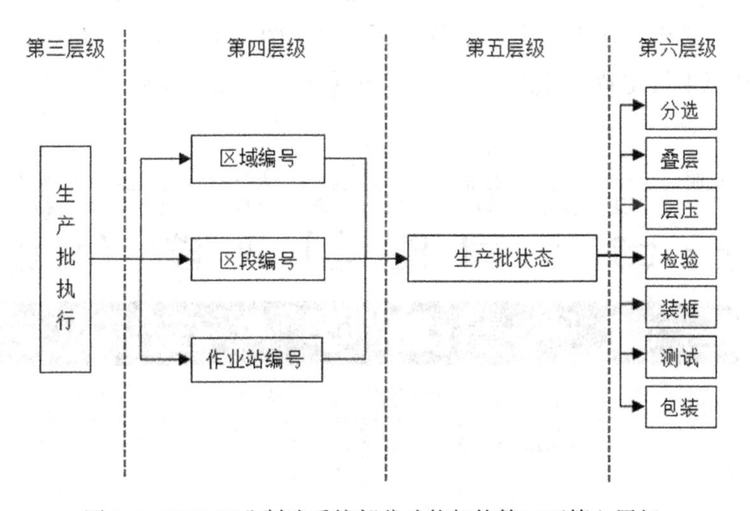

图 8-3　MES 工业制造系统部分功能架构第三至第六层级

8.2.2 信息图符设计

MES 工业制造系统人机交互界面的信息图符设计，以在制品管理子系统呈现的主要信息图符为例，如图 8-4 所示。

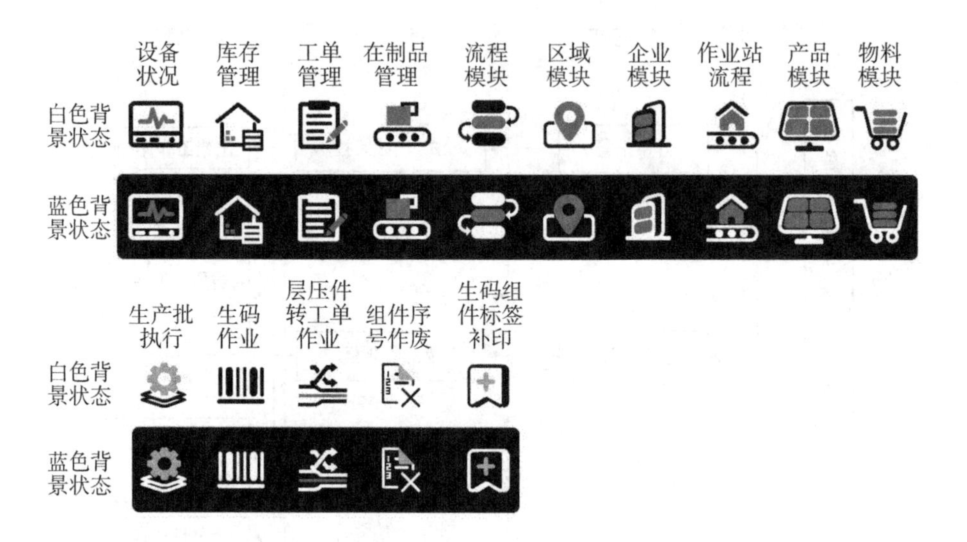

图 8-4 MES 产线控制系统首页及在制品管理页面图符设计

MES 工业制造系统首页图符的信息呈现状态包含未选中和选中两种状态，未选中状态下设定背景色为深蓝色，图符由浅蓝、白色拼色构成；选中状态下设定背景色为黄色，图符色彩不变。如图 8-5 所示。

图 8-5 首页及在制品管理页面图符设计

工作站图符用于在制品管理模块的末级页面和监控界面，有3种状态。未选中状态下，设定背景色为深蓝色，图符主色为白色，辅助色为浅蓝色；选中状态下，设定背景色为黄色，图符色彩不变；报警状态下，背景色为深蓝色，图符主色为报警产线的标志色，辅助色不变。如图8-6所示。

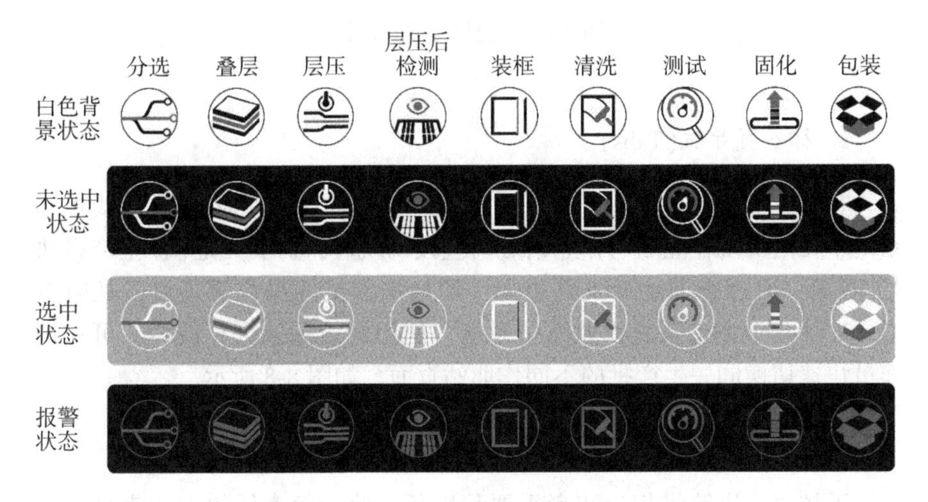

图8-6 首页及在制品管理页面图符设计

8.2.3 导航栏设计

导航栏相当于整个系统的风向标，常放置于页面的上方或左侧，起着组织内容和功能的作用，让它们按照产品的信息层级架构图进行连接，展现在在操作员面前，导航栏将零散的内容和功能组织成了一个完成的有结构的系统。本案例中根据不同页面的层级关系和功能使用频度，选用3种形式的导航栏。

1. 面包屑导航(Breadcrumb)

面包屑导航是一种“线性”的导航形式，常用于层级较深的系统，用于呈现用户所在的位置，表示系统的功能框架结构，提供返回各个层级的快捷通道。

“MES产线关系——在制品管理——生产批执行——各作业站”这一搜索路径较长、层级较深，使用面包屑导航栏能帮助操作员直观地了解系统的层级结构，明确当前页面在系统的位置，减少返回的操作步骤。3个页面标签使用 3 块明度依次变低的黄色色块，五边形锐角统一向右，有方向感，体现了标签的层级感。如图 8-7 所示。

图 8-7　面包屑导航栏设计

2. 标签页导航(Tabs)

Tabs 标签页导航常用于并列层级之间切换的导航。原 MES 产线控制系统中无法实现作业站与作业站之间直接的跳转，需要先返回“生产批执行”页面，通过查询生产批再进入，增加操作员的操作繁琐度，耗时费力。MES 工业制造系统作业站子系统，使用侧边标签页导航栏，可让操作员快速切换同一生产批的不同作业站页面。如图 8-8 所示。

3. 下拉菜单导航(Dropdown)

下拉菜单导航将相近或者重要程度低、使用频度低的功能集合并隐藏，通过下拉菜单可调出。可使页面更加简洁，降低页面的信息密度。MES 工业制造系统首页中“系统模块”“用户模块”等功能使用频度较低，且作为系统管理相关功能，与生产管理核心功能相比重要程度低，将其加入下拉菜单，可让操作员更集中于重要信息。如图 8-9 所示。

图 8-8　各工作站侧边标签页导航栏

图 8-9　首页下拉菜单导航栏

8.2.4　功能布局

以工作站界面为例，出现的功能模块根据重要程度排列有：任务模块(包含物料信息、Mulit user、设备等)、按键模块(包含批号解锁按钮、确定按钮等)、导航模块以及其他模块(包括 logo、用户信息等)。工作站界面的页面布局设计应考虑操作员的使用习惯，强化重要功能模块，弱化甚至隐藏不重要的功能模块。

将线图和 Fitts 定律应用在工作站界面布局易用性评价上，使用线图表示交互界面内鼠标移动的路线，由于原界面和再设计界面控件尺寸基本保持一致，故只比较线图长度。比较结果如表 8-2 所示。

表 8-2　工作站原界面和在设计界面的页面布局比较分析

	原有布局	优化布局
线图	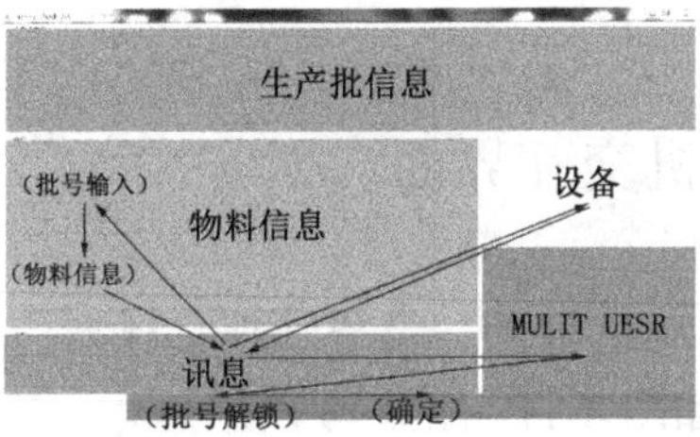 生产批信息 (批号输入) 物料信息 (物料信息) 设备 MULIT UESR 讯息 (批号解锁) (确定)	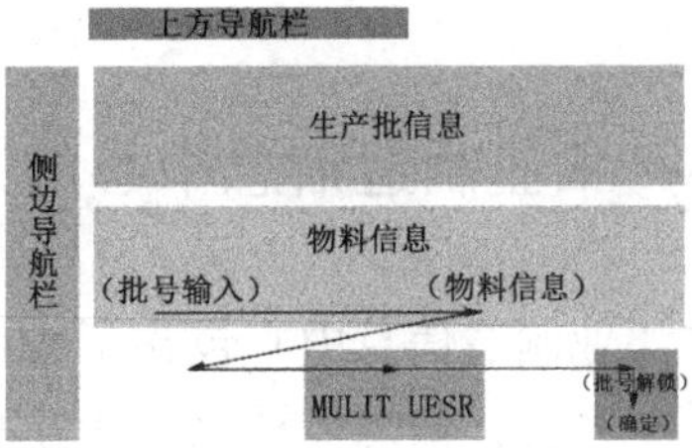 上方导航栏 侧边导航栏 生产批信息 物料信息 (批号输入) (物料信息) MULIT UESR (批号解锁) (确定)
操作流程	确认生产批信息——讯息——物料信息(批号输入——物料信息)——讯息——设备——讯息——Mulit use——批号解锁——确定	确认生产批信息——物料信息(账号输入——物料信息)——设备——Mulit user——批号解锁——确定
比较分析	通过线图发现，原界面中“讯息”模块是造成原界面操作流程长、线图长的主要原因，因此在再设计界面中，将“讯息”设计成提示动画，以黄框形式来提示操作员下一步操作。由线图可直观地发现，再设计界面线图距离大大减小，鼠标移动操作难度和时间降低	
	再设计界面操作流程简单，步骤少，导航清晰，最大程度上满足用户由上而下，由左及右的阅读习惯	

工作站界面的最终功能布局方案如图 8-10 所示。

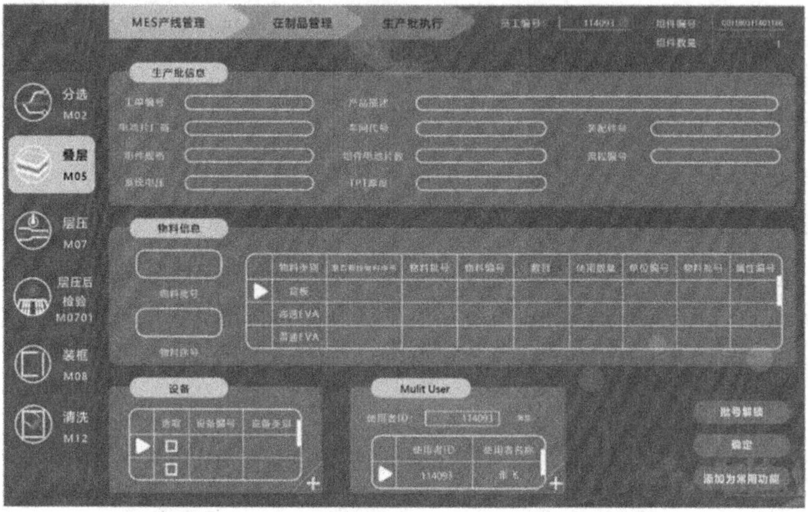

图 8-10 叠层作业站界面信息呈现

8.3 工业制造信息中心的人机交互界面

工业制造信息中心包含了 MES 制造管理、设备管理、计划、工业物联等子系统，信息可视化设计方案如图 8-11～图 8-13 所示。

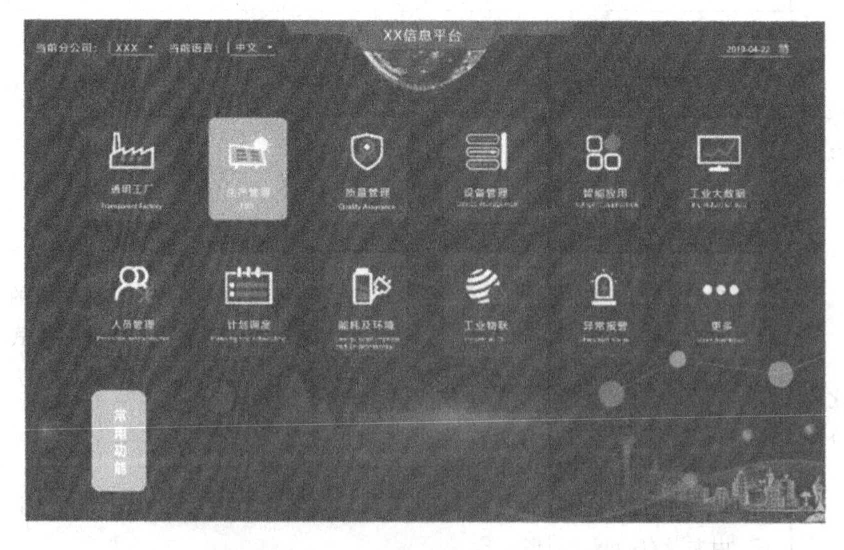

图 8-11 工业信息中心的人机交互界面设计方案(1)(见彩图)

图 8-12　工业信息中心的人机交互界面设计方案(2)(见彩图)

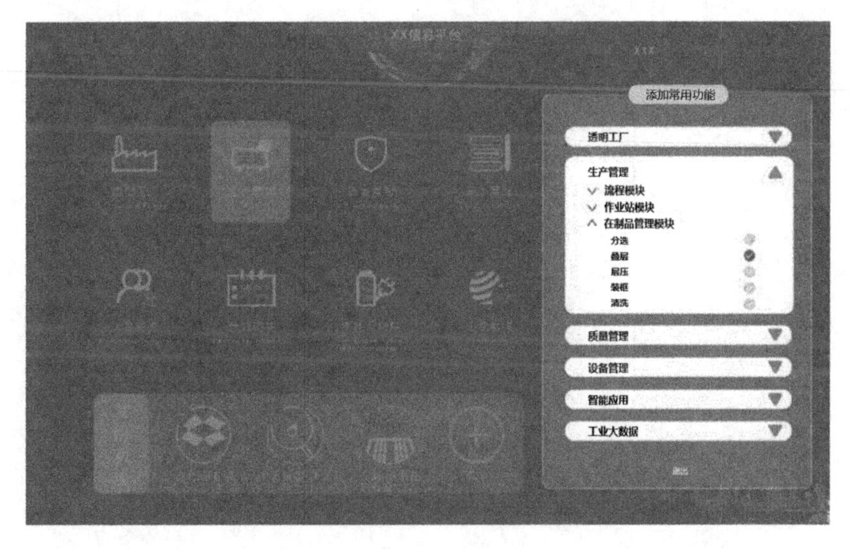

图 8-13　工业信息中心的人机交互界面设计方案(3)(见彩图)

通过工业信息中心可以进入 MES 系统的生产管理，如图 8-14 所示。

图 8-14　MES 系统的生产管理进入界面(见彩图)

本章小结

本章以某企业的光伏制造系统为例，从在制品管理、工作站、监控界面等不同模块设计了智能制造系统的人机交互界面方案。

第9章　工业数据集成平台的信息呈现

9.1　工业数据集成平台的信息模块

9.1.1　工业数据获取

本章节以某工业平台建设为对象，展开信息可视化设计。工业数据包括光伏生产、制造的各工序设备的连接、产品加工参数等，工业数据集成平台需要对光伏生产视觉信息的实时监控的进行人机交互呈现。工业平台的可视化呈现对整个集团的数据信息呈现的管控，能够有效地对各基地的监测力度和管理。通过实地考察、小组分析以及会议讨论等方式，获得工业平台的组件、电池生产制造流程等信息化需求。通过数据收集及分析，获得该工业数据集成平台的初始数据，包含电池生产、组件生产、节碳量以及各基地数据等指标需求，具体需呈现的工业数据。如图9-1所示。

9.1.2　信息模块设定

基于获取的工业平台基础数据，需要对信息呈现的具体模块设定，如表9-1所示。

根据工业数据信息化需求，“全球产出产量”“节碳量模块”设为固定呈现的一级信息模块。“全球电池制造”“全球组件制造”设为工业数据集成平台的一级信息集。其中，全球产出产量包括“全球入库产出”和“全球入库产量”两个部分，是整个工业平台中最重要的显示信息模块。

全球电池制造可分为“全球电池制造总数据”和“各基地电池数据”两

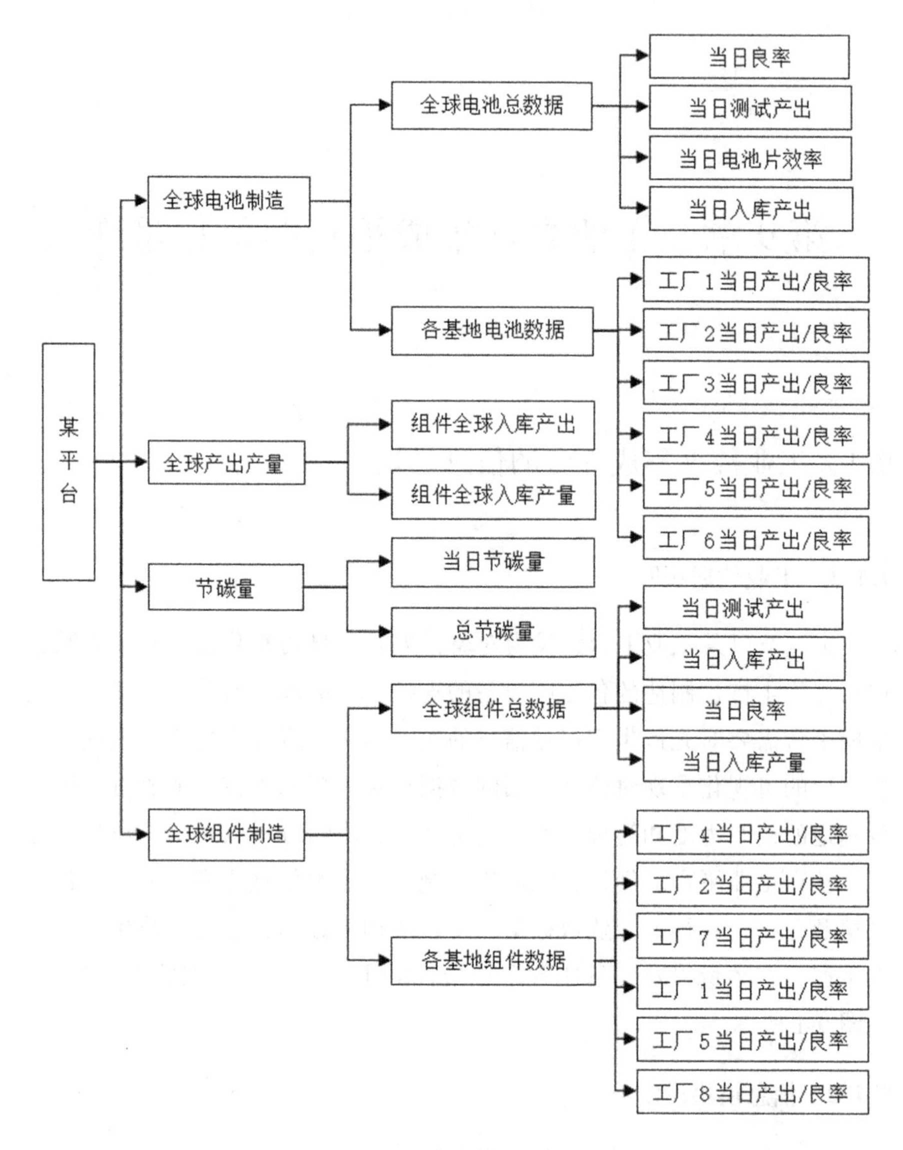

图 9-1　平台的数据指标图

个部分。“全球电池制造总数据”包含当日和当月的测试产出、良率、电池片效率数据信息模块，这部分信息呈现了全球电池工厂的总和统计、当日数据的实时更新情况、当月数据总和情况等。“各基地电池数据”包含当日产出和良率数据信息模块，这部分信息呈现了各子工厂的电池生产，需要呈现每日更新的产出、良率。

全球组件制造包括“全球组件总数据”和“各基地组件数据”两部分。

“全球组件总数据”包括当日、当月的测试产出、入库量和良率数据信息模块，这部分信息呈现了当日数据的实时更新情况，并需要每日更新当月数据；“各基地组件数据”包含当日产出和良率数据，这部分信息呈现各基地组件车间产出和良率，并需要每日更新统计情况。

“全球基地布局图”包含企业的全球工厂缩略图和对应的电池、组件基地模块。根据工业平台的人机交互需求，设定为可交互模块。通过触控点击，进行详细的数据查看，进入到对应的下一级子平台中。

表 9-1　某平台的生产制造描述的数据

全球入库产出	全球入库产出
全球入库产量	全球入库产量
组件详情	组件基地当日产出、组件基地当日良率
电池详情	电池基地当日产出、电池基地当日良率
基地制造详情	工厂各制造基地重要数据的呈现
组件制造	全产线组件当日测试产出、全产线组件当月测试产出、全产线组件当日良率、全产线组件当月良率、全产线组件当日入库量、全产线组件当日月入库量
电池制造	全产线电池当日测试产出、全产线电池当月测试产出全产线、全产线电池当日电池片效率、全产线电池当月电池片效率、全产线电池当日良率、全产线电池当月良率

9.2　工业数据集成平台的模块布局

9.2.1　平台指标权重确定

根据工业数据的信息模块设定，采用层次分析法，将工业平台各个信息模块按照不同属性进行若干层次的划分，如表 9-2 所示。

表 9-2 工业数据集成平台信息模块指标

需求 B1	需求 B2	需求 B3	需求 B4
B11 城市 B12 温度 B13 日期	B21 标题 B22 全球入库产量 B23 全球入库产出 B24 制造详情	B31 总节碳 B32 当日节碳 B33 电池详情 B34 组件详情	B41 电池制 B42 组件制造

人对信息等级区分的能力极限在 7±2 组块，在使用 AHP 方法对判断矩阵进行赋值时，采用 Satty：1~9 标度法，即对需求进行 1~9 的标度法取值。层次中各个指标之间的特征权重值，可以直接归结成计算判断矩阵的特征值和特征向量的问题。如表 9-3 所示。

表 9-3 平台的指标 B–B3 评价判断矩阵

A	B1	B2	B3	B4	W
B1	1	1/7	1/3	1/5	0. 0569
B2	7	1	1/5	1/3	0. 5579
B3	3	5	1	3	0. 1219
B4	5	3	1/3	1	0. 2633
B1	B11	B12	B13	W	B1
B11	1	1/3	15	0. 105	B11
B12	3	1	1/3	0. 258	B12
B13	5	3	1	0. 637	B13
B2	B21	B22	B23	B24	W
B21	1	1/5	1/7	1/3	0. 057
B22	5	1	1/3	3	0. 263
B23	7	1	1	5	0. 558
B24	3	1/3	1/5	1	0. 122
B3	B31	B32	B33	B34	W
B31	1	1/5	1/3	1/3	0. 0726
B32	5	1	3	5	0. 5538
B33	3	1/3	1	3	0. 2476
B34	3	1/5	1/3	1	0. 1258

根据工业平台的指标的判断矩阵构造及计算，得到最终的权重值与排序。B 的一致性比率 CR=0.0439<0.1，通过一致性检验；B1 的一致性比率 CR=0.037<0.1，通过一致性检验；B2 的一致性比率 CR=0.044<0.1，通过一致性检验；B3 的一致性比率 CR=0.07393<0.1，通过一致性检验。上文的决策一致性是针对单个判断矩阵，因此需要通过对指标的权重进行多个层次的总排序和计算来检验其决策的一致性。

层次总排序的计算结果也需要进行一致性检验，计算出 CR 的值，当 CR<0.1 时，说明层次总排序的计算结果通过一致性检验；否则，将返回到第一步重新构造判断矩阵。

一致性比率 CR=0.07017436<0.1。通过一致性检验。由表 9-4 可知，权重的重要度来说，B23>B22>B41=B42>B24>B32>B21>B33>B34>B12>B31>B11。

表 9-4　平台的权重总排序

准则层 B1：0.0569　B2：0.5579　B3：0.1219　B4：0.2633			排名
B11	0.1050	0.0059	13
B12	0.2580	0.0146	11
B13	0.6370	0.0362	7
B21	0.0570	0.0318	8
B22	0.2630	0.1467	2
B23	0.5580	0.3113	1
B24	0.1220	0.0680	5
B31	0.0726	0.0088	12
B32	0.5538	0.0675	6
B33	0.2476	0.0301	9
B34	0.1258	0.0153	10
B41	0.5000	0.1316	3/4
B42	0.5000	0.1316	3/4

9.2.2　工业平台信息模块的功能布局优化实验

层次分析确定了各指标权重排序，接下来展开信息模块的功能布局。

本实验将采用视觉搜索的眼动实验，获得合理的功能布局。

1. 实验设计

1) 实验假设

本实验以工业数据集成平台的信息模块为样本，通过对单任务、多任务实验下不同的视觉生理指标数据的分析，确定最终平台的布局分区的调整方案。

本实验提出假设：①单任务搜索时，权重越高的指标其搜索的时间越快，搜索的效率也越高；②多任务搜索时，第一组指标、第二组指标与第三组指标的搜索时间和效率呈递减趋势。

2) 实验设备与被试

本实验采用实验室的 Tobii Pro X3. 120 眼动仪与配套设施。实验被试均选取某大学工业设计工程专业研究生，共计 22 名。被试具有人机交互设计研究背景。所有被试的矫正视力均为正常视力，无色弱、色盲等。

3) 实验材料

实验材料选取如图 9-2 所示的工业平台信息模块的抽象布局图。

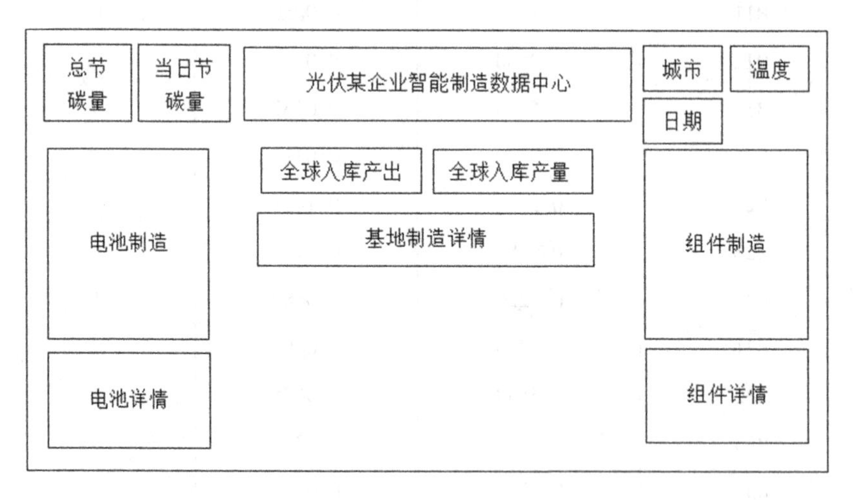

图 9-2　企业平台的抽象布局

4) 实验过程

被试点击屏幕进入实验，电脑屏幕显示实验指导语言，被试根据实验指导进入下一步。界面出现单个任务，被试再确认任务后，按空格键进入搜索界面，找到任务后按空格键进入下一步。3 个连续任务同理，被试在确认任务后按空格键进入搜索界面，找到任务后按空格键进入下一步。单任务进行结束后，再进行多任务，至任务搜索结束。如图9-3所示。

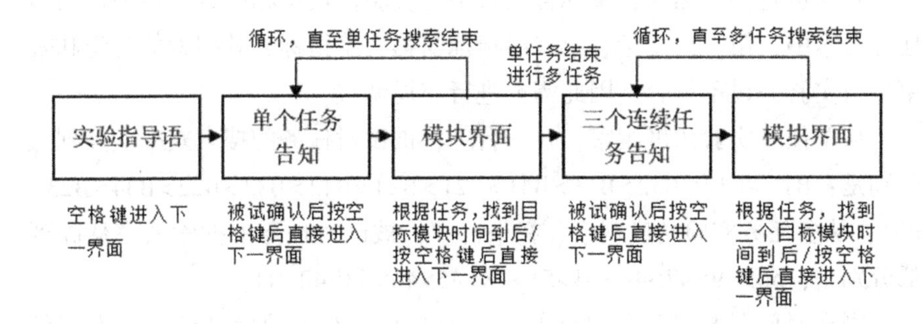

图9-3 光伏某工业平台智能制造数据平台布局实验过程

2. 实验结果

根据眼动仪采集率，剔除采集率较低的5位被试信息，将17个被试的凝视持续时间、访问时间等数据输出，采用SPSS软件进行主效应、回归分析等数理统计分析。

1)凝视-认知加工过程

凝视时间是眼睛进入目标区域到离开区域的注视时间之和。在本实验中，被试的凝视时间越长，说明找到目标所花费的时间越长，效率越低。因此，本实验对单、多任务的平均凝视时长进行分析，如图9-4所示。

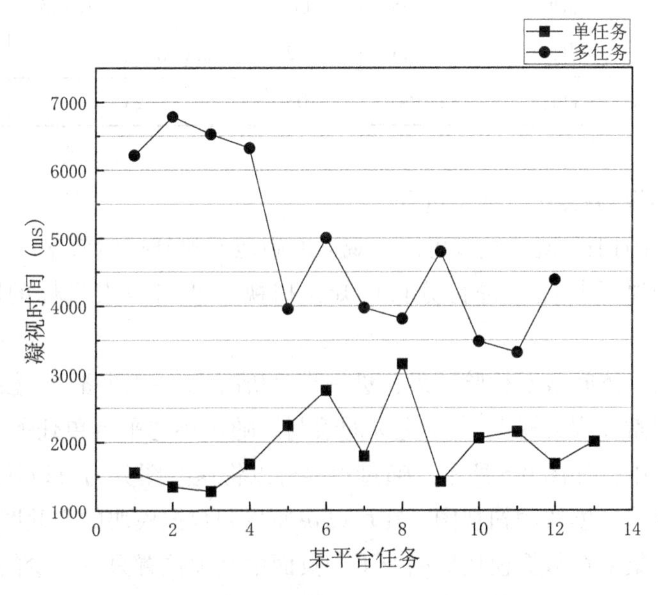

图9-4 工业平台的单任务与多任务凝视时间对比

实验假设的任务搜索情况：权重越高的指标，其搜索的时间越快，搜索的效率也越高。然而，实际搜索效率与实验假设不相符合。在平台的多任务搜索中，第一组指标、第二组指标与第三组指标，其搜索的时间和效率也与实验假设不符合，因此需要进行布局调整。

从单任务实验角度观察，在平台中，被试对任务的搜索效率从高到低分别是：B13>B12>B32>B11>B41>B21>B24>B42>B33>B22>B34>B23>B31；从多任务实验角度观察，在平台中，被试对任务的搜索效率从高到低分别是：50>49>47>46>44>51>48>45>40>43>42>41。

凝视时间是指被试信息认知处理的时间，对不同信息模块的不同任务的凝视时间进行主效应方差分析，得出平台单任务主体间效应均显著（$F=2.943$，$P=0.001$，$P<0.05$），信息模块多任务主体间效应不显著（$F=1.783$，$P=0.059$，$P>0.05$），如表 9-5 所示。

表 9-5 平台凝视总时间方差分析

因变量：凝视时间

		平方和	自由度	均方	F	P
单任务	组间	4.007	12	0.334	2.943	0.001
	组内	23.260	205	0.113		
	总计	27.267	217			
多任务	组间	0.158	11	0.014	1.783	0.059
	组内	1.543	192	0.008		
	总计	1.700	203			

2）扫视路径-信息搜索过程

被试的扫视-凝视轨迹可以直观、准确地反映其搜索效率。对 17 个被试叠加的凝视扫路径进行分析可知，扫视次数与搜索目标的困难度成正比。

根据主体间效益检验结果，进一步分析凝视、扫视路径。根据实验数据进行搜索过程凝视点 x，y 坐标的绘制。随机挑选平台单任务的扫视-凝视轨迹图中，如图 9-5 所示。通过观察可以将这些图分为可以快速找到或难以找到信息模块的扫视图。在可以快速找到数据模块的实验图中，用户的凝视点集中在数据模块周围，平台页面中其他位置只有极少的凝视点与扫视路径，说明这些数据模块的位置设计较为合理；在难以快速找到数据模块的实验图中，用户的凝视点集中区域常常不止一个，除了数据模块周围，其余集中区域大多位于平台页面的中上部，说明用户在寻找目标模块时，习惯于从工业平台的上部，或中间位置开始。因此，在对重要数据模块进行布局调整时，要优先中上部，这和人的视觉搜索习惯一致。

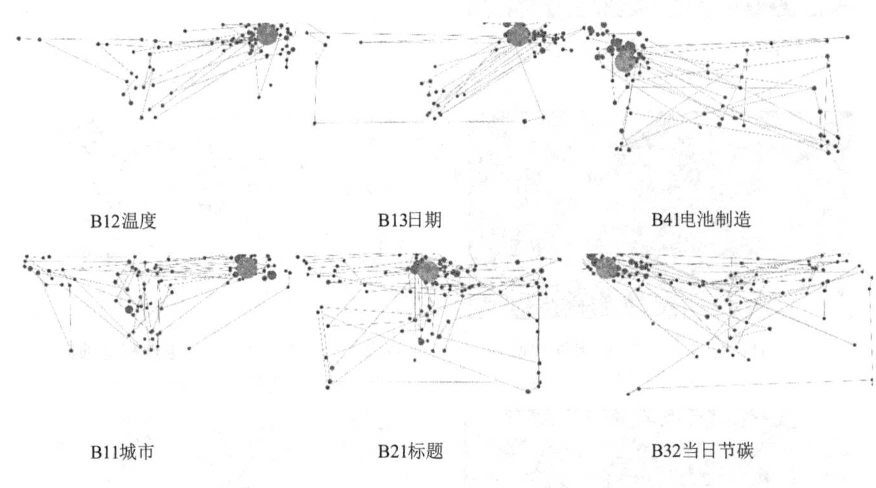

图 9-5　平台数据模块的单任务实验图

在多任务实验图中，可以发现总体的凝视点与扫视路径图可以分为：①与理想任务的凝视点与扫视路径相一致的实验图；②与理想任务的凝视点与扫视路径相差较大的图。这些实验图中凝视点聚集的个数过多，扫视路径的痕迹纵横交错，用户需要经过多次反复寻找才能完成对应的多任务，当前工业平台的功能布局较难被识别，因此，需要对这些任务进行布局调整，如图 9-6 所示。

对比单、多任务的凝视扫视路径，可以发现，多任务的凝视点数和扫视路径多于单任务，说明用户在多任务上所花费的时间和视觉负担均大于单任务，因此，在布局调整优化时，以多任务的需求优先。将平台的数据模块以平均凝视时间的均值进行划分，将均值以上的时间任务进行布局分区优化，即单任务 B22、B23、B31、B33、B34、B42；多任务 40、41、42、43、45。综上所述，根据多任务的布局调整，结合单任务的权重排名，综合得出需求模块等级布局，凝视扫视轨迹的搜索规律重置：在平台中，全球入库产出>全球入库产量>组件详情>电池详情>组件制造>总节碳，将需要布局调整的数据模块进行整理，如表 9-6 所示。

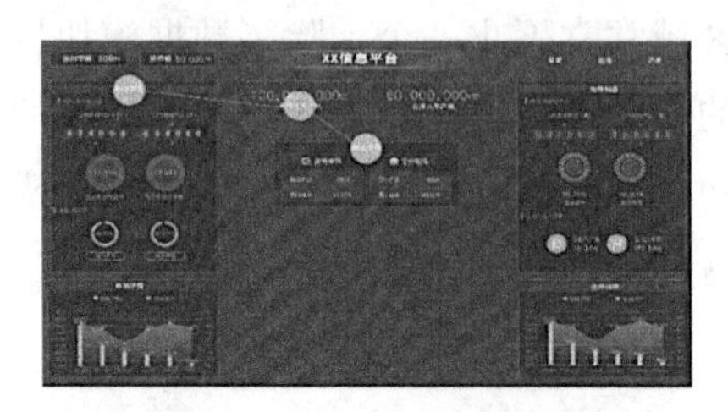

任务40：全球入库产出-电池制造-制造详情（1）

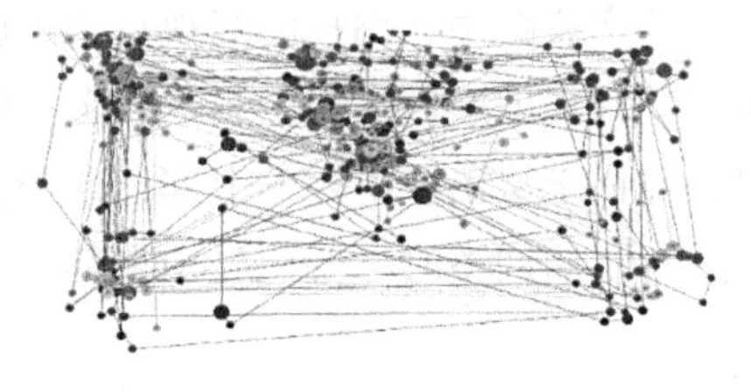

任务40：全球入库产出-电池制造-制造详情（1）

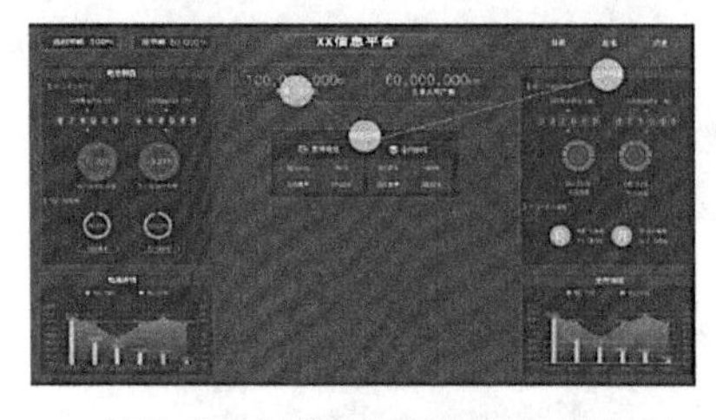

任务41：全球入库产出-组件制造-制造详情（1）

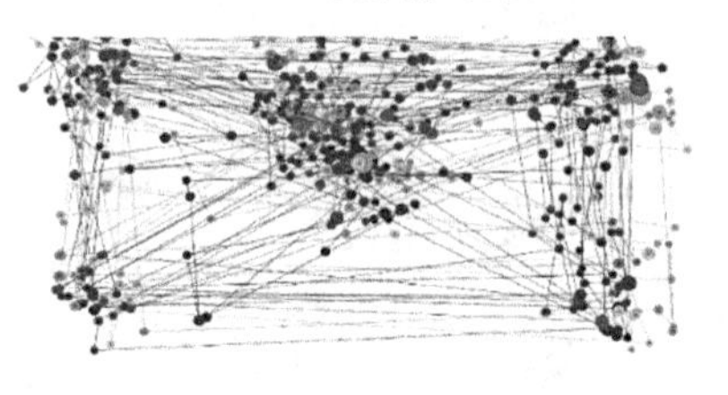

任务41：全球入库产出-组件制造-制造详情（1）

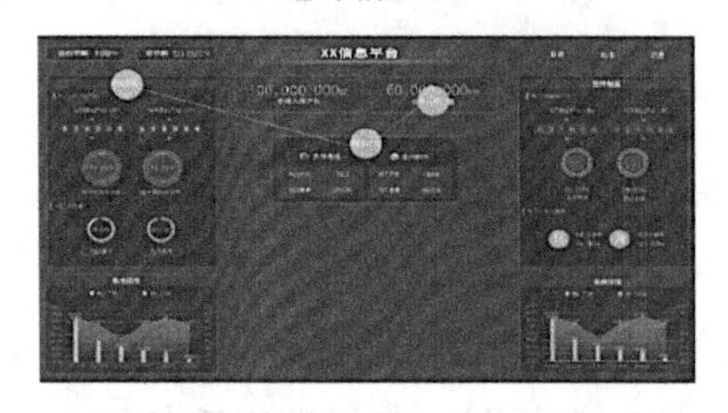

任务42：全球入库产量-电池制造-制造详情（1）

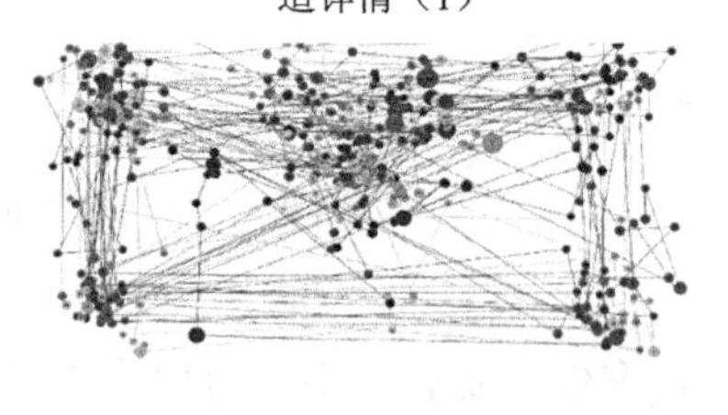

任务42：全球入库产量-电池制造-制造详情（1）

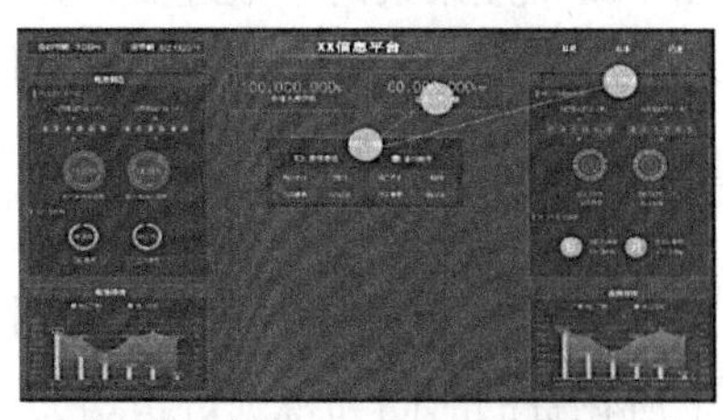

任务43：全球入库产量-组件制造-制造详情（1）

任务43：全球入库产量-组件制造-制造详情（1）

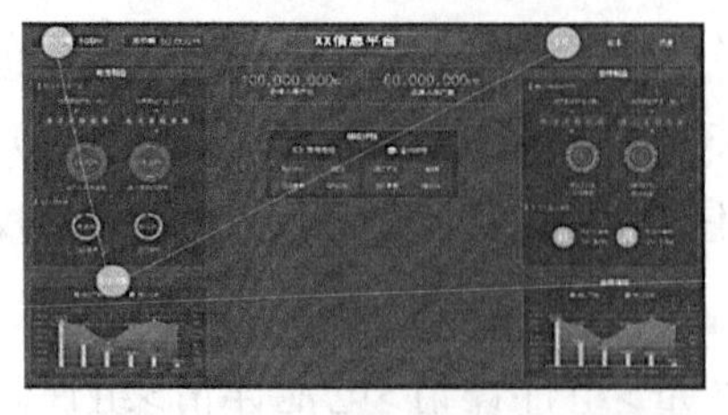

任务45：当日节碳-日期-电池详情(2)

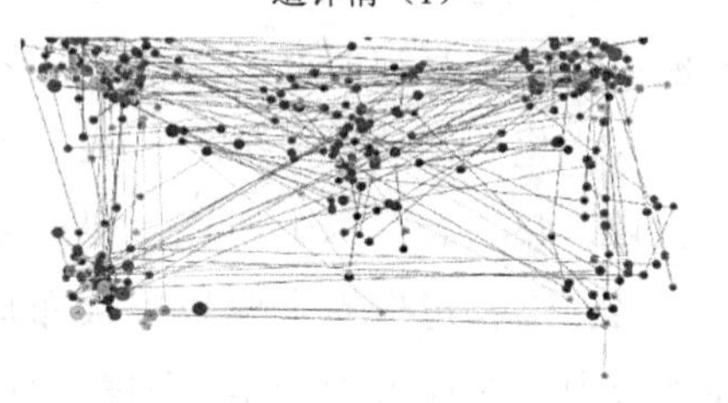

任务45：当日节碳-日期-电池详情(2)

图 9-6　平台数据模块的多任务实验图

表 9-6　需要进行布局调整的信息模块

任务类型	信息模块名称
单任务	B22 全球入库产量 B23 全球入库产出 B31 总节碳 B33 电池详情 B34 组件详情 B42 组件制造
多任务	任务 40：全球入库产出-电池制造-制造详情(1) 任务 41：全球入库产出-组件制造-制造详情(1) 任务 42：全球入库产量-电池制造-制造详情(1) 任务 43：全球入库产量-组件制造-制造详情(1) 任务 45：当日节碳-日期-电池详情(2)

3. 功能布局优化

根据实验结果，修改对应信息模块的功能布局，调整信息模块的对应界面位置。以层次分析法的权重排名为基础，在优化前抽象布局中的绿色模块，根据优先将任务排在界面左上部和中部，得到最终的优化方案，如图 9-7 所示。

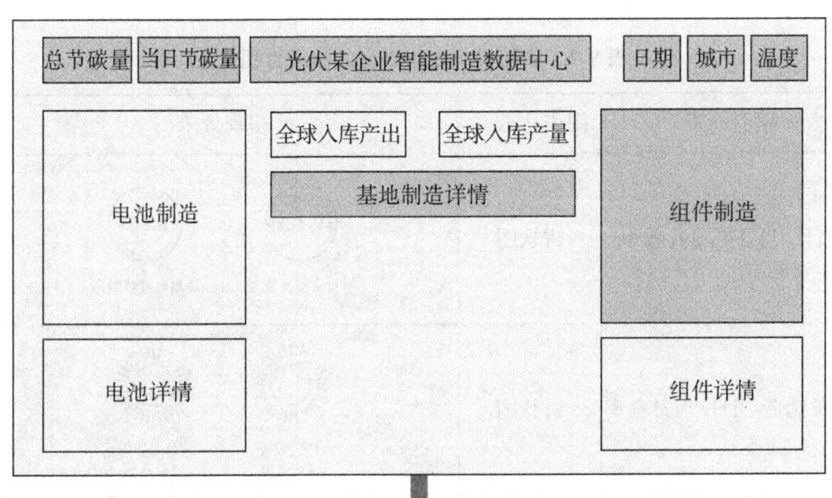

（见下页）

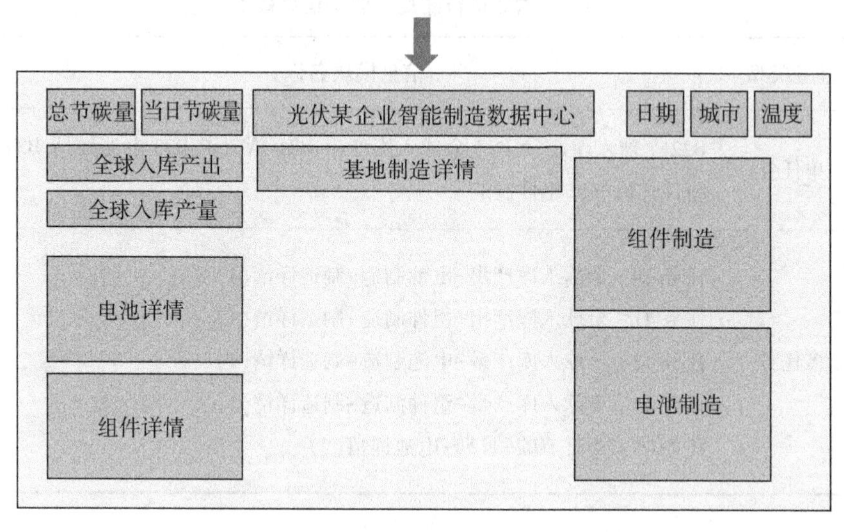

图 9-7　工业数据集成平台布局优化结果

9.3　工业信息可视化

对工业平台的数据进行可视化映射，得到关键数据模块的图表可视化方案如表 9-7～表 9-9 所示。

表 9-7　集团级集成化平台的数据可视化

信息元素	图表化选择	呈现效果
当日/当月电池片效率	饼状图	19.30% 当日电池片效率　19.20% 当月电池片效率
组件制造-当日/当月良率	饼状图	99.20% 当日良率　98.90% 当月良率
电池制造-当日/当月良率	饼状图	99.20% 当日良率　98.90% 当月良率

续表

信息元素	图表化选择	呈现效果
电池详情-当日产出	柱状图	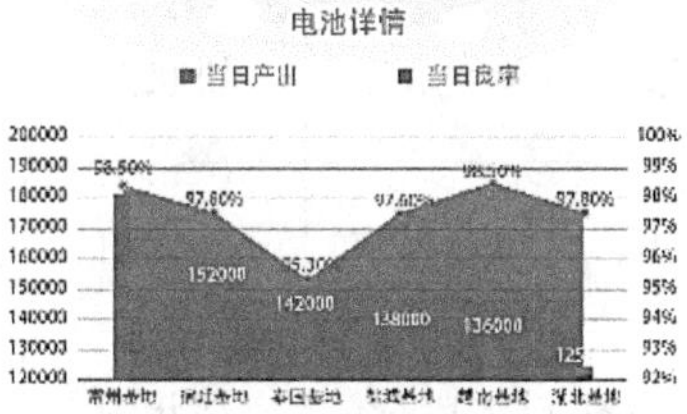
电池详情-当日良率	折线图	
组件详情—当日产出	柱状图	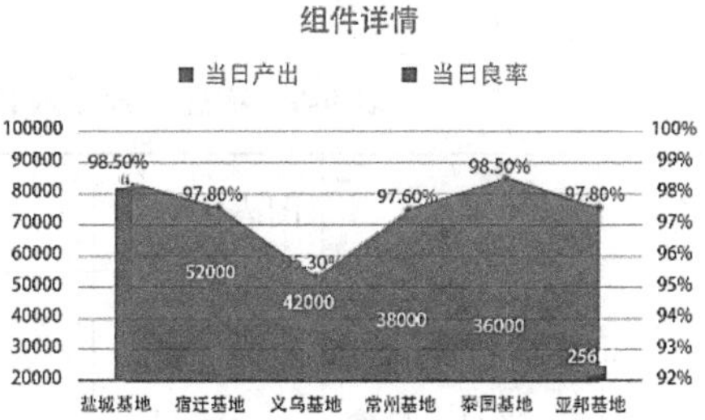
组件详情—当日良率	折线图	

表 9-8　义乌组件集成化平台的数据可视化

信息元素	图表化选择	呈现效果
入库产出-入库产出量	柱状图	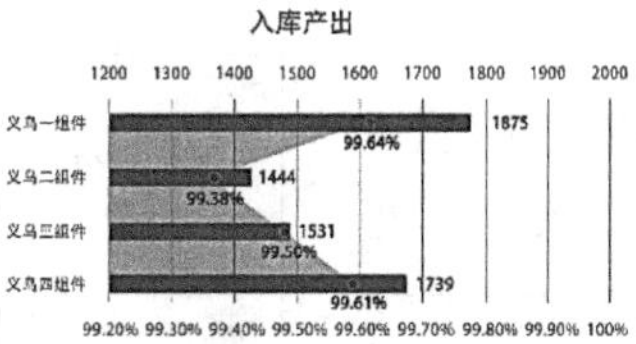
入库产出-良率	折线图	
测试产出-测试产出量	柱状图	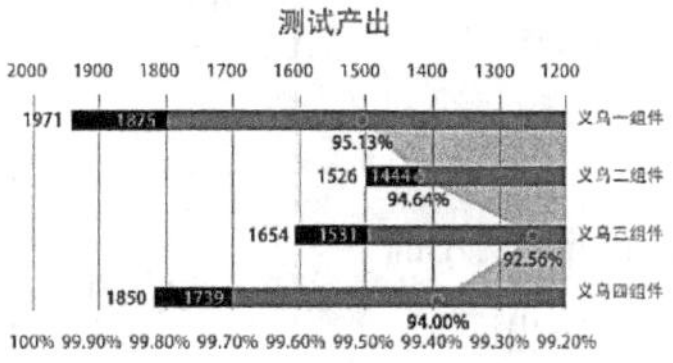
测试产出-完成率	折线图	
产出/投产量-当日投产量	饼状图	
产出/投产量-当日入库产出	饼状图	

续表

信息元素	图表化选择	呈现效果
订单总览-订单完成率	饼状图	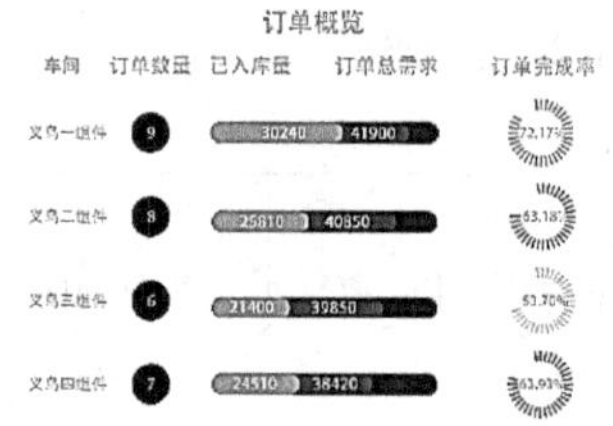 订单概览
订单总览-订单总需求	柱状图	
订单总览-已入库量	柱状图	

表 9-9　宿迁电池集成化平台的数据可视化

信息元素	图表化选择	呈现效果
产出/良率(当日)-良率	饼状图	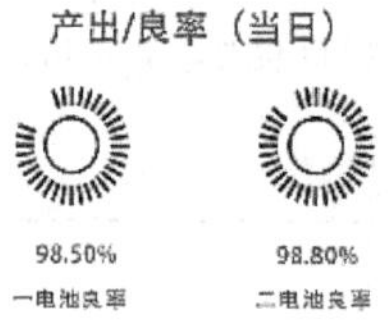 产出/良率（当日） 98.50% 一电池良率 98.80% 二电池良率
产出/达成率-达成率	饼状图	 产出达成率 94.08%
电性能/良率(当日)-效率	饼状图	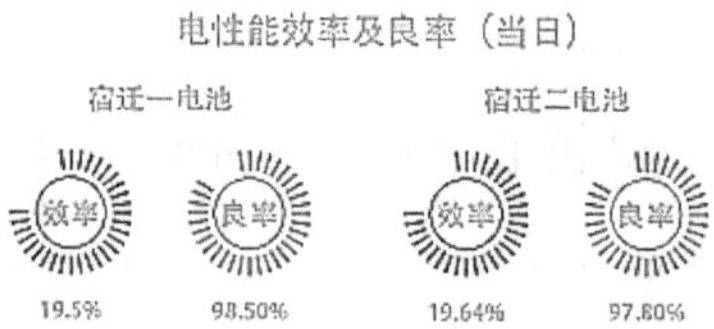 电性能效率及良率（当日） 宿迁一电池：效率 19.5%，良率 98.50% 宿迁二电池：效率 19.64%，良率 97.80%
电性能/良率(当日)-良率	饼状图	
产出/良率(每小时)-产出	柱状图	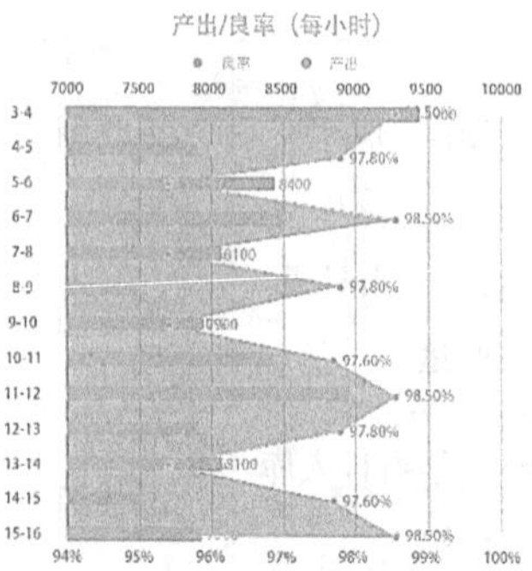 产出/良率（每小时）
产出/良率(每小时)-良率	折线图	

续表

信息元素	图表化选择	呈现效果
电性能/良率(每小时)-效率	折线图	电性能/良率（每小时） 效率　良率 19.20%　19.00%　18.80%　18.60%　18.40%　18.20%　18.00% 18.50%　95.30%　18.50%　95.30%　18.50%　96.80%　95.30%　96.70% 3-4　4-5　5-6　6-7　7-8　8-9　9-10　10-11　11-12　12-13　13-14　14-15　15-16 100%　99%　98%　97%　96%　95%　94%
电性能/良率(每小时)-良率	折线图	

根据工业数据集成平台的信息布局方案，展开信息呈现细节设计，获得工业数据集成平台的实施效果，如图 9-8 所示。

图 9-8　工业数据集成平台信息呈现实施效果(由天合光能提供，见彩图)

工业数据集成平台信息集数繁多、结构复杂，当前的布局不能高效地调动用户的认知效率，针对平台的布局设计及优化，对现有数据进行分析，提取平台的关键信息元素，结合层次分析法和视觉生理实验进行布局分区优化。利用层次分析法确定平台模块权重，并进行单、多任务分组，根据单、多视觉搜索任务得出的相关视觉生理指标数据，集合数据模块的权重，进行平台的功能布局分区优化。

本章小结

本章以某企业工业物联数据平台建设为例，从数据采集、数据分析到集成化工业平台的信息架构、功能模块，形成了系统的信息可视化方案，为不同行业的智能制造人机系统信息可视化实施提供了可参考的案例。

参考文献

[1]工业互联网产业联盟. 工业智能白皮书(2022)[R]. 2023. https://aii-alliance.org/index/c318/n3655.html.

[2][美]Alan C, Robert R, David C. About face——交互设计精髓[M]. 刘松涛, 等, 译. 北京: 电子工业出版社, 2008.

[3][瑞士]费尔迪南·德·索绪尔. 普通语言学教程[M]. 高名, 译. 北京: 商务印书馆, 1980.

[4][德]歌德·吉戈伦尔, 适应性思维[M]. 刘永芳, 译. 华东师范出版社, 2002.

[5][美]海姆. 和谐界面——交互设计基础[M]. 李学庆, 译. 北京: 电子工业出版社, 2008.

[6][美]鲁道夫·阿恩海姆. 艺术与视知觉[M]. 滕守尧, 朱疆源, 译. 成都: 四川人民出版社, 1998.

[7][美]Miller A G, 陆冰章, 陆丙甫. 神奇的数字 7±2: 人类信息加工能力的某些局限[J]. 心理学动态, 1983(04): 53-65.

[8][美]唐纳德·诺曼. 未来产品设计[M]. 刘松涛, 译. 北京: 电子工业出版社, 2009.

[9][美]唐纳德·诺曼. 如何管理复杂[M]. 张磊, 译. 北京: 中信出版社, 2011.

[10]丁玉兰. 人机工程学[M]. 北京: 北京理工大学出版社, 2004.

[11]孙林岩. 人因工程[M]. 北京: 科学出版社, 2011.

[12]胡飞. 洞悉用户: 用户研究方法与应用[M]. 北京: 中国建筑工业出版社, 2010.

[13]李乐山. 工业设计思想基础[M]. 北京: 中国建筑工业出版社, 2001.

[14]李道源, 孙立, 吴丹. UI 图符设计[M]. 武汉: 华中科技大学出版社, 2018.

[15]钱学森. 关于思维科学[M]. 上海: 上海人民出版社, 1986.

[16]任淑愉. 基于情景感知的自然交互界面设计研究[D]. 南京：东南大学, 2016.

[17]史忠植. 认知科学[M]. 合肥：中国科技大学出版社, 2008.

[18]汪兰川, 刘春雷. UI图符设计：从入门到精通[M]. 第2版. 北京：人民邮电出版社, 2018.

[19]王魁, 汪安圣. 认知心理学[M]. 北京：北京人学出版社, 2003.

[20]吴晓莉, 周丰. 设计认知——设计心理与用户研究[M]. 南京：东南大学出版社, 2013.

[21]吴晓莉, 周丰. 设计认知——研究方法与可视化表征[M]. 南京：东南大学出版社, 2020.

[22]吴晓莉. 复杂信息任务界面的出错-认知机理[M]. 北京：科学出版社, 2017.

[23]薛澄岐. 复杂信息系统人机交互数字界面设计方法及应用[M]. 南京：东南大学出版社, 2015.

[24]薛澄岐. 人机界面系统设计中的人因工程[M]. 北京：国防工业出版社, 2022.

[25]陈永权, 邹传瑜. 图符的标准化研究[J]. 标准科学, 2017(01)：15-18.

[26]崔菊丽, 曹立人. 图形识别中的预览效应[J]. 人类工效学, 2010, 016(04)：23-27.

[27]崔翔宇, 许百华. 预览搜索中基于颜色的两种自上而下加工[J]. 心理学报, 2007(06)：977-984.

[28]范俊君, 田丰, 杜一, 等. 智能时代人机交互的一些思考[J]. 中国科学：信息科学, 2018, 48(04)：361-375.

[29]高亮, Weiming Shen, 李新宇. 智能制造的新趋势[J]. Engineering, 2019, 5(04)：61-64.

[30]郭炳栋. 基于智能制造视角的生产过程信息化研究[J]. 企业改革与管理, 2019(20)：8, 10.

[31]郭伏, 李明明, 胡名彩, 等. 基于眼动和脑电技术的机器人情绪行为对用户交互情感的影响研究[J]. 人类工效学, 2018(02)：1-7, 21.

[32]郭伏, 吕伟, 王天博, 等. 基于表面肌电和心电的手工搬运作业疲劳分析[J]. 人类工效学, 2018(01)：1-6.

[33]郝芳, 刘长江. 颜色对基于时间的视觉选择的影响[J]. 心理与行为研究, 2015, 13(02)：205-210.

[34]郝芳，傅小兰. 视觉标记：一种优先选择机制[J]. 心理科学进展，2006，14(01)：7-11.

[35]洪嘉捷. 智能指挥平台中的大屏幕显示系统解决方案[J]. 电子技术与软件工程，2016(10)：81.

[36]靳慧斌，张程嵬，张颖，等. 基于工作记忆的雷达管制界面信息编码设计研究[J]. 科学技术与工程，2017，17(07)：46-51.

[37]雷学军，金志成. 刺激范畴的激活与抑制对预搜索的影响[J]. 心理学报，2006，38(02)：170-180.

[38]李伯虎，柴旭东，侯宝存，等. 云制造系统 3. 0——一种“智能+”时代的新智能制造系统[J]. 计算机集成制造系统，2019，25(12)：2997-3012.

[39]李璠，干静，陈鸿益，等. 科学试验系统界面布局设计[J]. 包装工程，2017，38(12)：169-173.

[40]李慧，颜显森. 数据库技术发展的新方向——非结构化数据库[J]. 情报理论与实践，2001(04)：287-288+261.

[41]李金波，许百华. 人机交互过程中认知负荷的综合测评方法[J]. 心理学报，2009，41(01)：35-43.

[42]李晶，郁舒兰，吴晓莉. 人机界面形状特征编码对视觉认知绩效的影响[J]. 计算机辅助设计与图形学报，2018，30(1)：163-179.

[43]李晶，薛澄岐，史铭豪，等. 基于信息多维属性的信息可视化结构[J]. 东南大学学报(自然科学版)，2012，42(06)：1094-1099.

[44]李晶，薛澄岐，王海燕，等 均衡时间压力的人机界面信息编码[J]. 计算机辅助设计与图形学学报，2013，25(07)：1022-1028.

[45]李晶，薛澄岐. 基于视觉感知分层的数字界面颜色编码研究[J]. 机械工程学报，2016，5 2(24)：201-208.

[46]李洋，张晓冬，鲍远律. 基于特征模板匹配识别地图中特殊图符的方法[J]. 电子测量与仪器学报，2012(07)：605-609.

[47]李勇，阴国恩，陈燕丽. 阅读中疲劳、心理负荷因素对瞳孔大小的调节作用[J]. 心理与行为研究，2004，2(3)：545-548.

[48]刘捷. 机载信息系统人机界面设计原则[J]. 国防技术基础，2007(10)：44-47.

[49]刘立明. 图形化用户界面图符的发展趋势探究[J]. 中国标准化，2019(04)：233-234.

[50]刘淼. 工业气体检测设备的人机界面可用性评估[J]. 机械设计，

2018, 35(04): 123-128.
[51]刘颖. 人机交互界面的可用性评估及方法[J]. 人类工效学, 2002(02): 35-38.
[52]刘志方, 陈朝阳, 苏永强, 等. 飞机仪表显示系统的可用性评估: 眼动和绩效数据证据[J]. 航天医学与医学工程, 2018, 31(03): 341-346.
[53]牛亚峰, 薛澄岐, 李雪松. 基于事件相关电位的不同时间压力和数量下的图符记忆[J]. 东南大学学报(英文版), 2014(01): 45-50.
[54]彭宁玥, 薛澄岐. 基于特征推理的图符搜索特性实验研究[J]. 东南大学学报(自然科学版), 2017, 47(04): 703-709.
[55]邵将, 薛澄岐, 王海燕, 等. 基于图符特征的头盔显示界面布局实验研究[J]. 东南大学学报(自然科学版), 2015, 45(05): 865-870.
[56]汪海波, 薛澄岐, 黄剑伟, 等. 基于认知负荷的人机交互数字界面设计和评价[J]. 电子机械工程, 2013, 29(05): 57-60.
[57]王爱君, 李毕琴, 张明. 三维空间深度位置上基于空间的返回抑制[J]. 心理学报, 2015, 47(07): 859-868.
[58]王海燕, 黄雅梅, 陈默, 等. 图符视觉搜索行为的 ACT-R 认知模型分析[J]. 计算机辅助设计与图形学学报, 2016, 28(10): 1740-1749.
[59]王岭, 王晓华, 吴进新. 层次分析法和灰色关联法在发电厂设备运行状态评估中的综合应用[J]. 浙江电力, 2019, 38(02): 110-114.
[60]王宁, 余隋怀, 肖琳臻, 等. 考虑用户视觉注意机制的人机交互界面设计[J]. 西安工业大学学报, 2016(04): 334-339.
[61]王世勇, 万加富, 张春华, 等. 面向智能的柔性输送系统结构设计与智能控制[J]. 华南理工大学学报(自然科学版), 2016, 44(12): 30-35.
[62]吴晓莉, Tom Gedeon, 薛澄岐, 等. 数字化监控任务界面中信息特征的视觉搜索实验[J]. 东南大学学报(自然科学版), 2018, 48(5): 807-814.
[63]吴晓莉, Tom Gedeon, 薛澄岐, 等. 影响信息特征搜索的凝视/扫视指标与瞳孔变化幅度一致性效应比较[J]. 计算机辅助设计与图形学学报, 2019, 31(09): 1636-1644.
[64]吴晓莉, 薛澄岐, 汤文成, 等. 雷达态势界面中目标搜索的视觉局限实验研究[J]. 东南大学学报(自然科学版), 2014, 44(06): 1166-1170.
[65]肖静华, 毛蕴诗, 谢康. 基于互联网及大数据的智能制造体系与中国

制造企业转型升级[J]. 产业经济评论, 2016(02): 5-16.
[66]肖远军, 刘波, 陈琳, 等. 协同的智能制造生产控制系统网络安全框架[J]. 通信技术, 2019(01): 213-217.
[67]薛澄岐, 王琳琳. 智能人机系统的人机融合交互研究综述[J]. 包装工程, 2021, 42(20): 112-124.
[68]严寒, 吴晓莉. 工业图符的语义性分析及图符可视化设计[J]. 人类工效学, 2020, 26(01): 26-30.
[69]杨大新. 核电厂主控室数字化人机界面中信息显示对人因失误的影响及信息布局的实验优化[D]. 衡阳: 南华大学, 2011.
[70]杨海玲. 图书馆服务质量评价的权重设置及模糊评判[J]. 情报探索, 2010(05): 18-20.
[71]杨庆彧, 杨颖策, 白江斌. 核电厂数字化系统人机界面的设计[J]. 科技视界, 2014, 96(09): 10-11.
[72]姚锡凡, 雷毅, 葛动元, 等. 驱动制造业从"互联网+"走向"人工智能+"的大数据之道[J]. 中国机械工程, 2019, 30(02): 134-142.
[73]余志峰, 丁锋. 信息系统人机界面设计的基本原则[J]. 兵工自动化, 2004(03): 44-45.
[74]张宝. 基于视觉感知强度的人机交互界面优化设计[J]. 北京: 中国机械工程, 2016, 27(16): 2196-2197.
[75][美]辛格. 信息熵——理论与应用[M]. 张继国, 译. 北京: 中国水利水电出版社, 2012.
[76]张洁, 汪俊亮, 吕佑龙, 等. 大数据驱动的智能制造[J]. 中国机械工程, 2019, 30(02): 127-133, 158.
[77]张军, 郝芳, 曾艺敏. 情绪面孔搜索的不对称性: 基于预览搜索范式[J]. 心理研究, 2017(03): 20-28.
[78]张力, 刘雪阳, 洪俊, 等. 基于熵的数字化人机交互复杂度研究[J]. 中国安全科学学报, 2015, 25(10): 65-70.
[79]张力, 彭汇莲. 数字化人机界面操作员目标定位眼动试验[J]. 安全与环境学报, 2017(02): 577-581.
[80]张力, 韦海峰. 数字化人机界面操纵员监视过程中信息搜集失误试验研究[J]. 安全与环境学报, 2016, 16(05): 191-195.
[81]张力, 周易川, 贾惠侨, 等. 基于信息熵表征的数字化控制系统信息提供率研究[J]. 工业工程与管理, 2016, 21(04): 13-19.
[82]张力, 周易川, 贾惠侨, 等. 数字化控制系统信息显示特征对操纵员

信息捕获绩效的影响及优化研究[J]. 中国安全生产科学技术, 2016, 12(10): 62-67.

[83]张明, 张阳, 付佳. 工作记忆对动态范式中基于客体的返回抑制的影响[J]. 心理学报, 2007(01): 35-42.

[84]张曙. 工业4.0和智能制造[J]. 机械设计与制造工程, 2014, 43(08): 1-5.

[85]张伟, 马靓, 傅焕章, 等. 基于运动跟踪和交互仿真的工作设计[J]. 系统仿真学报, 2010, 22(04): 1047-1050.

[86]张伟伟, 吴晓莉, 蒋孝山, 等. 生产线总控系统交互界面中图符特征的实验研究[J]. 机械设计与制造工程, 2019(06): 51-55.

[87]张云波, 张宓, 黄伟杰, 等. 核电厂ATWT缓解系统的多样性与独立性分析[J]. 核动力工程, 2014, 35(06): 77-79.

[88]赵静, 潘毅. 工作记忆内容对空间返回抑制的影响[J]. 心理学探新, 2010, 30(01): 42-46.

[89]周济, 李培根, 周艳红, 等. 走向新一代智能制造[J]. 工程, 2018, 4(01): 28-47.

[90]周济. 智能制造是“中国制造2025”主攻方向[J]. 企业观察家, 2019(11): 54-55.

[91]周蕾, 薛澄岐, 汤文成, 等. 产品信息界面的用户感性预测模型[J]. 计算机集成制造系统, 2014, 20(03): 544-554.

[92]周蕾, 薛澄岐, 王海燕, 等. 数字界面微观信息结构的有序度分析[J]. 东南大学学报(自然科学版), 2016, 46(06): 1209-1213.

[93]周煜啸, 罗仕鉴, 陈根才. 基于设计符号学的图符设计[J]. 计算机辅助设计与图形学学报, 2012, 24(10): 1319-1328.

[94]周济. 数字化、网络化、智能化并行助推智能制造创新[N]. 北京: 人民政协报, 2018-05-29(05).

[95]杜晶. 字符的颜色编码对平视显示器和下视显示器相容性影响研究[D]. 北京: 中国民航大学, 2018.

[96]郭霞. 软件用户界面图符的易用性设计研究[D]. 南京: 南京航空航天大学, 2012.

[97]刘相彤. 小型飞机驾驶舱显控界面优化设计研究[D]. 沈阳: 沈阳航空航天大学, 2018.

[98]牛亚峰. 基于脑电技术的数字界面可用性评价方法研究[D]. 南京: 东南大学, 2015.

[99]汪海波. 基于认知机理的数字界面信息设计及其评价方法研究[D]. 南京：东南大学，2015.

[100]吴晓莉. 复杂信息任务界面的出错-认知机理研究[D]. 南京：东南大学，2015.

[101]周蕾. 基于视觉通路理论的数字界面布局设计方法研究[D]. 南京：东南大学，2014.

[102]周小舟. 基于用户认知的大数据可视化视觉呈现方法研究[D]. 南京：东南大学，2018.

[103]Cooper A, Reimann R, Cronin D. About Face 3: the Essentials of Interaction Design[M]. John Wiley & Sons, 2007.

[104]Cooper A. The Inmates are Running the Asylum: Why High-tech Products Drive us Crazy and How to Restore the Sanity[M]. Sams Publishing, 2004.

[105]Cacioppo J T, Tassinary L G, Berntson G. Handbook of Psychophysiology[M]. Cambridge University Press, 2007.

[106]Fauconnier G. Mental Spaces: Aspects of Meaning Construction in Natural Language[M]. Cambridge University Press, 1994.

[107]Fisiak J. Theoretical Issues in Contrastive Linguistics [M]. John Benjamins Publishing, 1981.

[108]Bréal M. Semantics: Studies in the Science of Meaning[M]. William Heineman, 1900.

[109]Morson S. Learn Design for iOS Development[M]. Apress, 2014.

[110]Sweller J. Implications of Cognitive Load Theory for Multimedia Learning[M]. Cambridge University Press, 2005.

[111]Yarbus A L. Eye Movements and Vision[M]. Plenum Press, 1967.

[112]Giret A, Trentesaux D, Salido M A, et al. A holonic multi-agent methodology to design sustainable intelligent manufacturing control systems[J]. Journal of Cleaner Production, 2017, 167: 1370-1386.

[113]Agter F, Donk M. Prioritized selection in visual search through onset capture and color inhibition: Evidence from a probe-dot detection task[J]. Journal of Experimental Psychology: Human Perception and Performance, 2005, 31(4): 722.

[114]Ahern S, Beatty J. Pupillary responses during information processing vary with Scholastic Aptitude Test Scores[J]. Science, 1979, 205(4412):

1289-1292.

[115] Aksoy S, Koperski K, Tusk C, et al. Learning Bayesian classifiers for scene classification with a visual grammar[J]. IEEE Transactions on Geoscience and Remote Sensing, 2005, 43(3): 581-589.

[116] Jatoba A, Burns C M, Vidal M C R, et al. Designing for risk assessment systems for patient triage in primary health care: A literature review[J]. JMIR Human Factors, 2016, 3(2): e21(1-10).

[117] Alliance of Industrial Internet. Industrial Internet Standards System (Version 2. 0)[EB/OL]. 2019-09-10. http://www.aii-alliance.org/index.php.

[118] Alvarez G A, Konkle T, Oliva A. Searching in dynamic displays: Effects of configural predictability and spatiotemporal continuity[J]. Journal of Vision, 2007, 7(14): 12-12.

[119] Sonderegger A, Sauer J. The influence of design aesthetics in usability testing: Effects on user performance and perceived usability[J]. Applied Ergonomics, 2010, 41(3): 403-410.

[120] Rydström A, Broström R, Bengtsson P. A comparison of two contemporary types of in-car multifunctional interfaces[J]. Applied Ergonomics, 2012, 43(3): 507-514.

[121] Anokhin A N, Marshall E C. The practice of main control room ergonomics assessment and validation using simulation tools[C]. 6th American Nuclear Society International Topical Meeting on Nuclear Plant Instrumentation, Control, and Human-Machine Interface Technologies 2009, 2009: 2472-2483.

[122] Aricò P, Borghini G, Di Flumeri G, et al. Adaptive automation triggered by EEG-based mental workload index: A passive brain-computer interface application in realistic air traffic control environment[J]. Frontiers in Human Neuroscience, 2016, 10: 539.

[123] Srinivasan A, Drucker S M, Endert A, et al. Augmenting visualizations with interactive data facts to facilitate interpretation and communication [J]. IEEE Transactions on Visualization and Computer Graphics, 2018, 25(1): 672-681.

[124] Atchley P, Jones S E, Hoffman L. Visual marking: A convergence of goal and stimulus-driven processes during visual search[J]. Perception &

Psychophysics, 2003, 65(5): 667-677.

[125] Atkinson R C, Shiffrin R M. Human memory: A proposed system and its control processes [J]. The Psychology of Learning and Motivation: Advances in Research and Theory, 1968(2): 89-195.

[126] Babu M D, JeevithaShree D V, Prabhakar G, et al. Estimating pilots' cognitive load from ocular parameters through simulation and in-flight studies[J]. Journal of Eye Movement Research, 2019, 12(3).

[127] Baig M Z, Kavakli M. Analyzing novice and expert user's cognitive load in using a multi-modal interface system [C]. 2018 26th International Conference on Systems Engineering (ICSENG). IEEE, 2018: 1-7.

[128] Basole R C, Clear T, Hu M, et al. Understanding interfirm relationships in business ecosystems with interactive visualization [J]. IEEE Transactions on Visualization and Computer Graphics, 2013, 19(12): 2526-2535.

[129] Bauerly M, Liu Y. Computational modeling and experimental investigation of effects of compositional elements on interface and design aesthetics[J]. International Journal of Human-computer Studies, 2006, 64(8): 670-682.

[130] Seitzman B A, Abell M, Bartley S C, et al. Cognitive manipulation of brain electric microstates[J]. Neuroimage, 2017, 146: 533-543.

[131] Schleich B, Anwer N, Mathieu L, et al. Shaping the digital twin for design and production engineering[J]. CIRP Annals, 2017, 66(1): 141-144.

[132] Borghini G, Aricò P, Graziani I, et al. Quantitative assessment of the training improvement in a motor-cognitive task by using EEG, ECG and EOG signals[J]. Brain Topography, 2016, 29: 149-161.

[133] Boring R L, Gertman D I. Human error and available time in SPAR-H[C]//Workshop on Temporal Aspects of Work for HCI, CHI. 2004.

[134] Burmistrov I, Zlokazova T, Izmalkova A, et al. Flat design vs traditional design: Comparative experimental study [C]//Human-Computer Interaction-INTERACT 2015: 15th IFIP TC 13 International Conference, Bamberg, Germany, September 14-18, 2015, Proceedings, Part II 15. Springer International Publishing, 2015: 106-114.

[135] Fernández C, Munoz-Bulnes J, Fernández-Llorca D, et al. High-level

interpretation of urban road maps fusing deep learning-based pixelwise scene segmentation and digital navigation maps[J]. Journal of Advanced Transportation, 2018: 2096970.

[136] Diaz-Piedra C, Sebastián M V, Di Stasi L L. EEG theta power activity reflects workload among army combat drivers: an experimental study[J]. Brain Sciences, 2020, 10(4): 199.

[137] Chabris C F, Kosslyn S M. Representational correspondence as a basic principle of diagram design[J]. Lecture Notes in Computer Science, 2005, 3426(6): 36-57.

[138] Chaturvedi S, Dunne C, Ashktorab Z, et al. Group-in-a-Box Meta-Layouts for Topological Clusters and Attribute-Based Groups: Space-Efficient Visualizations of Network Communities and Their Ties[C]//Computer Graphics Forum. 2014, 33(8): 52-68.

[139] Chengqi X, Xiaoli W, Yafeng N, et al. Brain mechanism research on visual information cognition of digital human computer interface[C]//HCI International 2015-Posters' Extended Abstracts: International Conference, HCI International 2015, Los Angeles, CA, USA, August 2-7, 2015. Proceedings, Part I. Springer International Publishing, 2015: 144-149.

[140] Cheshire J, Batty M. Visualisation tools for understanding big data[J]. Environment and Planning B: Planning and Design, 2012, 39(3): 413-415.

[141] Chiu M C, Hsieh M C. Latent human error analysis and efficient improvement strategies by fuzzy TOPSIS in aviation maintenance tasks[J]. Applied Ergonomics, 2016, 54: 136-147.

[142] Ohm C, Müller M, Ludwig B. Evaluating indoor pedestrian navigation interfaces using mobile eye tracking [J]. Spatial Cognition & Computation, 2017, 17(1-2): 89-120.

[143] Mueller C, Martin B, Lumsdaine A. A comparison of vertex ordering algorithms for large graph visualization[C]//2007 6th International Asia-Pacific Symposium on Visualization. IEEE, 2007: 141-148.

[144] Cosmides L, Tooby J. Evolutionary psychology: New perspectives on cognition and motivation[J]. Annual Review of Psychology, 2013, 64: 201-229.

[145] Crowe E M, Howard C J, Gilchrist I D, et al. Motion disrupts dynamic visual search for an orientation change [J]. Cognitive Research: Principles and Implications, 2021, 6(1): 1-9.

[146] Dalmaso M, Castelli L, Scatturin P, et al. Working memory load modulates microsaccadic rate[J]. Journal of Vision, 2017, 17(3): 6.

[147] Graham D J, Jeffery R W. Location, location, location: Eye-tracking evidence that consumers preferentially view prominently positioned nutrition information[J]. Journal of the American Dietetic Association, 2011, 111(11): 1704-1711.

[148] Szafir D A. Modeling color difference for visualization design[J]. IEEE Transactions on Visualization and Computer Graphics, 2017, 24(1): 392-401.

[149] Niehorster D C, Hessels R S, Benjamins J S. Glasses Viewer: Open-source software for viewing and analyzing data from the Tobii Pro Glasses 2 eye tracker[J]. Behavior Research Methods, 2020, 52: 1244-1253.

[150] Mendoza-Halliday D, Martinez-Trujillo J C. Neuronal population coding of perceived and memorized visual features in the lateral prefrontal cortex[J]. Nature Communications, 2017, 8(1): 141-152.

[151] Ding M. "Society 5.0": The way of implemention of japan's super smart society[J]. Contemporary Economy of Japan, 2018(3): 1-14.

[152] Lee D S. The effect of visualizing the flow of multimedia content among and inside devices[J]. Applied Ergonomics, 2009, 40(3): 440-447.

[153] Donk M, Theeuwes J. Visual marking beside the mark: Prioritizing selection by abrupt onsets[J]. Perception & Psychophysics, 2001, 63(5): 891-900.

[154] Dowsland K A, Dowsland W B. Packing Problems[J]. European Journal of Operational Research, 1992, 56(1): 2-14.

[155] Duque A, Sanchez A, Vazquez C. Gaze-fixation and pupil dilation in the processing of emotional faces: the role of rumination[J]. Cognition and Emotion, 2014, 28(8): 1374-1366.

[156] Lodgaard E, Dransfeld S. Organizational aspects for successful integration of human-machine interaction in the industry 4.0 era[J]. Procedia CIRP, 2020, 88: 218-222.

[157] Ellis S, Candrea R, Misner J, et al. Windows to the soul? What eye

movements tell us about software usability [C]. Proceedings of the Usability Professionals' Association Conference, 1998: 151-178.

[158] Evans V, Green M. Cognitive Linguistics: An Introduction [M]. Edinburgh: Edinburgh University Press, 2006.

[159] Aloise F, Aricò P, Schettini F, et al. Asynchronous gaze-independent event-related potential-based brain-computer interface [J]. Artificial Intelligence in Medicine, 2013, 59: 61-69.

[160] Franconeri S L, Simons D J, Junge J A. Searching for stimulus-driven shifts of attention[J]. Psychonomic Bulletin & Review, 2004, 11(5): 876-881.

[161] Beruscha F, Krautter W, Lahmer A, et al. An Evaluation of the Influence of Haptic Feedback on Gaze Behavior during In-car Interaction with Touch Screens[C]. 2017 IEEE World Haptics Conference (WHC), 2017, 201-206.

[162] Nachreiner F, Nickel P, Meyer I. Human factors in process control systems: The design of human-machine interfaces[J]. Safety Science, 2006, 44(1): 5-26.

[163] Guo F, Ye G, Duffy V G, et al. Applying eyetracking and encephalography to evaluate the effects of placement disclosures on brand preferences[J]. Cognitive Behavior, 2018: 1-13.

[164] Fu M, Miller L L, Dodd M D. Examining the influence of different types of dynamic change in a visual search task[J]. Attention, Perception, & Psychophysics, 2020, 82(7): 3329-3339.

[165] Yang F, Harrison L T, Rensink R A, et al. Correlation judgment and visualization features: A comparative study [J]. IEEE transactions on visualization and computer graphics, 2018, 25(3): 1474-1488.

[166] G Perlman. ACM SIGCHI Curricula for Human-Computer Interaction [EB/OL]. 1992-01-01. http://dl. acm. org/doi/book/10. 1145/2594128.

[167] Lohse G L. The role of working memory on graphical information processing[J]. Behaviour & Information Technology, 1997, 16(6): 297-308.

[168] Gertman D, Blackman H, Marble J, et al. The SPAR-H human reliability analysis method [J]. US Nuclear Regulatory Commission,

2005, 230(4): 35.

[169] Gibbings A, Ray L B, Berberian N, et al. EEG and behavioural correlates of mild sleep deprivation and vigilance [J]. Clinical Neurophysiology, 2021, 132(1): 45-55.

[170] Giles T. How Flat Design Increases Conversion Rates[EB/OL]. 2014-09-17. https://speckyboy. com/2014/09/17/l at-design-increases-conversion-rates/.

[171] Giret A, Garcia E, Botti V. An Engineering framework for service-oriented intelligent manufacturing systems [J]. Computers in Industry, 2016, 81: 116-127.

[172] Glenstrup A J, Engell-Nielsen T. Eye controlled media: Present and future state[J]. University of Copenhagen, DK-2100, 1995.

[173] Goldberg J H, Kotval X P. Computer interface evaluation using eye movements: Methods and constructs [J]. International Journal of Industrial Ergonomics, 1999, 24(6): 631-645.

[174] Goonetilleke R S, Shih H M, Fritsch J. Effects of training and representational characteristic icon design [J]. International Journal of Human Computer Studies, 2001, 55(5): 741-760.

[175] Grinyer K, Teather R J. Effects of Field of View on Dynamic Out-of-View Target Search in Virtual Reality[C]. 2022 IEEE Conference on Virtual Reality and 3D User Interfaces (VR), 2022: 139-148.

[176] Knoblich G, Ohlsson S, Raney G E. An eye movement study of insight problem solving[J]. Memory & Cognition, 2001, 29(7): 1000-1009.

[177] Habuchi Y, Takeuchi H, Kitajima M. Web browsing experience and viewpoint: An eye-tracking study [J]. Computer Science, 2006: 311-316.

[178] Hao Z, Jin H, Feng T, et al. Trajectory prediction model for crossing-based target selection[J]. Virtual Reality & Intelligent Hardware, 2019, 1: 330-340.

[179] Wöhrle H, Tabie M, Kim S K, et al. A hybrid FPGA-based system for EEG-and EMG-based online movement prediction[J]. Sensors, 2017, 17(7): 1552-1559.

[180] Oberc H, Prinz C, Glogowski P, et al. Human robot interaction-learning how to integrate collaborative robots into manual assembly lines [J].

Procedia Manufacturing, 2019, 31: 26-31.

[181] Hess E H, Polt J M. Pupil size as related to interest value of visual stimuli[J]. Science, 1960, 132(3423): 349-350.

[182] Hewett, B, Card, et al. ACM SIGCHI Curricula for Human-Computer Interaction[EB/OL]. http://old.sigchi.org/cdg/cdg2.html, 1992.

[183] Hodsoll J P, Humphreys G W. Preview search and contextual cuing[J]. Journal of Experimental Psychology Human Perception & Performance, 2005, 31(6): 1346-1358.

[184] Hollnagel E. Reliability analysis and operator modeling[J]. Reliability Engi & Syst Safety, 1996, 52 (3): 327-337.

[185] Horowitz T S, Wolfe J M, DiMase J S, et al. Visual search for type of motion is based on simple motion primitives[J]. Perception, 2007, 36 (11): 1624-1634.

[186] Huang C, Tsai C M. The effect of morphological elements on the icon recognition in smart phones [J]. Communications in Computer and Information Science. 2007, 4559(1): 513-522.

[187] Humphreys G W, Stalmann B J, Olivers C. An analysis of the time course of attention in preview search[J]. Perception & Psychophysics, 2004, 66(5): 713-730.

[188] Braithwaite J J, Humphreys G W, Hodsoll J. Effects of colour on preview search: Anticipatory and inhibitory biases for colour[J]. Spatial Vision, 2004, 17(4): 389-416.

[189] Industrial Internet Consortium. The Industrial Internet of Things Volume G1: Reference Architecture Version1.9[R/OL]. 2019-06-19. https://www.iiconsortium.org/IIRA.

[190] Industrial Value Chain Initiative. Industrial Value Chain Reference Architecture (IVRA)-Next[EB/OL]. 2018-04-16. htpps://iv-i.org/en/2018/04/16/industrial-value-chain-reference-architecyure-ivra-next-is-published/.

[191] Isen A M, Patrick R. The effect of positive feelings on risk taking: When the chips are down[J]. Organizational Behavior & Human Performance, 1983, 31(2): 194-202.

[192] Isherwood S. Graphics and Semantics: The Relationship Between What is Seen and What is Meant in Icon Design[C]. Lecture Notes in Artificial

Intelligence, 2009, 5639: 197-205.

[193] Kim J, Thomas P, Sankaranarayana R, et al. Eye-tracking analysis of user behavior and performance in web search on large and small screens [J]. Journal of the Association for Information Science and Technology, 2015, 66(3): 526-544.

[194] Ahn J, Brusilovsky P. Adaptive visualization for exploratory information retrieval[J]. Information Processing and Management, 2013, 49(8): 1139-1164.

[195] Balakrishnan J, Cheng C H, Wong K F. A user friendly facility layout optimization[J]. Computers & Operations Research, 2003, 30(11): 1625-1641.

[196] Nachreiner F, Nickel P, Meyer I. Human factors in process control systems: The design of human-machine interfaces[J]. Safety Science, 2006, 44(1): 5-26.

[197] Ji Z, Yanhong Z, BaiCun W, et al. Human-information-physics system (HCPS) for new generation intelligent manufacturing[J]. Engineering, 2019, 5(4): 71-97.

[198] Jiang Y, Chun M M, Marks L E. Visual marking: Selective attention to asynchronous temporal groups[J]. Journal of Experimental Psychology. Human Perception & Performance, 2002, 28(3): 717-730.

[199] Jie G, Bin S, Peng Z, et al. Affective video content analysis based on multimodal data fusion in heterogeneous networks [J]. Information Fusion, 2019, 51: 224-232.

[200] Johnson T L, Fletcher S R, Baker W, et al. How and why we need to capture tacit knowledge in manufacturing: Case studies of visual inspection[J]. Applied Ergonomics, 2019, 74: 1-9.

[201] Junkai S, Yafeng N, Chengqi X, et al. Single-channel SEMG using wavelet deep belief networks for upper limb motion recognition [J]. International Journal of Industrial Ergonomics, 2020, 76: 102905.

[202] D. St-Maurice J, M. Burns C. Using cognitive work analysis to compare complex system domains[J]. Theoretical Issues in Ergonomics Science, 2018, 19(5): 553-577.

[203] Hahnemann D, Beatty J. Pupillary responses in a pith-discrimination task[J]. Perception and Psychophysics, 1967, 2(3): 101-105.

[204] Kahneman D, Peavler W S. Incentive effects and pupillary changes in association learning[J]. Journal of Experimental Psychology, 1969, 79(2): 313-318.

[205] Kaeppler K. Cross modal associations between olfaction and vision: Color and shape visualizations of odors[J]. Chemosensory Perception, 2018, 11: 95-111.

[206] Keidanren. Toward Realization of The New Economy and Society-Reform of The Economy and Society by The Deepening of "Society 5.0"[EB/OL]. 2019-09-10. htpps: //www. keidanren. or. jp/en/policy/2016/029.

[207] Reda K, Papka M E. Evaluating Gradient Perception in Color-Coded Scalar Fields[C]. 2019 IEEE Visualization Conference (VIS), 2019: 271-275.

[208] Reda K, Nalawade P, Ansah-Koi K. Graphical Perception of Continuous Quantitative Maps: The Effects of Spatial Frequency and Colormap Design[C]. Proceedings of The 2018 Chi Conference On Human Factors in Computing Systems (Chi 2018), 2018: 272.

[209] Kirwan B. The development of a nuclear chemical plant human reliability management approach: HRMS and JHEDI[J]. Reliability Engineering and System Safety, 1997, 56(2): 107-133.

[210] Krejtz K, Duchowski A T, Niedzielska A, et al. Eye tracking cognitive load using pupil diameter and microsaccades with fixed gaze[J]. PloS one, 2018, 13(9): e0203629.

[211] Kunar M A, Thomas S V, Watson D G. Time-based selection in complex displays: Visual marking does not occur in multi-element asynchronous dynamic (MAD) search[J]. Visual Cognition, 2017, 25(1-3): 215-224.

[212] Licklider J C R. Man-computer symbiosis[J]. IRE Trans Human Factor Electron, 1960, 1: 4-11.

[213] Lim Y P, Woods P C. Experimental Color in Computer Icons[C]. Visual Information Communication, 2009: 149-158.

[214] Lin R. A study of visual features for icon design[J]. Design Studies, 1994, 15(2): 185-197.

[215] Linlin W, Xiaoli W. Analysis on visual information structure in intelligent

control system based on order degree and information characterization[J]. Human Factors in Artificial Intelligence and Social Computing, 2019, 965: 432-444.

[216] Lo S K, Hsieh A Y, Chiu Y P. Keyword advertising is not what you think: Clicking and eye movement behaviors on keyword advertising[J]. Electronic Commerce Research and Applications, 2014, 13 (4): 221-228.

[217] Lowenstein O, Loewen Field I E. The sleep-waking cycle and pupillary activity[J]. Annals of the New York Academy of Sciences, 1964, 117 (1): 142-156.

[218] Lu Ch, Tom G, Md Z H. Are you really angry? Detecting Emotion Veracity as a Proposed Tool for Interaction [C]. 2017 Australian Conference on Computer-Human Interaction (OZCHI), Association for Computing Machinery, 2017, 412-416.

[219] Lu H, Pan C. The enlightenment of the theory model of audio-visual integration to human-computer interaction technology [J]. Journal of Physics. Conference Series, 2020, 1631(1): 012021.

[220] Lu Y. Cyber Physical System (CPS)-Based Industry 4.0: A Survey[J]. Journal of Industrial Integration and Management, 2017, 2 (3): 1750014.

[221] Luo J, Savakis A E, et al. A Bayesian network-based framework for semantic image understanding [J]. Pattern Recognition, 2005, 38: 919-934.

[222] Ma X, Matta N, Cahier J P, et al. From action icon to knowledge icon: Objective-oriented icon taxonomy in computer science [J]. Displays, 2015, 39: 68-79.

[223] MacIntyre T E, Moran A P, Collet C, et al. An emerging paradigm: A strength-based approach to exploring mental imagery [J]. Frontiers in Human Neuroscience, 2013, 7(06): 104.

[224] Mackinlay, Jock. Automating the design of graphical presentations[J]. Acm Transactions on Graphics, 1986, 5(2): 110-141.

[225] Manuel R G, Rafael R, Luca G, et al. A Human-in-the-loop Cyber-physical System for Collaborative Assembly in Smart Manufacturing[C]. Procedia CIRP, 2019, 81: 600-605.

[226] Marie P L, Damien T, Gabriel Z R, et al. Designing intelligent manufacturing systems through human-machine cooperation principles: A human-centered approach [J]. Computers & Industrial Engineering, 2017, 111: 581-595.

[227] Marlen G A. Combining conscious and unconscious knowledge within human-machine-interfaces to foster sustainability with decision-making concerning production processes [J], Journal of Cleaner Production, 2018, 179: 581-592.

[228] Martin S, Jonas K, Michael J L, et al. Integrative benchmarking to advance neurally mechanistic models of human intelligence[J]. Neuron, 2020, 108(3): 413-423.

[229] Mei H, Ma Y, Wei Y, et al. The design space of construction tools for information visualization: A survey[J]. Journal of Visual Languages & Computing, 2018, 44: 120-132.

[230] Melissa R. Beck, Maura C Lohrenz. Measuring search efficiency in complex visual search tasks: Global and local clutter[J]. Journal of Experimental Psychology: Applied, 2010, 16(3): 238-250.

[231] Minghao Y, Jianhua T. Data fusion methods in multimodal human computer dialog[J]. Virtual Reality & Intelligent Hardware, 2019, 1(1): 21-38.

[232] Ohm C, Müller M, Ludwig B. Evaluating indoor pedestrian navigation interfaces using mobile eye tracking [J]. Spatial Cognition & Computation, 2017, 17 (1-2): 89-120.

[233] Olivers C N L, Humphreys G W. When visual marking meets the attentional blink: More evidence for top-down, limited-capacity inhibition[J]. Journal of Experimental Psychology: Human Perception and Performance, 2002, 28(1): 22-42.

[234] Paas F G W C, Jeroen J. G. Van Merriënboer. Variability of worked examples and transfer of geometrical problem-solving skills: A cognitive-load approach[J]. Journal of Educational Psychology, 1994, 86(1): 122-133.

[235] Pacaux M P, Trentesaux D, Rey G Z, et al. Designing intelligent manufacturing systems through human-machine cooperation principles: A human-centered approach [J]. Computers & Industrial Engineering,

2017, 111: 581-595.

[236] Page T. Skeuomorphism or flat design: Future directions in mobile device user Interface UI design education[J]. International Journal of Mobile Learning & Organization, 2014, 8(2): 130-142.

[237] Paola F, Paulo L, José B, Marco T. Symbiotic Integration of Human Activities in Cyber-Physical Systems[C]. IFAC-Papers Online, 2019, 52(19): 133-138.

[238] Patterson R E, Blaha L M, Grinstein G G, et al. A human cognition framework for information visualization[J]. Computers & Graphics, 2014, 42(5): 42-58.

[239] Paul P. Promoting representational fluency for cognitive bias mitigation in information visualization[J]. Cognitive Biases in Visualizations, 2018, 9: 137-147.

[240] Paul S, Nazareth D. Input information complexity, perceived time pressure, and information processing in GSS based work groups: an experimental investigation using a decision schema to alleviate information overload conditions[J]. Decision Support Systems, 2010, 49(1): 31-40.

[241] Peiliang S, Kang L. Methodology—A Review of Intelligent Manufacturing: Scope, Strategy and Simulation[C]. Communications in Computer and Information Science, 2018, 923: 343-359.

[242] Peng W, Weining F, Beiyuan G. A measure of mental workload during multitasking: Using performance-based Timed Petri Nets[J]. International Journal of Industrial Ergonomics, 2020, 75: 102877.

[243] Pengheng L, Guohua C, Licao D, et al. Methodology for analyzing the dependencies between human operators in digital control systems[J], Fuzzy Sets and systems, 2016(6)293: 127-143.

[244] Perez F, Irisarri R, Orive D, et al. A CPPS Architecture Approach for Industry 4.0[C]. Proceedings of 2015 IEEE International Conference on Emerging Technologies and Factory Automation-ETFA, 2015: 1-4.

[245] Peter W, Yinghang Liu, Sandor D, et al. Risk and ambiguity in information seeking: Eye gaze patterns reveal contextual behavior in dealing with uncertainty[J]. Frontiers in Psychology, 2016, 7, 1790: 1-10.

[246] Posner M I. Orienting of attention[J]. Quart Experiment Psychology, 1980, 32(16): 3-25.

[247] Raghav K, Jeffrey F N, Raghu R. Synopses for Query Optimization: A Space Complexity Perspective[C]. Proceedings of the ACM Transactions on Database Systems, ACM New York, NY, USA, 2005, 30(4): 1102-1127.

[248] Rahul C B, Arjun S, Hyunwoo P, et al. Ecoxight: Discovery, exploration, and analysis of business ecosystems using interactive visualization[J]. ACM Transactions on Management Information Systems, 2018, 9(2): 6-18.

[249] Reda K, Febrett I A, Knoll Aaron. Visualizing large, heterogeneous data in hybrid-reality environments [J]. IEEE Computer Graphics and Applications, 2013, 33(4): 38-48.

[250] Sakaguchi H, Utsumi A, Susami K, et al. Analysis of Relationship between Target Visual Cognition Difficulties and Gaze Movements in Visual Search Task [C]. 2017 IEEE International Conference on Systems, Man, and Cybernetics (SMC), 2017: 1423-1428.

[251] Scarince C, Hout M C. Cutting through the madness: Expectations about what a target is doing impact how likely it is to be found in dynamic visual displays[J]. Quarterly Journal of Experimental Psychology, 2018, 71(11): 2342-2354.

[252] Schrammel J. Exploring New Ways of Utilizing Automated Clustering and Machine Learning Techniques in Information Visualization[C]. Lecture Notes in Computer Science, 2011, 6949: 394-397.

[253] Scott G G, Hand C J. Motivation determines Facebook viewing strategy: An eye movement analysis[J]. Computers in Human Behavior, 2016, 56: 267-280.

[254] Shams A, Ramesh R, Mahasweta S. Cybersecurity in brain-computer interfaces: RFID-based design-theoretical framework[J]. Informatics in Medicine Unlocked, 2021, 22: 100489.

[255] Shannon, C E, Weaver, W. The Mathematical Theory of Communications[M]. Urbana: University of Illinois Press.

[256] Shanshan C, Xiaoli Wu, Yajun Li. Exploring the relationships between distractibility and website layout of virtual classroom design with visual

saliency[J]. International Journal of Human-computer Interaction, 2022, 38(14): 1291-1306.

[257] Snowberry K, Parkinson S, R Sisson N. Computer display menus[J]. Ergonomics, 1998, 26(7): 699-712.

[258] Stelle J, Iliinsky N. Beautiful Visualization: Looking at Cata through the Eyes of Experts[M]. O' Reilly Media, Inc., 2010: 56-64.

[259] Sufyan B U. Flat Design-The Next Step Forward in the Evolution of Web Design[EB/OL]. 2013-09-09. https://speckyboy.com/2013/09/09/lat-design-evolution/#.

[260] Sweller J. Cognitive load during problem solving: Effects on learning[J]. Cognitive Science. 1988, 12(2): 257-285.

[261] Tanja B, Lindsay M V, Jo V, et al. Exploration strategies for discovery of interactivity in visualizations[J]. IEEE Transactions on Visualization and Computer Graphics, 2018, 25(2): 1407-1420.

[262] Tao J, Chengqi X. A New Method of Building an Evaluation Model for User Interface[C]. Advanced Materials Research, 2013, 744: 605-609.

[263] Teets J M, Tegarden D P, Russell R S. Using cognitive fit theory to evaluate the effectiveness of information visualizations: An example using quality assurance data [J]. IEEE Transactions on Visualization & Computer Graphics, 2010, 16(5): 841-853.

[264] Theeuwes J, Kramer A F, Atchley P. Visual marking of old objects[J]. Psychonomic Bulletin and Review, 1998, 5(1): 130-134.

[265] Tianyang Xi, Xiaoli Wu. The Influence of Different Style of Icons on Users' Visual Search in Touch Screen Interface [C]. Advances in Intelligent Systems and Computing, 2018, 588: 222-232.

[266] Tingting Z, Harold T N, Hantao L, et al. Depth-of-field Effect in Subjective and Objective Evaluation of Image Quality[C]. RACS '18: Proceedings of the 2018 Conference on Research in Adaptive and Convergent Systems, 2018: 308-312.

[267] Tingting Z, Ling X, Xiaofeng L, et al. Effects of depth of field on eye movement [J]. The Journal of Engineering, 2019, 2019 (23): 9157-9161.

[268] Tingting Z, Ling X, Xiaofeng L, et al. Eye movements during change detection: the role of depth of field [J]. Cognitive Computation and

Systems, 2019, 1(2): 55-59.

[269] Tom G. Bio-inspired computing tools and applications: position paper [J]. International Journal of Information Technology, 2017, 9(1): 7-17.

[270] Tong M, Chen S, Niu Y, et al. Visual search during dynamic displays: Effects of velocity and motion direction [J]. Journal of the Society for Information Display, 2022, 30(8): 635-647.

[271] Tong M, Chengqi X. Eye Movements During Dynamic Visual Search. In: Ahram, T. Z., Falcão, C. S. (eds) Advances in Usability, User Experience, Wearable and Assistive Technology. AHFE 2021. Lecture Notes in Networks and Systems, vol 275. Springer, Cham.

[272] Treisman A. Strategies and models of selective attention [J]. Psychological Review, 1969, 76(3): 242-299.

[273] Tversky B, Morrison J B, Betrancourt M. Animation: Can it facilitate [J]. International Journal of Human-Computer Studies, 2002, 57(4): 247-262.

[274] Ahlstrom U. Weather display symbology affects pilot behavior and decision-making [J]. International Journal of Industrial Ergonomics, 2015, 50: 73-96.

[275] Van L D, Deshe O. Evaluation of a visual layering methodology for colour coding control room displays [J]. Applied Ergonomics, 2002, 33(4): 371-377.

[276] Van L. Psychological and cartographic principles for the production of visual layering effects in computer displays [J]. Displays, 2001, 22(4): 125-135.

[277] Ramón Ó S, Cuadrado J S, Molina J G, et al. A layout inference algorithm for graphical user interfaces [J]. Information & Software Technology, 2016, 70: 155-175.

[278] Verney S P, Granholm E, Marshall S P. Pupillary responses on the visual backward masking task reflect general cognitive ability [J]. International Journal of Psychophysiology, 2004, 52(1): 23-36.

[279] Wang H, Wang S. Application of ontology modularization to human-web interface design for knowledge sharing [J]. Expert Systems with Applications, 2016, 46: 122-128.

[280] Ward J. Synesthesia [J]. Annual Review of Psychology, 2013, 64(1):

49-75.

[281] Watson D G, Humphreys G W, Olivers C N L. Visual marking using time in visual selection[J]. Trends in Cognitive Sciences, 2003, 7(4): 180-186.

[282] Watson D G, Humphreys G W. Visual marking: Evidence for inhibition using a probe-dot detection paradigm[J]. Perception & Psychophysics, 2000, 62(3): 471-481.

[283] Watson D G, Humphreys G W. Visual Marking: Prioritizing selection for new objects by top-down attentional inhibition of old objects[J]. Psychological Review, 1997, 104(1): 90-122.

[284] Watson D G, Humphreys G W. Visual marking: Evidence for inhibition using a probe-dot detection paradigm[J]. Perception & Psychophysics, 2000, 62(3): 471-481.

[285] Watson D G, Maylor E A. Aging and visual marking: Selective deficits for moving stimuli[J]. Psychology and Aging, 2002, 17(2): 321-339.

[286] Weiwei Z, Xiaoli W, Linlin W. Interface Information Visualization of Intelligent Control System Based on Visual Cognitive Behavior[C]. Visual Information and Knowledge Management, 2019: 237-249.

[287] Wentao W, Hong H, Xiaoli W. A hierarchical view pooling network for multichannel surface electromyography-based gesture recognition[J]. Computational Intelligence and Neuroscience, 2021: 6591035.

[288] Xiaojiao C, Yafeng N, Fanqing D, et al. Application of electroencephalogram physiological experiment in interface design teaching: A case study of visual cognitive errors[J]. Educational Sciences: Theory & Practice, 2018, 18(5): 2306-2324.

[289] Xiaoli W, Chengqi X, Feng Z, et al. Optimization of Information Interaction Interface Based on Error-cognition Mechanism[C]. Human Error, Reliability, Resilience, and Performance, 2020, 956: 142-154.

[290] Xiaoli W, Chengqi X, Feng Z. An Experimental Study on Visual Search Factors of Information Features in a Task Monitoring Interface[C]. Human-Computer Interaction-Users and Contests, 2015, 9171: 525-536.

[291] Xiaoli W, Chengqi X, Feng Z. Misperception Model-based Analytic Method of Visual Interface Design Factors[C]. Lecture Notes in Computer Science, 2014, 8532: 284-292.

[292] Xiaoli W, Chengqi X, Yangfeng N, et al. Study on Eye Movement of Information Omission Misjudgment in Radar Situation-interface [C]. Lecture Notes in Computer Science, 2014, 8532: 407-418.

[293] Xiaoli W, Han Y, Jiaran N, et al. Study on semantic-entity relevance of industrial icons and generation of metaphor design [J]. Journal of the Society for Information Display, 2022, 30(3): 209-223.

[294] Xiaoli W, Jing L, Feng Z. An experimental study of features search under visual interference in radar situation-Interface [J]. Chinese Journal of Mechanical Engineering, 2018, 31(1): 1-14.

[295] Xiaoli W, Panpan X. Information Visualization Design of Nuclear Power Control System Based on Attention Capture Mechanism [C]. Cognition, Learning and Games, 2020, 12425: 138-149.

[296] Xiaoli W, Qzhi L. Effects of Visual Location of Information on The Performance of Monitoring Task Searching in Digital Interactive Interface [C]. Proceedings of the Human Factors and Ergonomics Society Annual Meeting, 2020, 64(1): 473-479.

[297] Xiaoli W, Tianyang X. Study on Design Principle of Touch Screen with an Example of Chinese-Pinyin 10 Key Input Method in iPhone [C]. Advances in Intelligent Systems and Computing, 2016, 485: 639-650.

[298] Xiaoli W, Tingting Q, Huijuan C. Function combined method for design innovation of children's bike [J]. Chinese Journal of Mechanical Engineering, 2013, 26(2): 242-247.

[299] Xiaoli W, Tom G, Linlin W. The Analysis Method of Visual Information Searching in the Human-Computer Interactive Process of Intelligent Control System [C]. Proceedings of the 20th Congress of the International Ergonomics Association (IEA 2018), 2019: 73-84.

[300] Xiaoli W, Wentao W, Sabrina C, et al. Optimization method for a radar situation interface from error-cognition to information feature mapping [J]. Journal of Systems Engineering and Electronics, 2022, 33(4): 924-937.

[301] Xiaoli W, Xin H, Ruicong X et al. An experimental method study of user error classification in human-computer interface [J]. Journal of Software, 2013, 8(11): 2890-2898.

[302] Xiaoli W, Yajun L. An experimental analysis method of visual performance on the error factors of digital information interface [J].

International Journal of Pattern Recognition and Artificial Intelligence, 2020, 34(9): 2055019.

[303] Xiaoli W, Yan C, Feng Z. An Interface Analysis Method of Complex Information System by Introducing Error Factors[C]. Lecture Notes in Artificial Intelligence, 2016, 9736: 116-124.

[304] Xiaoli W, Yan C. Correlation between error factors, visual, visual perception, and interface layout—Taking Digital Instrument Control Equipment of Nuclear Power Safety Injection System as an Optimization Example[J]. International Journal of Pattern Recognition and Artificial Intelligence, 2020, 34(5): 2055012.

[305] Xiaoli W, Yating Y, Feng Z. Cognitive deviations of information symbols in human-computer interface[J]. Computer. Model. New Technologies, 2014, 18(9): 160-166.

[306] Xiaoli W, Zhuang H, Yajun L, et al. A function combined baby stroller design method developed by fusing Kano, QFD and FAST methodologies[J]. International Journal of Industrial Ergonomics, 2020, 75: 102867.

[307] Xiaoli Wu, Yan Chen, Jing Li. Study on Error-cognition Mechanism of Task Interface in Complex Information System [C]. Advances in Intelligent Systems and Computing, 2018, 604: 497-506.

[308] Xifan Y, Jiajun Z, Yingzi L, et al. Smart manufacturing based on cyber-physical systems and beyond[J]. Journal of Intelligent Manufacturing, 2019, 30: 2805-2817.

[309] Xihui Y, Manrong S, Zhizhong L, et al. Mutual awareness: Enhanced by interface design and improving team performance in incident diagnosis under computerized working environment [J]. International Journal of Industrial Ergonomics, 2016, 54: 65-72.

[310] Xin M, Fei T, Meng Z, et al. Digital twin enhanced human-machine interaction in product lifecycle[J]. Procedia Cirp, 2019, 83: 789-793.

[311] Yafeng B, Chengqi X, Wang H, et al. Event-Related Potential Study on Visual Selective Attention to Icon Navigation Bar of Digital Interface[C]. Lecture Notes in Artificial Intelligence, 2016, 9736: 79-89.

[312] Yafeng N, Chengqi X, Xiaozhou Z, et al. Which is more prominent for fighter pilots under different flight task difficulties: Visual alert or verbal

alert? [J]. International Journal of Industrial Ergonomics, 2019, 72: 146-157.

[313] Yafeng N, Chengqi X, Xuesong L, et al. Icon memory research under different time pressures and icon quantities based on event-related potential[J]. Journal of Southeast University (English Edition), 2014, 30(1): 45-50.

[314] Yan R. Icon design study in computer interface [J]. Procedia Engineering, 2011, 15: 3134-3138.

[315] Itoh Y, Hayashi Y, Tsukui I, et al. The ergonomic evaluation of eye movement and mental workload in aircraft pilots[J]. Ergonomics, 1990, 33(6): 719-732.

[316] Yeh M, Wickens C D. Attentional filtering in the design of electronic map displays: A comparison of color coding, intensity coding, and decluttering techniques[J]. Human Factors, 2001, 43 (4): 543-562.

[317] Yong G, Sanyuan Z, Zhifang L, et al. Eye movement study on color effects to icon visual search efficiency[J]. Journal of Zhejiang University (Engineering Science), 2016, 50(10): 1987-1994.

[318] Yu R, Chan A H S. Display movement velocity and dynamic visual search performance[J]. Human Factors and Ergonomics in Manufacturing & Service Industries, 2015, 25(3): 269-278.

[319] Yuliang Y, Dexin M, Meihong Y. Human-computer interaction-based decision support system with applications in data mining [J]. Future Generation Computer Systems, 2021, 114: 285-289.

[320] Yutao B, Wei Z, Gavriel S. Validity of driving simulator for agent-human interaction[C]. Communications in Computer and Information Science, 2014, 434: 563-569.

[321] Zhangfan S, Chengqi X, Haiyan Wang. Effects of users' familiarity with the objects depicted in icons on the cognitive performance of icon identification[J]. I-Perception, 2018, 9(3): 1-17.

[322] Zhiming L, Ji W. Human-cyber-physical systems: Concepts, challenges, and research opportunities [J]. Frontiers of Information Technology & Electronic Engineering, 2020, 21(11): 1535-1553.

彩图附录

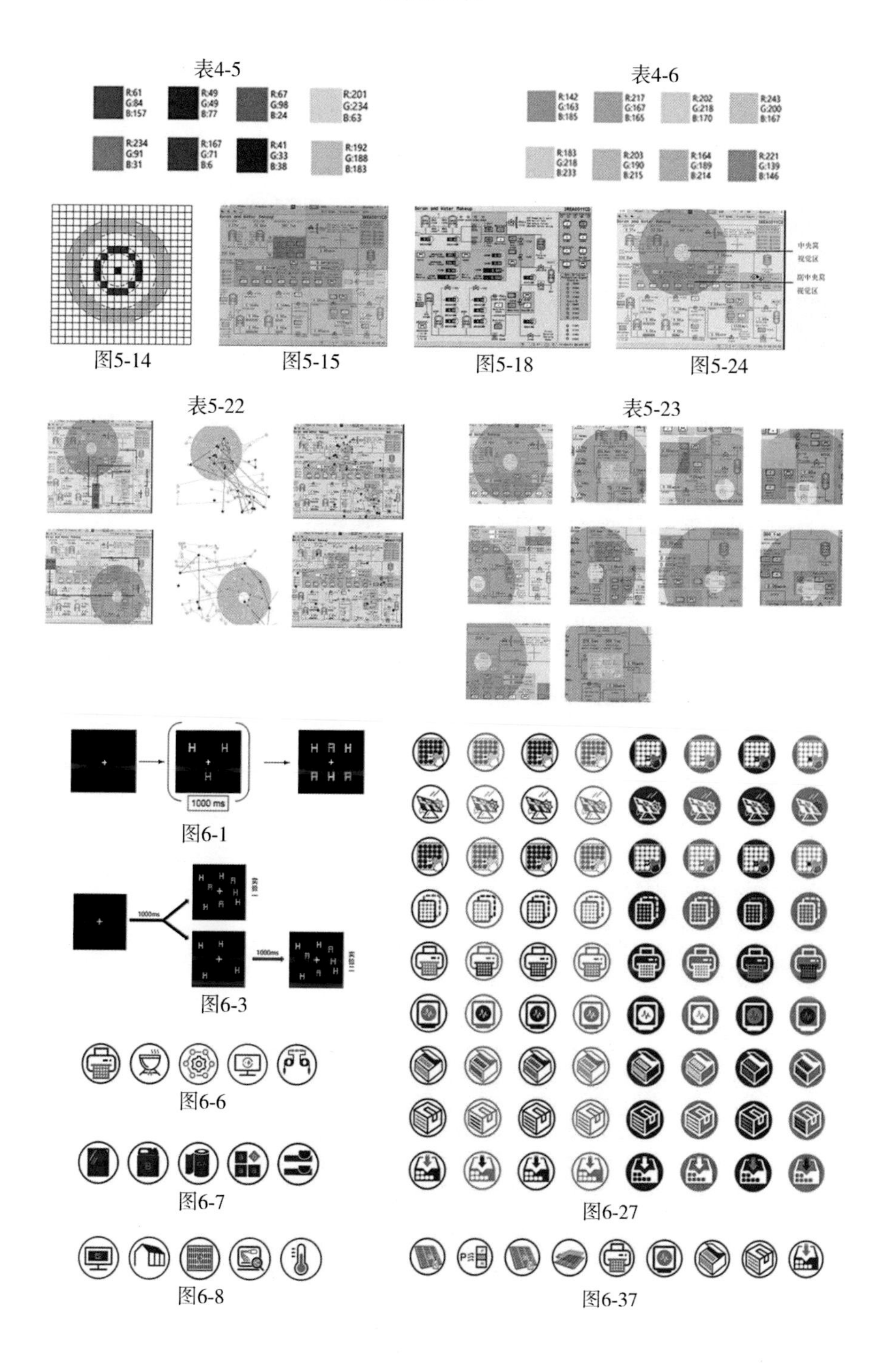

图5-14 图5-15 图5-18 图5-24

图6-1

图6-3

图6-6

图6-7

图6-8

图6-27

图6-37

图6-9

图6-10

图6-11

图6-12

图6-13

表6-10

图6-25

表6-12

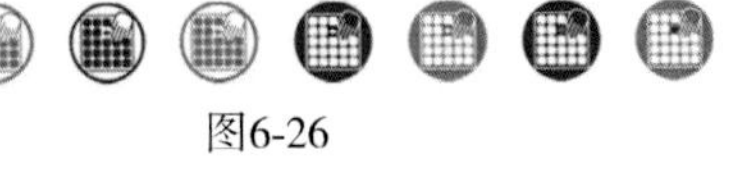

图6-26

表6-14

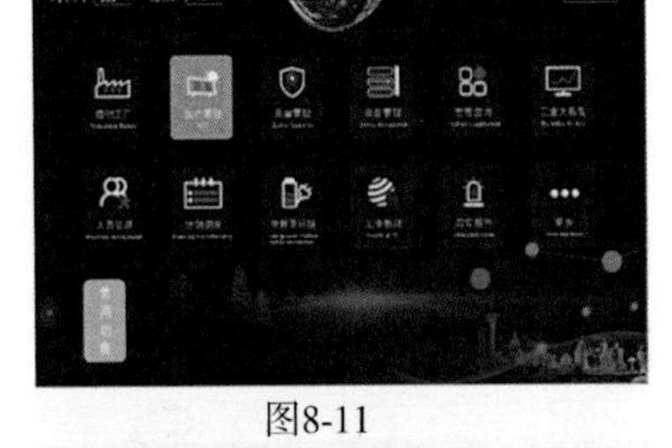

图8-11

图8-12

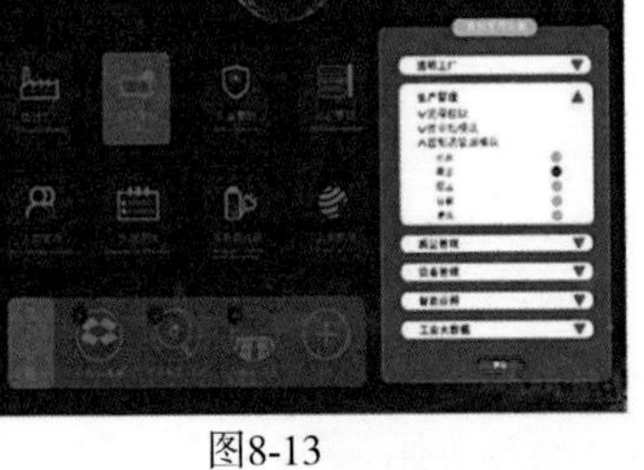

图8-13

图8-14

图9-8